新时代高等学校计算机类专业教材

Android 应用程序开发 第4版

王向辉 冯光升 张国印 编著

清華大学出版社
北 京

内 容 简 介

Android是一个优秀的开源手机平台。本书由浅入深地介绍Android应用程序开发的方法和技巧。全书共分为12章,内容包括Android简介、Android开发环境、第一个Android程序、Android生命周期、Android用户界面、组件通信与广播消息、后台服务、数据存储与访问、位置服务与地图应用、Widget组件开发、Android NDK开发以及综合示例设计与开发。

本书内容丰富,实用性强,既可以作为高等院校信息技术相关课程的教材,也可以供相关专业人士参考。

图书在版编目(CIP)数据

Android应用程序开发/王向辉,冯光升,张国印编著. —4版. —北京:清华大学出版社,2022.3
(2024.8重印)
新时代高等学校计算机类专业教材
ISBN 978-7-302-59503-8

Ⅰ.①A… Ⅱ.①王… ②冯… ③张… Ⅲ.①移动终端-应用程序-程序设计-高等学校-教材 Ⅳ.①TN929.53

中国版本图书馆CIP数据核字(2021)第230493号

责任编辑:袁勤勇 杨 枫
封面设计:常雪影
责任校对:郝美丽
责任印制:沈 露

出版发行:清华大学出版社
网 址:https://www.tup.com.cn,https://www.wqxuetang.com
地 址:北京清华大学学研大厦A座 **邮 编**:100084
社 总 机:010-83470000 **邮 购**:010-62786544
投稿与读者服务:010-62776969,c-service@tup.tsinghua.edu.cn
质量反馈:010-62772015,zhiliang@tup.tsinghua.edu.cn
课件下载:https://www.tup.com.cn,010-83470236
印 装 者:三河市铭诚印务有限公司
经 销:全国新华书店
开 本:185mm×260mm **印 张**:20 **字 数**:465千字
版 次:2010年3月第1版 2022年5月第4版 **印 次**:2024年8月第5次印刷
定 价:59.00元

产品编号:093550-01

前言 Foreword

Android是谷歌(Google)发布的一个开放源代码的手机平台,由Linux内核、中间件、应用程序框架和应用软件组成,是第一个可以完全定制、免费、开放的手机平台。Android不仅能够在智能手机中使用,还可以用在平板电脑、移动互联网终端、笔记本计算机、便携式媒体播放器和电视等电子设备上。

Android在诞生之日起便受到广泛的关注,目前仍以较高的市场份额在智能手机市场中占据半壁江山。随着Android 12预览版的公布,Android系统迎来了最大的设计变化,包括全新设计语言Material You,UI上使用更多的大型按钮和界面动画,以及增加更多符合安全机制的隐私设定等。

本书基于Android 11版本,全面而详细地介绍了Android应用程序开发所涉及的各方面内容,包括集成开发环境搭建、用户界面设计、后台服务开发、数据存储、组件通信、地图应用、Widget和Android NDK等内容。系统地介绍了Android的各种特性,将Android系统的优越之处展现在读者面前,通过每章的内容逐渐引领读者进入Android的世界。

全书的内容共12章,具体介绍如下。

第1章介绍了Android平台的起源、发展史、特征和体系结构,并对主流的手机操作系统进行了简单介绍。

第2章详细说明了Android Studio开发环境的安装和配置方法,理解Android SDK的用途,熟悉在应用程序开发过程中可能会使用到的开发工具。

第3章介绍了基于Android Studio开发Android应用程序的基础知识和基本方法,详细说明了Android应用程序的目录结构和自动生成文件的作用。

第4章介绍了Android程序的生命周期和进程优先级的变更方式,并以Activity为例说明Android组件生命周期的状态转换和事件回调函数的调用顺序,最后简单介绍了Android调试工具的使用方法。

第5章介绍了Android用户界面的开发方法，重点介绍了常见的界面控件、界面布局、菜单、操作栏、Fragment、界面事件的使用方法。

第6章介绍了Android系统的组件通信机制，包括使用Intent启动组件的原理和方法、Intent过滤器的原理与匹配机制以及广播消息的接收和发送方法等。

第7章介绍了Android系统的后台服务组件Service，包括Service的原理和用途、Service的启动和绑定、AIDL定义跨进程服务的接口以及线程使用和跨线程界面更新。

第8章介绍了Android系统所提供的多种数据存储方法，包括易于使用的SharedPreferences、经典的文件存储和轻量级的SQLite数据库，最后介绍了Android系统应用程序间的数据共享接口ContentProvider。

第9章介绍了位置服务的概念和位置信息获取方法，简单说明了百度地图密钥的申请方法，重点介绍了地图中组件的使用方法。

第10章介绍了Widget的开发方法，详细讲解了Widget的设计原则和开发步骤，说明了Widget的配置方法，以及使用Service更新Widget的技巧。

第11章介绍了Android系统中使用C/C++本地代码进行程序开发的方法，并说明了Android NDK的用途和优缺点，本地代码的开发和编译环境，以及与CPU指令集相关的开发示例。

第12章以“天气预报软件”为例，介绍了Android应用程序开发过程中需求分析、界面设计、模块设计和程序开发等步骤，并简单介绍了Android应用程序的设计和开发的思路与方法。

本书由哈尔滨工程大学王向辉、冯光升和张国印编著。其中，王向辉编写第1～4章，冯光升编写第5～9章，张国印编写第10～12章。参与本书编写工作的还有赵欣、赵鑫鑫、周铃雨、明旭、颜伟贺、董奥、刘启超、王玲、翁岩青、杜婧、徐子涵、邹新、马书亮、张灿岩、张弘、王建立、李慧婷、周维、郭轶、赵乙东、张洪浩、李晨星，这里对他们的辛苦工作表示衷心的感谢。

Android是一个发展迅速的手机平台，很多方面还在不断地完善和变化。由于作者的能力和水平所限，虽然竭尽全力，但仍然难免存在错误和疏漏的地方，希望各位专家、教师和学生能毫无保留地提出所发现的问题。本书的示例代码和电子课件可以在清华大学出版社的官网下载。

王向辉

2021年12月于哈尔滨工程大学

目录 Contents

第1章 chapter 1

Android 简介

Android 是一个优秀的开源手机平台，通过本章的学习可以让读者对 Android 平台的起源、发展史、特征和体系结构有初步的了解，并通过介绍 Windows Phone 8、iOS、Linux 和黑莓等主流的手机操作系统，充分理解 Android 平台的优势和不足。

本章学习目标：

- 了解各种手机操作系统的特点；
- 了解开放手机联盟的目的、性质和组成；
- 了解 Android 平台的发展史；
- 掌握 Android 平台的特征；
- 掌握 Android 平台的体系结构。

1.1 手机操作系统

早期的手机，其内部是没有智能操作系统的，所有的软件都是由手机生产商在设计时定制的，因此手机在设计完成后基本是没有扩展功能的。后期的手机为了提高手机的可扩展性，使用了专为移动设备开发的操作系统，使用者可以根据需要安装不同类型的软件。虽然使用操作系统的手机具有更好的可扩展性，但由于操作系统对于手机的硬件配置要求较高，所产生的硬件成本和操作系统成本使手机的售价明显高于不使用操作系统的手机，因此，一般只在高端的智能手机上使用手机操作系统。

手机上的操作系统主要包括以下 6 种，分别是 Android、iOS、Windows Phone、黑莓、塞班和 Palm OS。

1. Android

Android 是谷歌(Google)公司发布的基于 Linux 的开源手机平台。该平台由操作系统、中间件和应用软件组成，是第一个可以完全定制、免费、开放的手机平台。Android 是一个完全免费的手机平台，使用 Android 并不需要授权费，而且因为 Android 平台有丰富的应用程序，也大幅度降低了应用程序的开发费用，可以节约 15%～20%的手机制造成本。Android 底层使用开源的 Linux 操作系统，同时开放了应用程序开发工具，使所有程序开发人员都在统一、开放的平台上进行开发，保证了 Android 应用程序的可移植性。

Android 平台使用 Java 语言进行开发，支持 SQLite 数据库、2D/3D 图形加速、多媒体播放和摄像头等硬件设备，并内置了丰富的应用程序，如电子邮件客户端、闹钟、Web 浏览器、计时器、通讯录和 MP3 播放器等。Android 界面如图 1.1 所示。

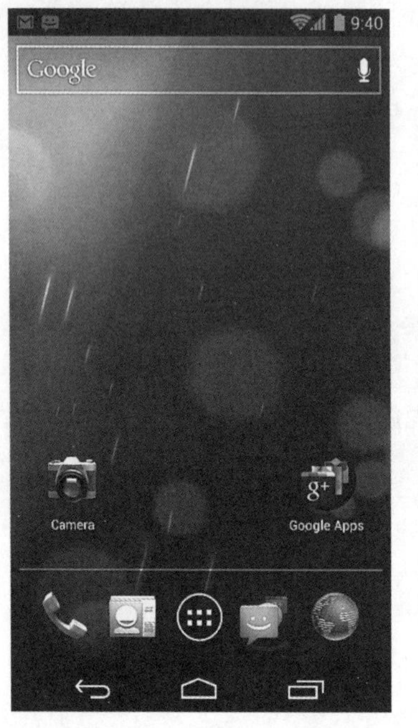

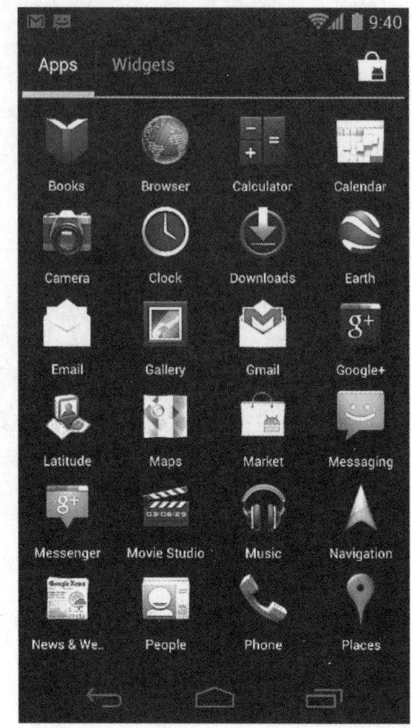

图 1.1 Android 界面

2. iOS

iOS 是由苹果公司开发的操作系统，以开放源代码的操作系统 Darwin 为基础，主要供苹果公司生产的 iPhone、iPod touch、iPad、Apple TV 等产品使用。iOS 的系统架构分为 4 个层次，分别是核心操作系统层、核心服务层、媒体层和可轻触层。为了便于 iPhone 应用程序开发，苹果公司提供了 iPhone SDK，为 iOS 应用程序的开发、测试、运行和调试提供工具。多点触摸操作是 iOS 的用户界面基础，也是 iOS 区别于其他手机操作系统的特性之一。此外，iOS 还通过支持内置加速器，允许系统界面根据屏幕的方向而改变方向。iOS 自带大量的应用程序，包括 SMS 简讯、日历、照片、相机、YouTube、股市、地图、天气、时间、计算机、备忘录、系统设定、iTunes 和通讯录等。iOS 界面如图 1.2 所示。

3. Windows Phone

Windows Phone（简称为 WP）是微软公司于 2010 年 10 月 21 日正式发布的一款手机操作系统，初始版本命名为 Windows Phone 7.0。它基于 Windows CE 内核，采用一种称为 Metro 的用户界面（UI），并将微软公司旗下的 Xbox Live 游戏、Xbox Music 音乐与独特的视频体验集成其中。后续版本 Windows Phone 8.x 采用了与 Windows 系统相同的 Windows NT 内核，支持很多新的特性，包括新的个人数字助理 Cortana、通知中心、快捷设置、音量分离、新的日历JE11等,并且升级了部分组件。Windows Phone 8界面如图1.3所示。

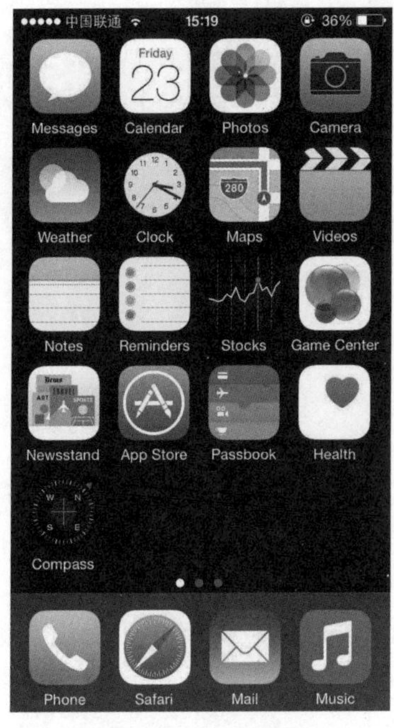

图1.2 iOS界面

图1.3 Windows Phone 8界面

4. 黑莓系统

黑莓系统是加拿大RIM公司推出的一种移动操作系统,主要在黑莓手机上使用,其特色是支持电子邮件推送功能,邮件服务器主动将收到的邮件推送到用户的手持设备上,而不需要用户频繁地连接网络查看是否有新邮件。同时,黑莓系统提供手提电话、文字短信、互联网传真、网页浏览及其他无线信息服务功能。黑莓系统主要针对商务应用,具有很高的安全性和可靠性。

5. 塞班

塞班(Symbian)是塞班公司为手机而设计的操作系统。它是一个实时性、多任务的纯32位操作系统,具有功耗低、内存占用少等特点,在有限的内存和运存情况下,非常适合手机等移动设备使用。经过不断完善,它可以支持GPRS、蓝牙、SyncML、NFC以及3G技术,包含联合的数据库、使用者界面架构和公共工具的参考实现。

塞班是一个标准化的开放式平台,任何人都可以为其支持的设备开发软件。第一款基于塞班系统的手机是2000年上市的一款爱立信手机。此外,塞班从6.0版本开始支持外接存储设备,如MMC、CF卡等,这让它强大的扩展能力得以充分发挥,使存放更多的软件以及各种大容量的多媒体文件成为可能。塞班系统界面如图1.4所示。

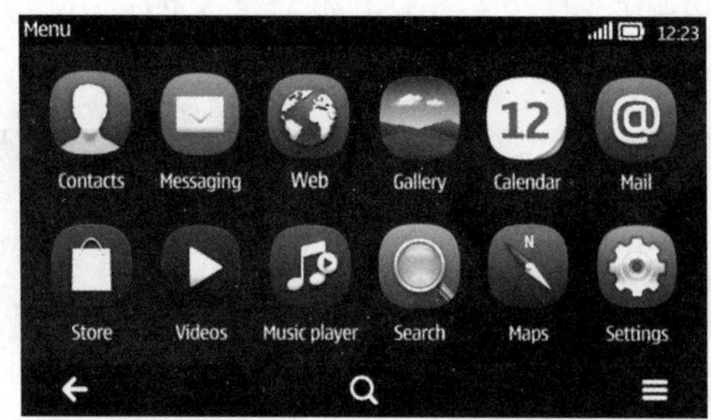

图 1.4　塞班系统界面

6. Palm OS

Palm OS 是 Palm 公司开发的专用于 PDA 的操作系统。它是 PDA 上的霸主，曾一度占据了 PDA 90%的市场份额。虽然它并不专门针对手机设计，但是 Palm OS 的优越性和对移动设备的支持，使其成为一个优秀的手机操作系统。Palm OS 简单易用，运作需求的内存与处理器资源较小，速度较快，但不支持多线程。

除了以上介绍的几种手机操作系统之外，BADA、Kai OS 和 Firefox OS 等也是曾经出现过的优秀的手机操作系统。

1.2　Android 起源

说到 Android 的发展史，首先要介绍 Android 平台的推动者——开放手机联盟(Open Handset Alliance，OHA)，然后按照时间顺序介绍 Android 的重要事件，包括 Android SDK 的版本发布、Google 开发者大赛、Android 手机和平板电脑发布等内容。

1.2.1　开放手机联盟

OHA 是美国谷歌公司于 2007 年发起的一个全球性的联盟组织，目标是研发用于移动设备的新技术，用以大幅削减移动设备开发与推广成本。同时通过联盟各合作方的努力，建立移动通信领域新的协作环境，促进创新移动设备的开发，使消费者的用户体验不断改善。

OHA 成立时由 34 个成员组织构成，包括电信运营商、半导体芯片商、手机硬件制造商、软件厂商和商品化公司五类，涵盖移动终端产业链各环节。目前，OHA 的成员组织数目已经增加到 86 个。谷歌公司通过与运营商、设备制造商、开发商和其他有关各方结成深层次的合作伙伴关系，借助建立标准化、开放式的移动软件平台，在移动产业内形成一个开放式的生态系统。

在 OHA 的组织成员中，电信运营商主要有中国移动通信、KDDI(日本)、NTT DoCoMo(日本)、Sprint Nextel(美国)、T-Mobile(美国)、Telecom(意大利)、中国联通、Softbank(日本)、Telefonica(西班牙)和 Vodafone(英国)，如图 1.5 所示。

图 1.5 电信运营商

OHA 中的半导体芯片商有 Audience(美国)、AKM(日本)、ARM(英国)、Atheros Communications(美国)、Broadcom(美国)、Intel(美国)、Marvell(美国)、nVIDIA(美国)、Qualcomm(美国)、SiRF(美国)、Synaptics(美国)、ST-Ericsson(意大利、法国和瑞典)和 Texas Instruments(美国),如图 1.6 所示。

图 1.6 半导体芯片商

OHA 中的手机硬件制造商有 Acer(中国台湾)、ASUS(中国台湾)、Garmin(中国台湾)、HTC(中国台湾)、LG(韩国)、Samsung(韩国)、华为(中国)、Motorola(美国)、Sony Ericsson(日本和瑞典)和 Toshiba(日本)、Dell(美国)和中兴(中国),如图 1.7 所示。

图 1.7 手机硬件制造商

OHA 中的软件厂商有 Ascender Corp(美国)、eBay(美国)、Google(美国)、Living Image(日本)、Nuance Communications(美国)、Myriad(瑞士)、Omron(日本)、Packet Video(美国)、Sky Pop(美国)、Svox(瑞士)、SONiVOX(美国)和 Esmertec(瑞士),如图 1.8 所示。

OHA 中的商品化公司有 Aplix Corporation(日本)、Noser Engineering(瑞士)、Borqs(中国)、TAT-The Astonishing(瑞典)和 Teleca AB(瑞典),如图 1.9 所示。

1.2.2 Android 发展史

2007 年 11 月 5 日,开放手机联盟成立,由电信运营商、半导体芯片商、手机硬件制造

图 1.8　软件厂商

图 1.9　商品化公司

商、软件厂商和商品化公司等方面的 34 个组织构成，推动 Android 平台的研发和推广，其徽标如图 1.10 所示。

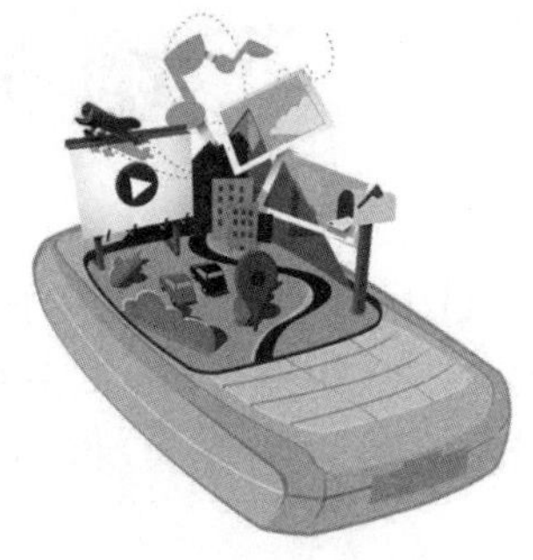

图 1.10　开放手机联盟徽标

1. Android 1.0 版

2007 年 11 月 12 日，谷歌公司发布 Android SDK 预览版，这是第一个对外公布的 Android SDK，为发布正式版收集用户反馈。

2008 年 4 月 17 日，谷歌公司举办奖金总额为 1000 万美元的 Android 开发者竞赛，奖励最有创意的 Android 程序开发者，使 Android 平台在短时间积累了大量优秀的应用程序，涌现出 cab4me(出租车呼叫)、BioWallet(生物特征识别)和 Compare Everywhere(实时商品查询)等极具创意的应用程序。Android 开发者竞赛作品如图 1.11 所示。

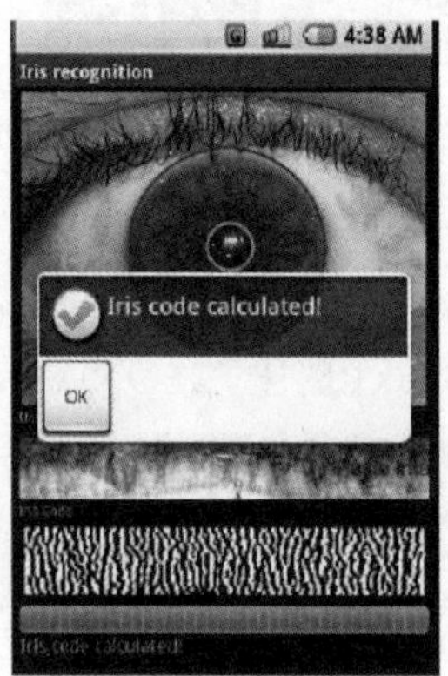

图 1.11　Android 开发者竞赛作品

2008 年 8 月 28 日，谷歌公司开通了 Google Play，供 Android 手机下载需要使用的应用程序。程序开发人员可以将自己设计的 Android 软件上传到 Google Play，并决定软件是否收取费用。但在 Google Play 上销售软件需要向谷歌公司支付 25 美元的注册费，并在每次交易中将 30%的利润支付给运营商。

2008 年 9 月 23 日，谷歌公司发布 Android 1.0 版，这是第一个稳定的版本。1.0 版的 SDK 中分别提供了基于 Windows、Mac 和 Linux 操作系统的集成开发环境，包含完整高效的 Android 模拟器和开发工具，以及详尽的说明文档和开发示例。程序开发人员可以快速掌握 Android 应用程序的开发方法，同时也降低了开发手机应用程序的门槛。

2008 年 10 月 21 日，谷歌公司公布了 Android 平台的源代码。Android 作为开放源代码的手机平台，任何人或机构都可以免费使用 Android，并对它做出改进。开放源代码的 Android 有利于创新，能够为用户提供更好的体验。同时也意味着任何厂商都可以推出基于 Android 的手机，且不用支付任何的许可费用。Android 的源代码可以到谷歌公司的官方网站下载，地址是 http://source.android.com，如图 1.12 所示。

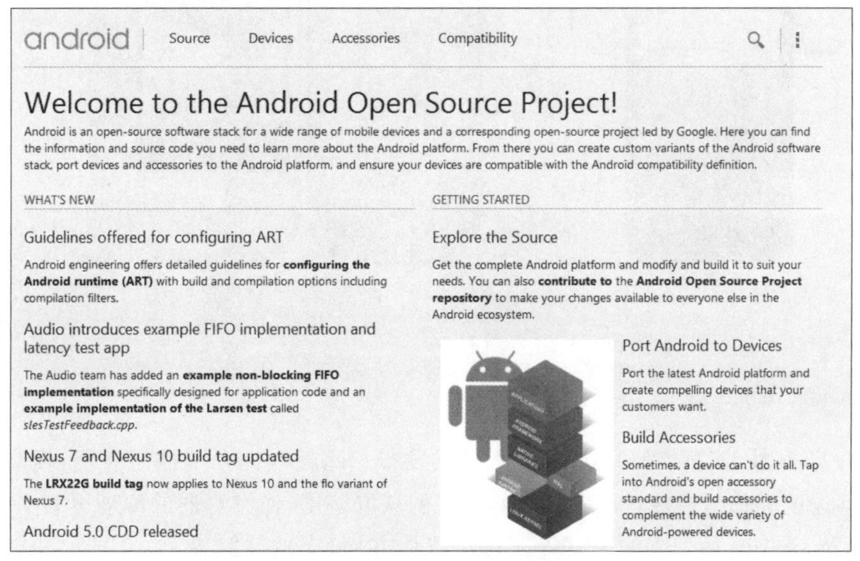

图 1.12 Android 源代码的下载网站

2008 年 10 月 22 日，第一款 Android 手机 T-Mobile G1(HTC Dream)在美国上市，由中国台湾的宏达电(HTC)公司制造，如图 1.13 所示。在硬件方面，该手机内置 528MHz 的 Qualcomm MSM 7201A 处理器，有 192MB RAM 和 256MB ROM 的内存空间，提供侧面滑动的全键盘，支持 WiFi 功能和内置 GPS 模块，支持最大 8GB 容量的 Micro SD 存储卡扩展容量，支持 GSM/UMTS/GPRS/EDGE/HSDPA 网络。在软件方面，该手机集成了众多的应用功能，包括谷歌的地图功能、YouTube 视频功能、全方位的导航定位以及 360°查看浏览目标位置的功能。

2. Android 1.1 版

2009 年 2 月，Android 1.1 版正式发布。该版本修正了 1.0 版本存在的缺陷，如设备休眠状态的稳定性问题、邮件冻结问题、POP3 链接失败问题和 IMAP 协议的密码引用问题等。同时，增加了新的特性，例如当用户搜索地图或详细查看时，允许用户对地图进行评论；允许用户保存彩信的附件；为了更加容易地使用拨号盘，拨号盘可以显示或隐藏在通话菜单中等。

2009 年 2 月 17 日，第二款 Android 手机 T-Mobile G2(HTC Magic)正式发售，仍然由中国台湾的宏达电公司制造，如图 1.14 所示。T-Mobile G2 的硬件配置与 T-Mobile G1 基本相同，不同之处主要在于将内存空间从 256MB 提高到 512MB，并略微增加了电池的容量，以提升整机的使用时间。T-Mobile G1 放弃了影响手机尺寸的滑动全键盘设计，使 T-Mobile G2 的体积(113mm×55mm×13.65mm)比 T-Mobile G1(117.7mm×55.7mm×17.1mm)明显减小。

图 1.13　T-Mobile G1

图 1.14　T-Mobile G2

3. Android 1.5 版

2009 年 4 月 15 日，Android 1.5 版正式发布。此版本提升了性能表现，提高了摄像头的启动速度和拍摄速度，提高了 GPS 位置的获取速度，使浏览器的滚动更为平滑，提高了获取 Gmail 中对话列表的速度等。在新特性方面，支持软键盘、中文显示和中文输入功能，并可以将录制的视屏直接上传到 YouTube 上。

2009 年 6 月 24 日，中国台湾的宏达电公司发布了第三款 Android 手机——HTC Hero。在硬件方面，使用 Qualcomm MSM 7200A 处理器，500 万像素摄像头，提供 3.5mm 的耳机插孔。在软件方面，首次支持 Adobe Flash 和多点触控技术，最突出的改进是使用了 HTC Sense 界面，使 HTC Hero 的界面异常美观、绚丽，如图 1.15 所示。

4. Android 2.0 版

2009 年 10 月 28 日，Android 2.0 版(Eclair)发布。此版本引入了大量新特性，如数字变焦、多点触摸和多个账户邮箱等，并在账户同步和蓝牙通信等方面增加了新的 API，开发者可从使用这些新 API 令手机与各种联系源进行同步，并实现点对点连接和游戏功能。新版 SDK 改进了图形架构性能，可以更好地利用硬件加速，改进了虚拟键盘，使操作更为便利。

2010 年 1 月 6 日，谷歌公司初次发布了自主品牌的 Android 手机——Google Nexus One，如图 1.16 所示。使用 SnapDragon 1GHz 处理器，3.7 英寸的 AMOLED 电容屏，由中国台湾的宏达电公司代工生产。Google Nexus One 搭载纯净的 Android 2.1。由于谷歌公司出品的手机系统上没有额外的限制和多余的功能，这款手机在较长的时间内都是 Android 软件理想的开发和测试平台。

图 1.15　HTC Hero

图 1.16　Google Nexus One

5. **Android 2.2 版**

2010 年 5 月 21 日，谷歌公司发布 Android 2.2 版(Froyo)。此版本在企业集成、设备管理 API、性能、网络共享、浏览器和市场等领域都提供了很多新特性。借助于新的 Dalvik JIT 编译器，CPU 密集型应用的速度要比 Android 2.1 版快 2～5 倍，并加入对 Adobe Flash 视频和图片的完美支持。在网络共享方面，通过手机提供的热点，将多个设备节点连接到互联网上。在浏览器方面，由于使用了 Chrome V8 引擎，JavaScript 代码的处理速度要比 Android 2.1 快 2～3 倍。Android 2.2 的最大改进是可以将应用程序安装在 micro SD 卡上，应用程序可以在内部存储器和外部存储器上迁移。

6. **Android 2.3 版**

2010 年 12 月 7 日，Android 2.3 版(Gingerbread)正式发布。此版本主要增强了对游戏、多媒体影音和通信功能的支持。在游戏方面，增加了新的垃圾回收和优化处理事件，以提高对游戏的支持能力，原生代码可以直接存取输入和感应器事件、EGL/OpenGL ES、OpenSL ES，并增加了新的管理窗口和生命周期的框架。在多媒体影音方面，支持 VP8 和 WebM 视频格式，提供 AAC 和 AMR 宽频编码，提供了新的音频效果器，如混响、均衡、虚拟耳机和低频提升。在通信方面，支持前置摄像头、SIP/VoIP 和 NFC(近场通信)功能。

2010 年 12 月 7 日，谷歌公司发布了第二款自主品牌的 Android 手机——Google Nexus S，如图 1.17 所示。Google Nexus S 可用 Cortex A8 处理器，默认频率为 1GHz，

512MB的RAM和16GB的内置闪存，但不支持存储卡扩展，采用4.0英寸的WVGA电容触摸屏幕，分辨率为480×800像素。Google Nexus S支持AGPS，支持Bluetooth 2.1+EDR，支持WiFi 802.11 n/b/g，支持NFC技术，支持三轴陀螺仪、加速计、数字罗盘、光线感应器和距离感应器。Google Nexus S搭载最新的Android 2.3版本，是第一款具备NFC功能的Android手机。

7. Android 3.0版

2011年2月3日，Android 3.0版(Honeycomb)正式发布。这是专为平板电脑设计的Android系统，因此在界面上更加注重用户体验和良好互动性。它重新定义了多任务处理功能，丰富了提醒栏，支持Widgets，并允许用户自定义主界面。Android 3.0原生支持文件/图片传输协议，允许用户通过USB接口连接外部设备以同步数据，可以通过USB或蓝牙连接实体键盘进行更快速的文字输入，改进了WiFi连接，搜索信号速度更快，并可以通过蓝牙进行tether连接，分享3G信号给其他设备。

2011年1月6日，摩托罗拉公司发布了第一款Android 3.0的平板电脑——Motorola Xoom，如图1.18所示。硬件上采用双核1GHz NVIDIA Tegra 2处理器，10.1寸、分辨率为1280×800像素的触摸屏，内置32GB存储容量，并配有前置与后置摄像头，支持高清视频录制和播放功能。Motorola Xoom才是真正意义上的Android平板电脑，也是Android系统的一个里程碑。

图1.17 Google Nexus S

图1.18 Motorola Xoom

8. Android 3.1版

2011年5月10日，Android 3.1版正式发布。作为Android 3.0的升级版，Android 3.1在界面上做了一些美化与调整，从桌面到程序集菜单的动画转场更为顺畅，界面上的文字颜色与位置也稍微调整，还加入了全系统适用的声音回馈。增加了对USB设备的支持，如USB鼠标、键盘和游戏控制器等。Widget允许用户通过拖曳修改外观尺寸，将Widget放大后可以显示更为详细的信息。Android 3.1除了支持许多新标准与功能外，内建的应用程序也做了一些更新，更适合平板电脑使用。

9. Android 4.0 版

2011 年 10 月 19 日，Android 4.0 版(Ice Cream Sandwich)正式发布，如图 1.19 所示。这一版本最显著的特征是同时支持智能手机、平板电脑、电视等设备，而不需要根据设备不同选择不同版本的 Android 系统。该版本取消了底部物理按键的设计，直接使用虚拟按键，在增大屏幕面积的同时控制手机整体大小，而且这样的操作方式可以使智能手机与平板电脑保持一致。人脸识别功能在 4.0 版本中得到应用，用户可以使用自拍相片设置屏幕锁，Android 系统根据脸部识别结果控制手机的解锁功能。另一个有趣的应用是基于 NFC 的 Android Beam 功能，这可以让两部手机在接近到 4cm 后交换信息，可交换的内容包括网站、联系人、导航、YouTube 视频等，甚至电子市场的下载链接也可以交换。

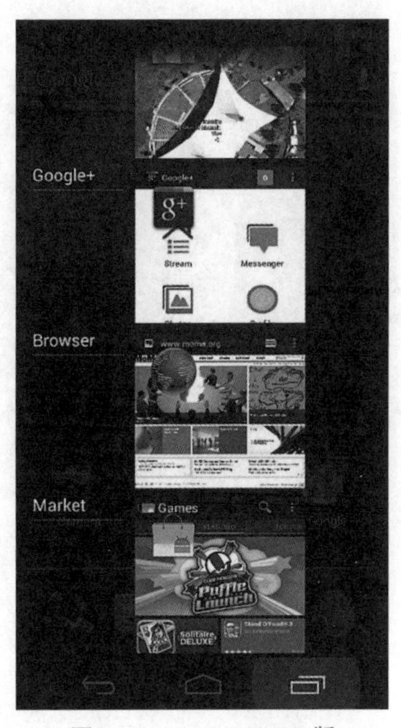

图 1.19 Android 4.0 版

10. Android 4.2 版

2012 年 10 月 29 日，Android 4.2 版(Jelly Bean)正式发布。此版本主要在 Photo Sphere 全景拍照、键盘手势输入、Miracast 无线显示共享、手势放大缩小屏幕以及为盲人用户设计的语音输出和手势模式导航功能等方面做了重大改进与升级。该版本的亮点是支持行业标准的 WiFi 显示共享工具 Miracast，允许 Nexus 4 向电视流传输音频和视频。在浏览器方面，支持选项卡浏览系统以及书签同步，使手机和平板电脑的使用与传统 PC 使用无异；在文件管理方面，它集合一个全新的文件管理器，使用户方便地管理 SD 卡上的文件，而不需要依赖于第三方软件；在系统自带时钟方面，Android 4.2 取得了飞跃式的进步，使原本缺失的世界时钟、计时器和秒表功能都实现了。

11. Android 4.4 版

2013 年 9 月 4 日，Android 4.4 版(KitKat)正式发布，如图 1.20 所示。此版本支持两种编译模式，除了默认的 Dalvik 模式，还支持 ART 模式。对内存使用做了进一步的优化，在一些硬件配置较低的设备上仍可以良好地运行，甚至可以在仅有 512MB 内存的老款手机上流畅运行。增加了低功耗音频和定位模式，进一步降低了设备的能量消耗。新版本增加了新的蓝牙配置文件，可以支持更多的设备，包括鼠标、键盘和手柄，还能够与车载蓝牙交换地图，功耗也更低。另外，增强了红外线兼容性，新的红外线遥控接口可以支持更多设备，包括电视、开关等。

12. Android 5.0 版

2014 年 10 月 15 日，Android 5.0 版(Lollipop)正式发布，如图 1.21 所示。它采用全

新 Material Design 界面，各种界面小部件可以重叠摆放。编译模式也由 ART 取代 Dalvik 成为默认选项，这种预编译操作由原本在程序运行时进行提前到用户应用安装时进行，应用运行效率也随之提高，其性能可提升 4 倍。由于“多构”取代“多核”成为硬件发展趋势，更丰富的传感器将被引入，并且支持 64 位处理器。在系统功能方面，新增了自动内容加密功能和多人设备分享功能，提供低视力设置，协助色弱认识。

图 1.20　Nexus 5 上的 Android 4.4

图 1.21　Android 5.0

13. Android 6.0 版

Android 6.0 版(API 级别 23)如图 1.22 所示。它除了提供诸多新特性和功能外，还对系统和 API 行为做出了各种变更。Android 6.0 版引入了一种新的权限模式，用户可以直接在运行时管理应用权限。这种模式让用户能够更好地了解和控制权限，同时为应用开发者精简了安装和自动更新过程。用户可以为每个应用程序分别授予或撤销权限。

Android 6.0 版为用户提供了更严格的数据保护和最新的节能优化技术。对于使用 WLAN API 和 Bluetooth API 的应用，移除了对设备本地硬件标识符的编程访问权。在低电耗模式下，设备会定期地短时间恢复正常工作，以便进行应用同步，还可让系统执行任何挂起的操作。在应用待机模式下，如果用户有一段时间未使用某个应用程序，系统有权限判定该应用程序处于空闲状态，系统会停用该应用程序的网络访问和同步作业。

图 1.22　Android 6.0 版

14. Android 7.0 版

Android 7.0 版如图 1.23 所示。它提供了一些新功能，以此提高可用性、效率和安全性。模板方面，开发者只需编写少量的代码就能够充分利用新模板。消息样式可以自定义，消息回复和消息分组更加灵活。通知方面，系统可以将消息组合在一起并显示。而且在手机和平板电脑上，用户可以并排运行两个应用，或者处于分屏模式时，一个应用位于另一个应用之上。用户可以通过拖动两个应用之间的分隔线来调整应用显示区域的大小。在快速设置方面，直接从通知栏显示关键设置和操作，使用上更加简单，并为额外的“快速设置”图块添加了更多空间，用户可以通过向左或向右滑动跨分页的显示区域访问它们。

15. Android 8.0 版

Android 8.0 版如图 1.24 所示。它重新设计了通知，以便为管理通知行为和设置提供更轻松和更统一的方式。Android 8.0 版引入了通知渠道，允许为每种通知类型创建用户可自定义的渠道。Android 8.0 版还引入了在应用启动器图标上显示通知标志的支持。通知标志可以反映某个应用是否存在与其关联，并且用户尚未予以清除也未对其采取行动的通知。用户可以将通知置于休眠状态，以便稍后重新显示它。重新显示时，通知的重要程度与首次显示时相同。应用可以移除或更新已休眠的通知，但更新休眠的通知并不会使其重新显示。

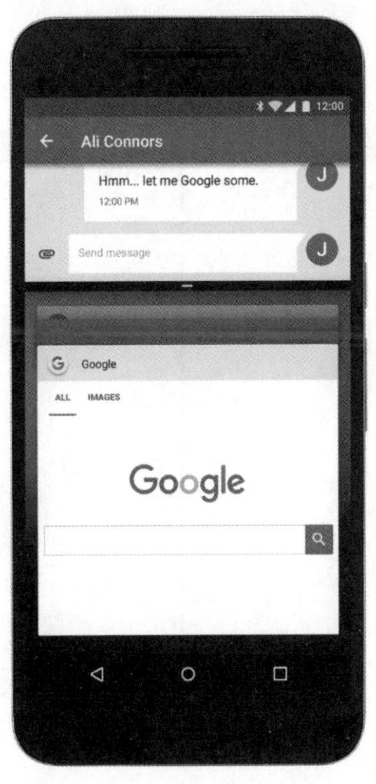

图 1.23 Android 7.0 版

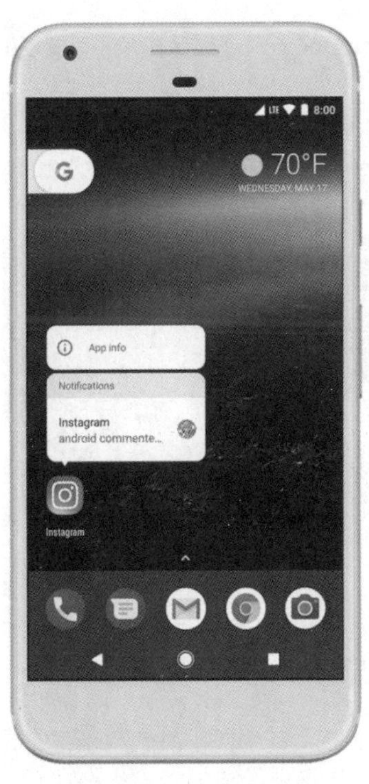

图 1.24 Android 8.0 版

16. Android 9.0 版

Android 9.0 版如图 1.25 所示。它可以通过两个或更多物理摄像头来同时访问多个视频流。在配备双前置摄像头或双后置摄像头的设备上，可以实现无缝缩放、背景虚化和立体成像等功能，以及融合的摄像头视频流，或在两个或更多摄像头之间自动切换。

动画方面，Android 9.0 版引入了 AnimatedImageDrawable 类，用于绘制和显示 GIF 和 WebP 动画图像。渲染线程还使用工作线程进行解码，因此解码不会干扰渲染线程的其他操作。这种实现机制允许应用在显示动画图像时，无须管理其更新，也不会干扰应用界面线程上的其他事件。

17. Android 10.0 版

Android 10.0 版如图 1.26 所示。它支持更为强大的多窗口功能，扩展了跨应用窗口的多任务处理能力，还提供了屏幕连续性，可以在设备折叠或展开时维持应用状态。对于 5G 网络，Android 10.0 版新增了针对 5G 的平台支持，并扩展了现有 API 不仅可以来帮助充分利用这些增强功能。使用连接 API 不仅可以检测设备是否具有高带宽连接，还可以检查连接是否按流量计费。借助这些功能，应用和游戏可以为 5G 用户量身打造丰富的沉浸式体验。

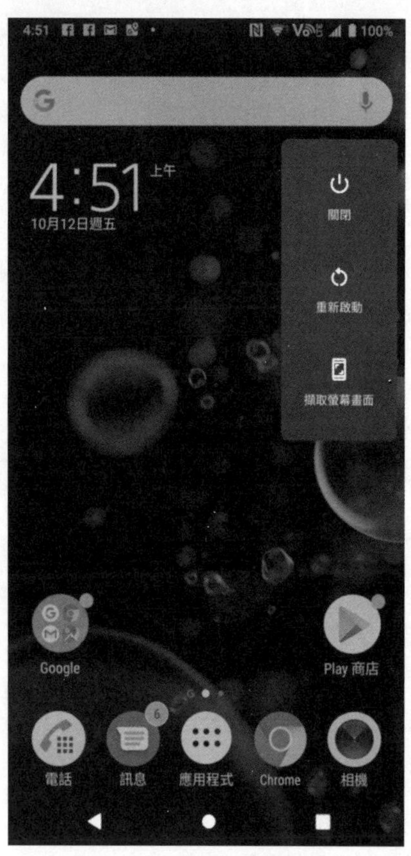

图 1.25 Android 9.0 版

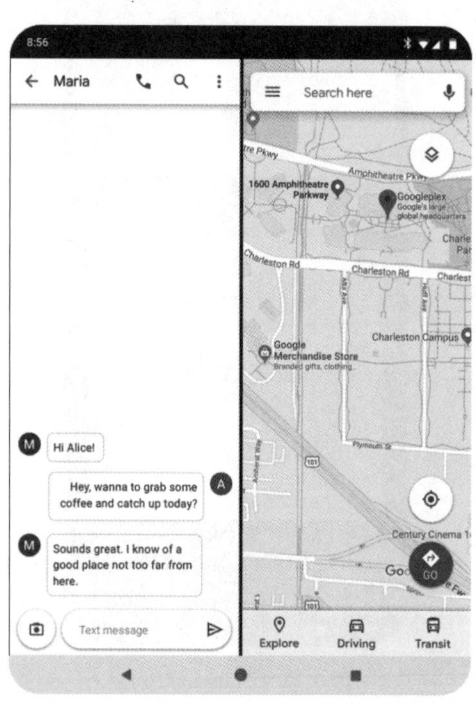

图 1.26 Android 10.0 版

18. Android 11.0 版

Android 11.0 版如图 1.27 所示。它更新了媒体控件的显示方式。来自多个应用的会话排列在一个可滑动的轮播界面中，其中包括在手机本地播放的会话流、远程会话流以及可继续播放的以前的会话。用户无须启动相关应用即可在轮播界面中重新开始播放以前的会话。当播放开始后，用户可以按常规方式与媒体控件互动。在安全方面，生物识别身份验证机制得到了更新。在较早的 Android 版本中，应用与其他应用需要各自单独下载该数据集。为减少网络中和磁盘上的数据冗余，Android 11.0 版允许使用共享数据，并在设备上缓存这些大型数据集。

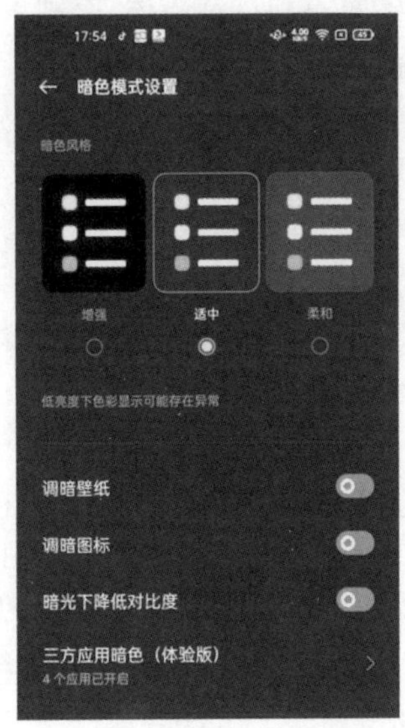

图 1.27　Android 11.0 版

1.3 Android 特征

Android 广泛支持 GSM、3G 和 4G 的语音与数据业务，支持接收语言呼叫和 SMS 短信，支持数据存储共享和 IPC 消息机制，为地理位置服务（如 GPS）、谷歌地图服务提供易于使用的 API 函数库，提供组件复用和内置程序替换的应用程序框架，提供基于 WebKit 的浏览器，广泛支持各种流行的视频、音频和图像文件格式，支持的格式有 MPEG4、H264、MP3、AAC、AMR、JPG、PNG 和 GIF，为 2D 和 3D 图像处理提供专用的 API 库函数。

Android 系统提供了访问硬件的 API 库函数，用来简化摄像头、GPS 等硬件的访问过程。只要支持 Android 应用程序框架的手机，其对硬件访问的方法是完全一致的，因此，即使将应用程序移植到不同硬件配置的手机上，也无须修改应用程序对硬件的访问方法。Android 支持的硬件包括 GPS、摄像头、网络连接、WiFi、蓝牙、NFC、加速度计、触摸屏和电源管理等。

在内存和进程管理方面，Android 具有自己的运行时和虚拟机。与 Java 和.NET 运行时不同，Android 运行时还可以管理进程的生命周期。Android 为了保证高优先级进程运行和正在与用户交互进程的响应速度，允许停止或终止正在运行的低优先级进程，以释放被占用的系统资源。Android 进程的优先级并不是固定的，而是根据进程是否在前台或是否与用户交互而不断变化的。Android 生命周期和调试的相关内容将在第 4 章进行介绍。

在界面设计上，Android 提供了丰富的界面控件供使用者调用，从而加快了用户界面的开发速度，也保证了 Android 平台上的程序界面的一致性。Android 将界面设计与程序逻辑分离，使用 XML 文件对界面布局进行描述，有利于界面的修改和维护。用户界面的相关内容将在第 5 章进行介绍。

Android 提供轻量级的进程间通信机制 Intent，使跨进程组件通信和发送系统级广播成为可能。通过设置组件的 Intent 过滤器，组件通过匹配和筛选机制，可以准确地获取可以处理的 Intent。组件通信与广播消息的相关内容将在第 6 章进行介绍。

Android 提供了 Service 作为无用户界面、长时间后台运行的组件。Android 是多任务系统，但受到屏幕尺寸的限制，同一时刻只允许一个应用程序在前台运行。Service 无须用户干预，可以长时间、稳定地运行，可以为应用程序提供特定的后台功能，还可以实现事件处理或数据更新等功能。后台服务相关内容将在第 7 章进行介绍。

Android 支持高效、快速的数据存储方式，包括快速数据存储方式 SharedPreferences、文件存储和轻量级关系数据库 SQLite，应用程序可以使用适合的方法保存和访问数据进程。同时，为了便于跨进程共享数据，Android 提供了通用的共享数据接口 ContentProvider，可以在无须了解数据源、路径的情况下，对共享数据进行查询、添加、删除和更新等操作。数据存储与访问相关内容将在第 8 章进行介绍。

Android 支持位置服务和地图应用，可以通过 SDK 提供的 API 直接获取当前的位置，追踪设备的移动路线，或设定敏感区域，并可以将 Google 地图嵌入 Android 应用程序中，实现地理信息可视化开发。位置服务和地图应用的相关内容将在第 9 章进行介绍。

Android 支持 Widget 插件，可以方便地在 Android 系统上开发桌面应用，实现比较常见的一些桌面小工具，或在主屏上显示重要的信息。随着 Android 系统在平板电脑上使用，Widget 插件的实用性在不断提高。Android Widget 的相关内容将在第 10 章进行介绍。

Android 支持使用本地代码（C 或 C++）开发应用程序的部分核心模块，提高了程序的运行效率，并有助于增加 Android 开发的灵活性。Android 本地代码开发的相关内容将在第 11 章进行介绍。

1.4 Android 体系结构

Android 是基于 Linux 内核的软件平台和操作系统，采用了软件堆层（Software Stack）的架构，共分为 4 层，如图 1.28 所示。第一层是 Linux 内核，提供由操作系统内核管理的底层基础功能；第二层是中间件层，由函数库和 Android 运行时构成；第三层是应用程序框架层，提供了 Android 平台基本的管理功能和组件重用机制；第四层是应用程序层，提供了一系列核心应用程序。

图 1.28　Android 体系结构

Android 平台的底层使用的是 Linux 3.0 内核，这是硬件和其他软件堆层之间的一个抽象隔离层，提供安全机制、内存管理、进程管理、网络协议堆栈、电源管理和驱动程序等，驱动程序包括 WiFi 驱动、声音驱动、显示驱动、摄像头驱动、闪存驱动、Binder(IPC)驱动和键盘驱动等。

函数库在 Linux 内核之上，提供了一组基于 C/C++ 的函数库，程序开发人员可以通过应用程序框架调用这些函数库。主要的函数库包括：

- Surface Manager，支持显示子系统的访问，为多个应用程序提供 2D、3D 图像层的平滑连接；
- Media Framework，基于 OpenCORE 的多媒体框架，实现音频、视频的播放和录制功能，广泛支持多种流行的音视频格式，包括 MPEG4、H.264、MP3、AAC、AMR、JPG 和 PNG 等；
- SQLite，轻量级的关系数据库引擎；
- OpenGL ES，基于硬件的 3D 图像加速；

- FreeType,位图与矢量字体渲染;
- WebKit,Web 浏览器引擎;
- SGL,2D 图像引擎;
- SSL,数据加密与安全传输的函数库;
- libc,标准 C 运行库,是 Linux 系统中底层的应用程序开发接口。

Android 运行时由核心库和 ART 虚拟机构成。核心库为程序开发人员提供了 Android 系统的特有函数功能和 Java 语言基本函数功能。ART 虚拟机采用预编译(Ahead of Time,AOT)技术,在应用程序安装时把程序代码转换成机器语言,加快了启动速度,并且使应用程序的运行速度更快,电量消耗更少,系统也更加流畅。

应用程序框架提供了 Android 平台基本的管理功能和组件重用机制,包括 Activity 管理、窗体管理、包管理、电话管理、资源管理、位置管理、通知消息管理、View 系统和内容提供者等。ContentProvider 用来共享私有数据,实现跨进程的数据访问;Resource Manager 允许应用程序使用非代码资源,如图像、布局和本地化的字符串等;Notification Manager 允许应用程序在状态栏中显示提示信息;Activity Manager 用来管理应用程序的生命周期;Window Manager 用来启动应用程序的窗体;Location Manager 用来管理与地图相关的服务功能;Telephony Manager 用来管理与拨打和接听电话相关的功能;Package Manager 用来管理安装在 Android 系统内的应用程序。

应用程序提供了一系列核心应用程序,包括电子邮件客户端、通讯录、日历、浏览器、相册、地图和电子市场等。

习　　题

1. 简述各种手机操作系统的特点。
2. 简述 Android 平台的特征。
3. 描述 Android 平台体系结构的层次划分,并说明各层次的作用。

第 2 章 chapter 2

Android 开发环境

Android 开发环境的安装与配置是开发 Android 应用程序的第一步，也是深入理解 Android 系统的良好途径之一。通过本章的学习，读者可以掌握 Android Studio 开发环境的安装和配置方法，理解 Android SDK 的用途，熟悉在应用程序开发过程中可能会使用到的开发工具。

本章学习目标：

- 掌握 Android Studio 的安装方法；
- 了解 Android SDK 的用途；
- 掌握各种 Android 开发工具的用途。

2.1 下载安装包

Android Studio 是谷歌公司专为 Android 开发者准备的最新集成开发环境，基于成熟的 IntelliJ IDEA 开发工具，集成了 Android 的开发工具和调试工具。Android Studio 提供基于 Gradle 的构建支持，可实时预览多个不同尺寸的用户界面，并整合了 Git 等版本控制系统，支持更智能的提示补全功能等。

安装 Android 开发环境，需要安装 Android Studio 和 Android SDK。安装过程中可能会遇到网络地址无法访问的问题，可使用特殊方法解决访问外网问题。

Android Studio 是谷歌公司推荐的官方集成开发环境，本书使用的 Android Studio 的版本为 v4.1.3。

最新版本的 Android Studio 内置了 JDK，因此不需要单独安装 JDK，网址 http://developer.android.com/sdk/index.html 提供了 Android Studio 的英文基本介绍、特点和系统要求等，如图 2.1 所示。

也可以选择从 Android Studio 的中文社区进行下载，这里除了提供安装软件外，还提供了 Android Studio 的中文教程和交流论坛，网址为 http://www.android-studio.org/，如图 2.2 所示。

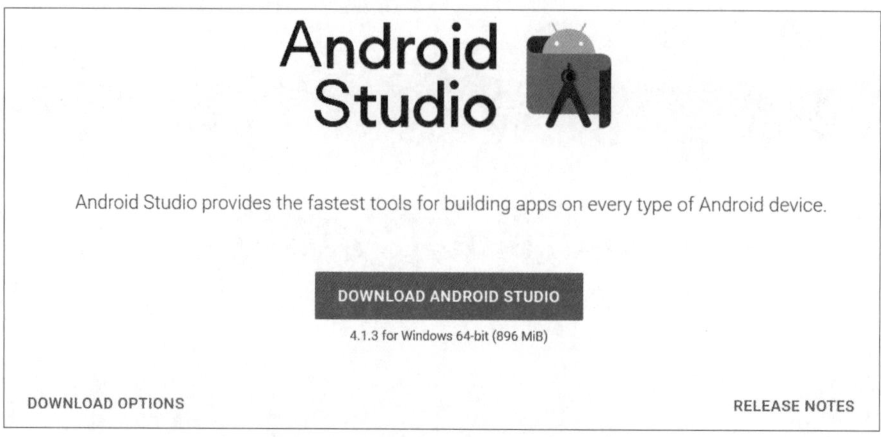

图 2.1 Android Studio 官网页面

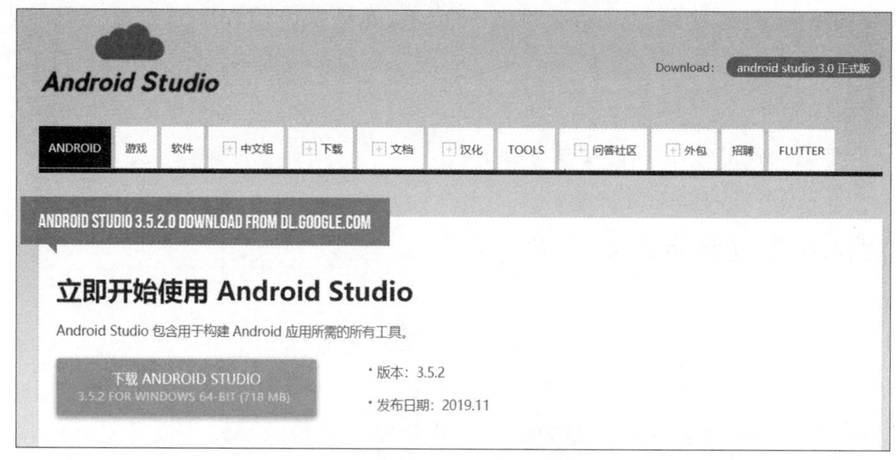

图 2.2 Android Studio 中文社区

2.2 安装 Android Studio

本书下载的文件名为 android-studio-ide-201.7199119-windows.exe，双击它可进行安装。在提示需要安装的选项时，可以按默认选项进行安装，如图 2.3 所示。

Android Virtual Device(AVD)是一个可以从 Android Studio 启动的虚拟设备管理界面，用于配置在 Android 模拟器中使用的 Android 手机、平板电脑、Wear OS、Android TV 或 Android Automotive OS 设备的特性。

由于安装需要的硬盘空间较大，此处将 Android Studio 安装在 D 盘，如图 2.4 所示。

在安装过程中，可以查看安装进度、输出文件位置和已经完成的软件模块，如图 2.5 所示。

安装完成后，出现如图 2.6 所示的画面。随后出现提示对话框，选择是否导入旧版本

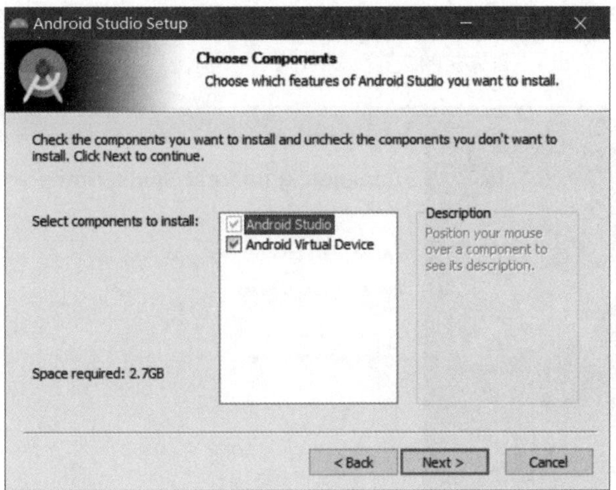

图 2.3 安装选项

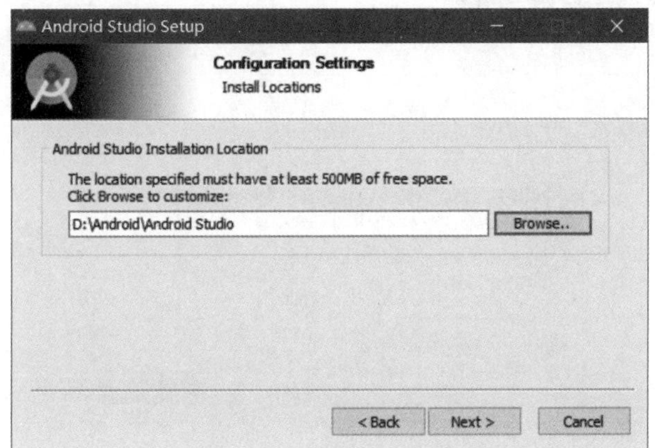

图 2.4 安装位置选择

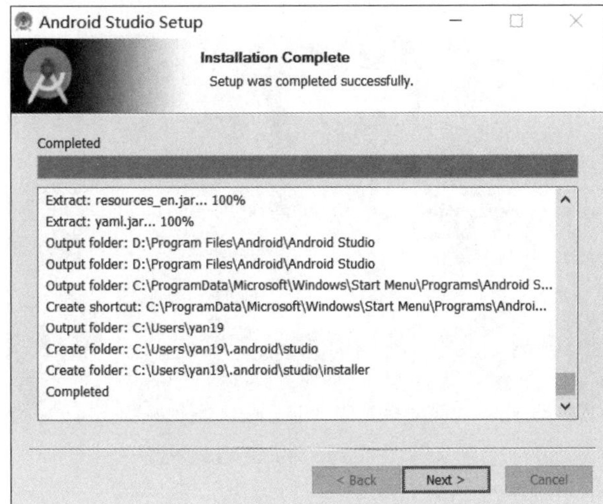

图 2.5 安装过程

Android Studio 的配置。如果初次安装，可直接选择默认选项 Do not import settings，不导入任何 Android Studio 旧版本的配置，如图 2.7 所示。

图 2.6 安装完成

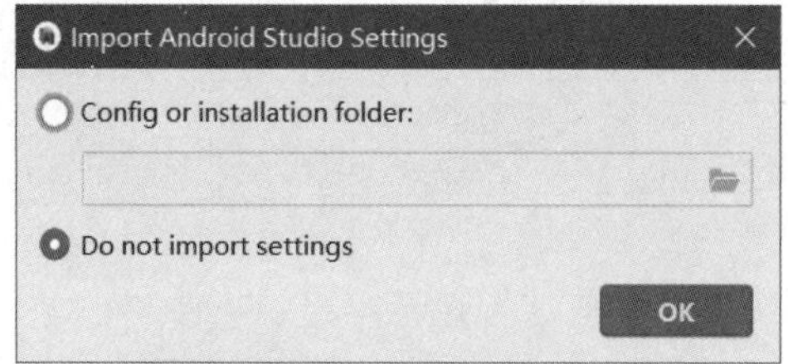

图 2.7 载入配置文件

等待配置完成，启动 Android Studio，正常启动会出现如图 2.8 所示的启动画面。

图 2.8 Android Studio 启动界面

如果没有安装 Android SDK 或环境变量配置有问题，则会提示错误：Unable to access Android SDK add-on list(无法访问 Android SDK 插件列表)，如图 2.9 所示。

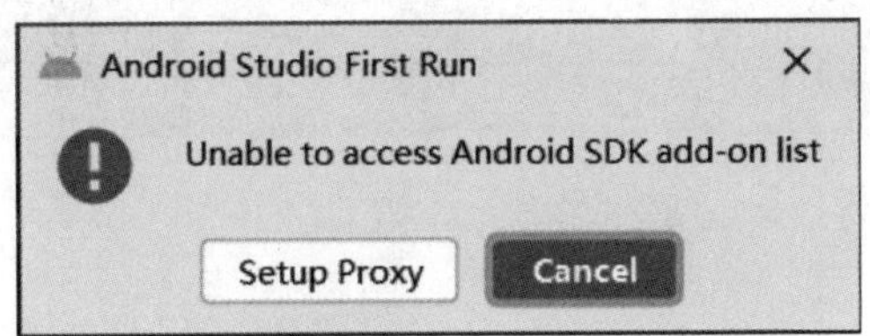

图 2.9 Android Studio 缺少 SDK 错误

Setup Proxy 可以设置网络下载的代理，此时可以单击 Cancel 按钮，进入 Android SDK 安装向导，如图 2.10 所示。

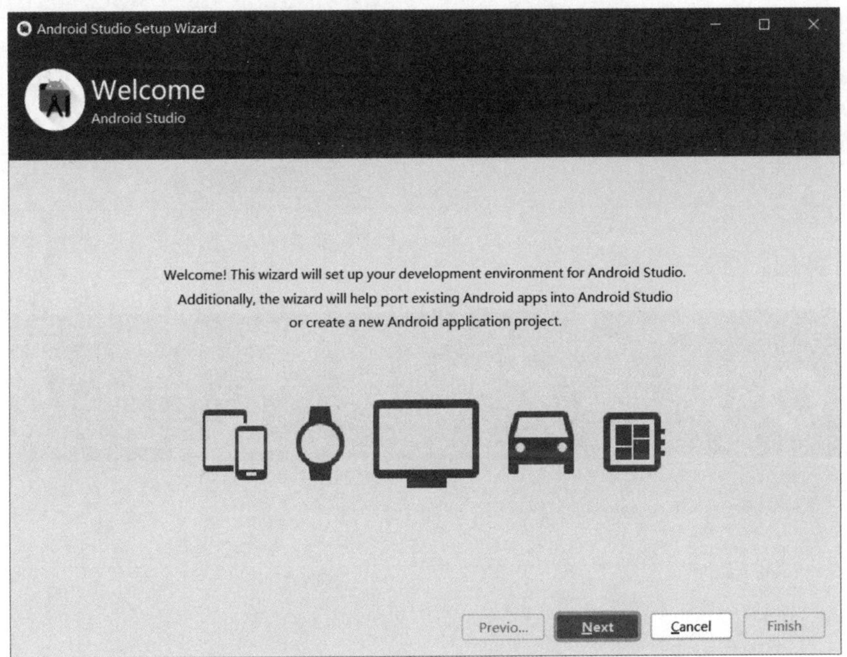

图 2.10 Android Studio 安装向导

Android SDK 安装如图 2.11 所示，选择所需要的安装组件。如果没有安装 SDK，勾选 Android SDK 项目，并指定安装 SDK 的本地路径。

单击 Next 按钮后，会显示 SDK 目录、JDK 目录和总下载文件大小，如图 2.12 所示。

进入实际下载页面后，会从服务器上逐个下载 Android SDK 和 JDK 需要的文件包，下载时间根据网络情况会有很大的不同，如图 2.13 所示。

下载和安装完成后，会重新启动 Android Studio。第一次启动需要较长的准备时间，然后才可以进入 Android Studio 的集成开发环境，如图 2.14 所示。

至此，Android Studio 开发环境就安装完成。后面的内容会对 Android SDK 的开发工具进行介绍。

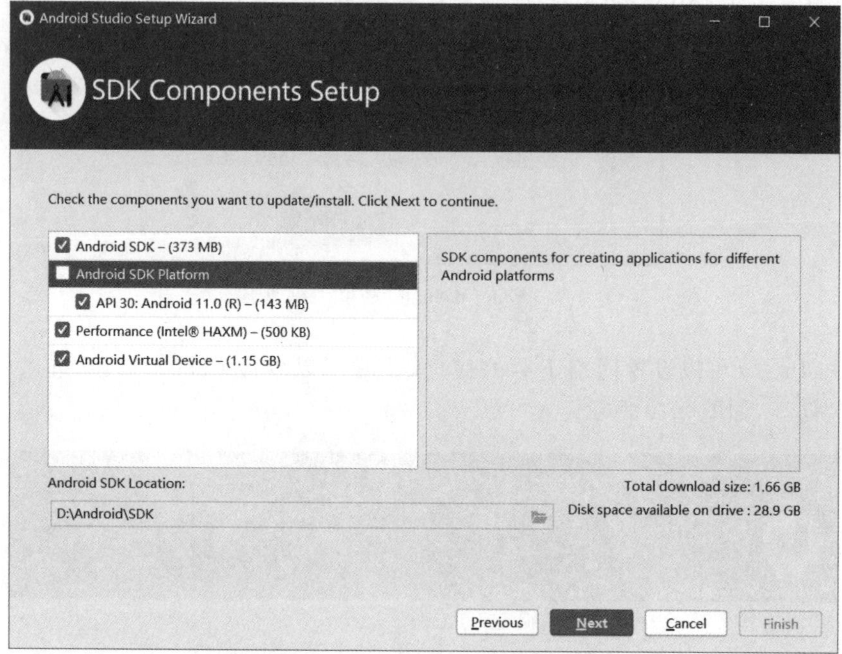

图 2.11 Android SDK 安装

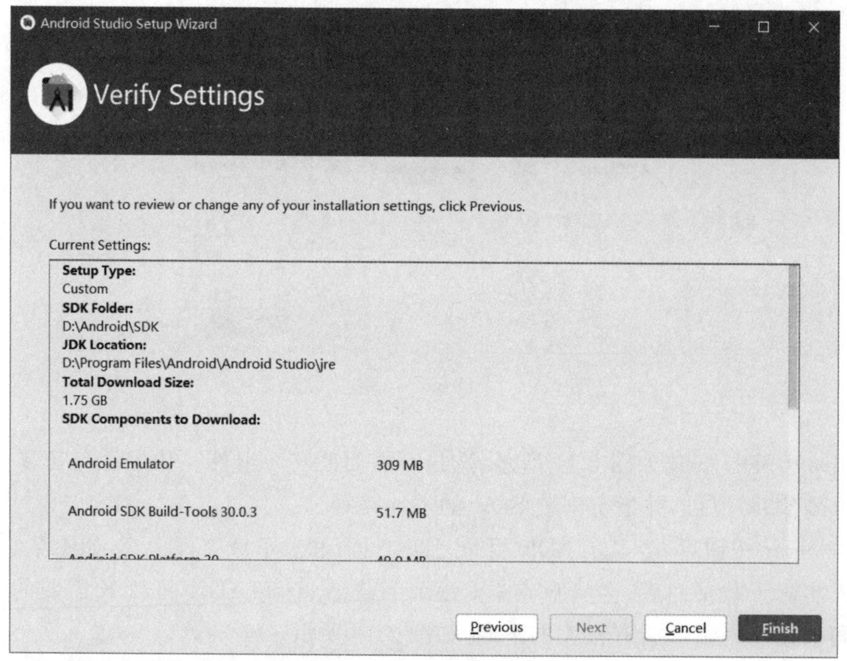

图 2.12 配置工具包

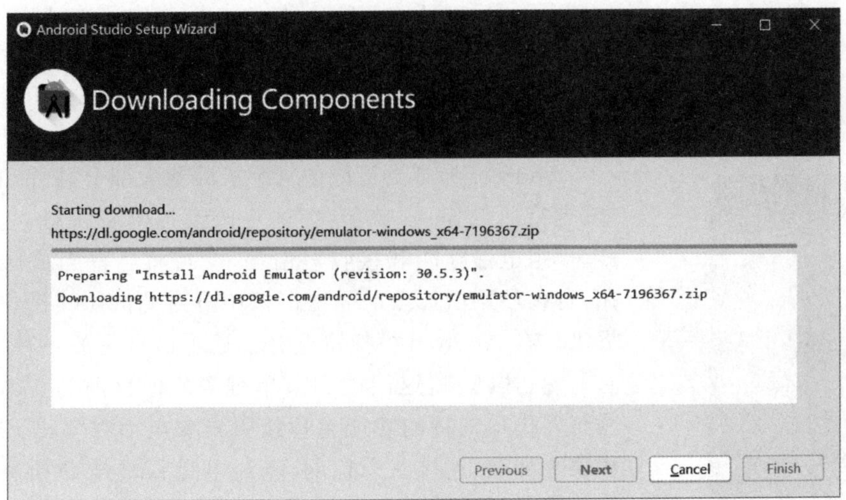

图 2.13　等待工具包下载完成

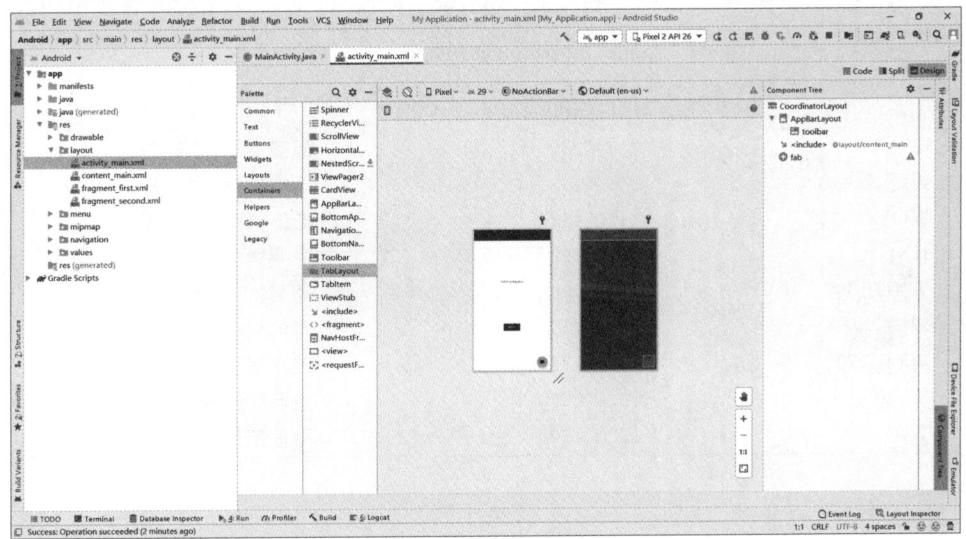

图 2.14　Android Studio 集成开发环境

2.3　开 发 工 具

Android SDK 提供了多个强大的开发工具，便于程序开发人员简化开发和调试过程。这些工具多数可以在 Eclipse 中直接调用，也有部分是需要在命令行模式下使用，接下来逐个介绍这些工具。

1. Android 模拟器

Android SDK 中最重要的工具是 Android 模拟器，如图 2.15 所示。它允许程序开发者在没有物理设备的情况下，在计算机上对 Android 程序进行开发、调试和仿真。

图 2.15　Android 模拟器

Android 模拟器可以仿真手机的绝大部分硬件和软件功能，支持加载 SD 卡映像文件，更改模拟网络状态、延迟和速度，模拟电话呼叫和接收短信等，支持将屏幕当成触摸屏使用，可以使用鼠标点击屏幕模拟用户对 Android 设备的触摸操纵。在 Android 模拟器上有普通手机常见的各种按键，如音量键、挂断键、返回键和菜单键等。但目前为止，Android 模拟器仍不支持的功能包括接听真实电话呼叫、USB 连接、摄像头捕获、连接状态检测、电池电量、AC 电源检测、SD 卡插拔检查和蓝牙设备等。

Android 模拟器还支持多种屏幕解析度和不同的外观，表 2.1 列举了 Android SDK 4.0 版本所支持的屏幕解析度。

表 2.1　Android SDK 4.0 版本所支持的屏幕解析度

类　　型	解析度(像素)	说　　明
QVGA	240×320	低解析度，小屏幕
WQVGA400	240×400	低解析度，中屏幕
WQVGA432	240×432	低解析度，中屏幕
HVGA	320×480	中等解析度，中屏幕
WVGA800	480×800	高解析度，中屏幕
WVGA854	480×854	高解析度，中屏幕
WVGA720	1280×720	较高解析度，中屏幕
WSVGA	1024×600	中等解析度，大屏幕
WXGA	1280×800	中等解析度，大屏幕

2. Android 调试桥

Android 调试桥(Android Debug Bridge，ADB)是用于连接 Android 设备或模拟器的工具，负责将应用程序安装到模拟器和设备中，或从模拟器或设备中传输文件。Android 调试桥是一个客户端/服务器程序，包含守护程序、服务器程序和客户端程序。守护程序运行在每个模拟器的后台；服务器程序运行在开发环境中，管理客户端和守护程序的连接；客户端程序通过服务器程序，与模拟器中的守护程序相连接。

3. DDMS

DDMS(Dalvik Debug Monitor Service)是 Android 系统中内置的调试工具，可以用来监视 Android 系统中进程、堆栈信息，查看 logcat 日志，实现端口转发服务和屏幕截图功能，模拟器电话呼叫和 SMS 短信，以及浏览 Android 模拟器文件系统等。DDMS 的启动文件是＜Android SDK＞/tools/ddms.bat。

在Eclipse中，可以通过选择Window→Open Perspective→Other→DDMS命令打开DDMS调试界面，然后通过选择Window→Show view→Other命令打开Show View的对话框，如图2.16所示。这样就可以在DDMS调试界面中添加任何希望进行调试和检查的功能。

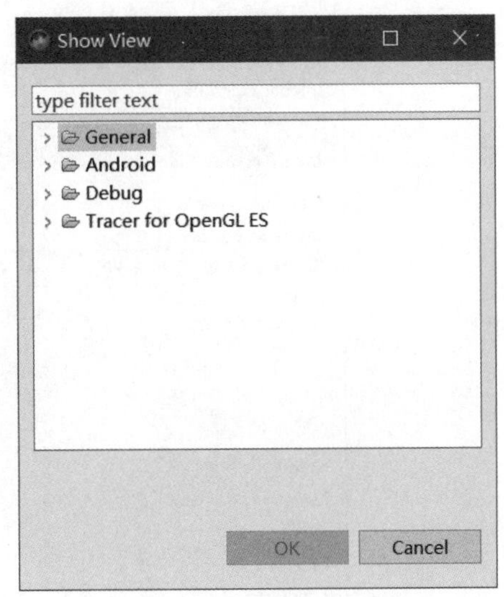

图2.16 Show View对话框

DDMS中的设备管理器(Devices)，可以同时监控多个Android模拟器，显示每个模拟器中正在运行的所有进程。模拟器使用端口号进行唯一标识，例如监听端口是5554的模拟器，则标识为emulator-5554。在选择指定的进程后，可以通过右上角的按钮刷新进程中线程和堆栈的信息，或单击STOP按钮关闭指定进程。另外，这里还提供屏幕截图功能，可以将Android模拟器当前的屏幕内容保存成png文件。DDMS中的设备管理器如图2.17所示。

Devices

Name			
xiaomi-mi_9-127.0.0.1:21503	Online		7.1.2
system_process	512		8600
com.android.systemui	641		8601
android.process.media	963		8602
com.android.providers.calendar	1188		8603
com.android.smspush	998		8604
com.android.carrierconfig	1160		8605
com.microvirt.installer	1256		8606
com.android.settings	713		8607
com.microvirt.market	1099		8608
com.microvirt.memuime	1324		8609
com.microvirt.download	1072		8610
com.android.phone	694		8611
com.android.keychain	983		8612
com.microvirt.tools	1207		8613
com.microvirt.launcher2	1018		8614
android.ext.services	925		8615

图2.17 DDMS中的设备管理器

DDMS中的模拟器控制器(Emulator Control)可以控制Android模拟器的网络速度和延迟，模拟语音和SMS短信通信。模拟器控制支持的网络速率包括GSM、HSCSD、PRS、EDGE、MTS、DPA和全速率，支持的网络延迟有GPRS、EDGE、UMTS和无延迟。DDMS中的模拟器控制器如图2.18所示。

在Telephony Actions中的Incoming number中输入打入的电话号码，然后选择语言呼叫(Voice)并单击Call按钮后，模拟器就可以接收到来自输入电话号码的语音电话，如图2.19(a)所示。如果选择短信(SMS)，在Message中填入短信的内容，模拟器就可以

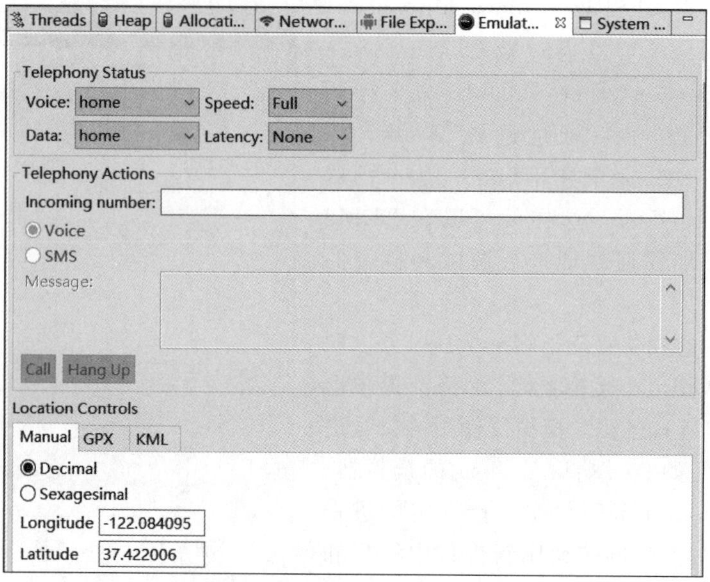

图 2.18　DDMS 中的模拟器控制器

接收来自输入电话号码的 SMS 短信，如图 2.19(b)所示。

(a)　(b)

图 2.19　Android 电话呼入和 SMS 短信

DDMS 中的文件浏览器(File Explorer)可以对 Android 内置存储器上的文件进行上传、下载和删除等操作，还可以显示文件和目录的名称、权限、建立时间等信息。DDMS 中的文件浏览器如图 2.20 所示。

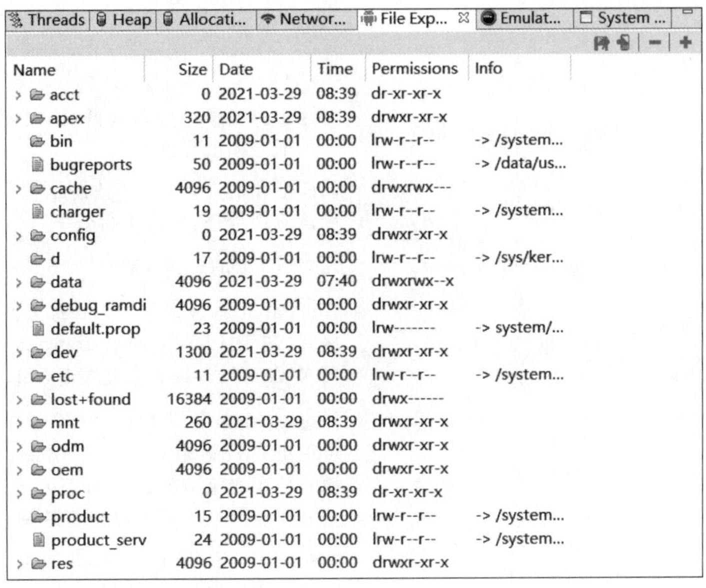

图 2.20　DDMS 中的文件浏览器

DDMS 中的日志浏览器(LogCat)可以浏览 Android 系统、Dalvik 虚拟机或应用程序产生的日志信息，有助于快速定位应用程序产生的错误。DDMS 中的日志浏览器如图 2.21 所示。

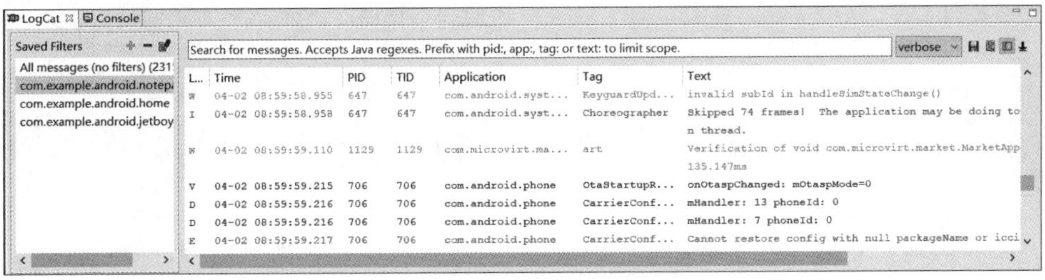

图 2.21　DDMS 中的日志浏览器

除了上面介绍的功能外，DDMS 还能够查看虚拟机的堆栈状态、线程信息和控制台信息。由此可见，DDMS 是进程程序调试和错误定位的强大工具。

4. 其他工具

为了便于 Android 程序开发，Android SDK 还提供了一些小工具。这些工具的名称、启动文件和说明参见表 2.2。

表 2.2　Android SDK 提供的其他工具

工具名称	启动文件	说　明
数据库工具	sqlite3.exe	用来创建和管理 SQLite 数据库
打包工具	sdklib.jar	将应用程序打包成.apk 文件

续表

工具名称	启动文件	说明
层级观察器	hierarchyviewer.bat	对用户界面进行分析和调试，以图形化的方式展示树形结构的界面布局
跟踪显示工具	traceview.bat	以图形化的方式显示应用程序的执行日志，用来调试应用程序，分析执行效率
SD卡映像创建工具	mksdcard.exe	建立SD卡的映像文件
NinePatch文件编辑工具	draw9patch.bat	NinePatch是Android提供的可伸缩的图形文件格式，基于PNG文件。draw9patch工具可以使用WYSIWYG编辑器建立NinePatch文件
APK程序优化工具	zipalign.exe	经过zipalign优化过的APK程序，Android系统可以更高效地根据请求索引APK文件中的资源。使用4字节的边界对齐方式影射内存，通过空间换时间的方式提高执行效率
代码优化混淆工具	proguard目录	通过删除未使用的代码，并重命名代码中的类、字段和方法名称，使代码较难实施逆向工程
PNG和ETC1转换工具	etc1tool.exe	命令行工具，支持将PNG和ETC1相互转换
界面操作测试工具	Monkey(通过adb运行)	Monkey可以在模拟器或设备上产生随机操作事件，包括点击、触摸或手势等，用于对程序的用户界面进行随机操作测试
模拟器控制工具	monkeyrunner.bat	允许通过代码或命令，在外部控制模拟器或设备

习　题

1. 尝试安装Android开发环境，并记录安装和配置过程中所遇到的问题。

2 在Android SDK中，Android模拟器、Android调试桥和DDMS是Android应用程序开发过程中经常使用的工具，简述这3个工具的用途。

第3章 chapter 3

第一个 Android 程序

本章主要介绍开发 Android 应用程序的基础知识和基本方法。通过本章内容的学习，读者可以掌握使用 Android Studio 开发 Android 应用程序的过程和方法，了解 Android 应用程序的目录结构和自动生成文件的作用。

本章学习目标：

- 掌握使用 Android Studio 开发 Android 应用程序的方法；
- 了解 AndroidManifest.xml 文件的用途；
- 了解 Android 的程序结构。

3.1 Android Studio 创建应用程序

本节介绍如何使用 Android Studio 集成开发环境建立第一个 Android 程序 HelloAndroid。首先启动 Android Studio，显示的集成开发环境如图 3.1 所示。

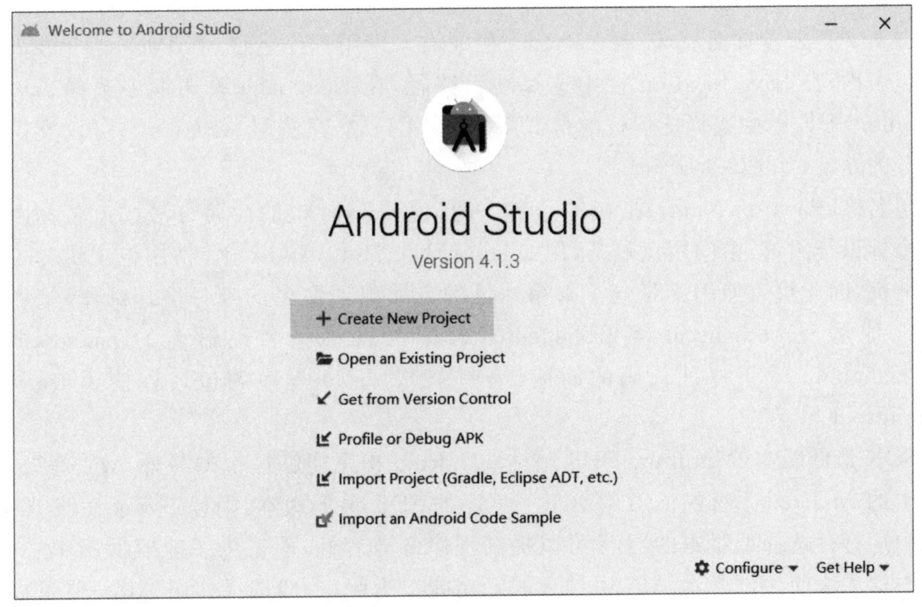

图 3.1 集成开发环境

运用如下方法可以创建一个新的 Android 工程。单击 Create New Project，跳转到选择模板页面。根据需要创建适用手机或平板电脑的 Android 工程，同时还提供创建适用于电视、可穿戴设备、车载应用、智能家居的 Android 工程。为了简化开发工作，选择 Empty Activity 建立一个空白的 Activity 即可，如图 3.2 所示。

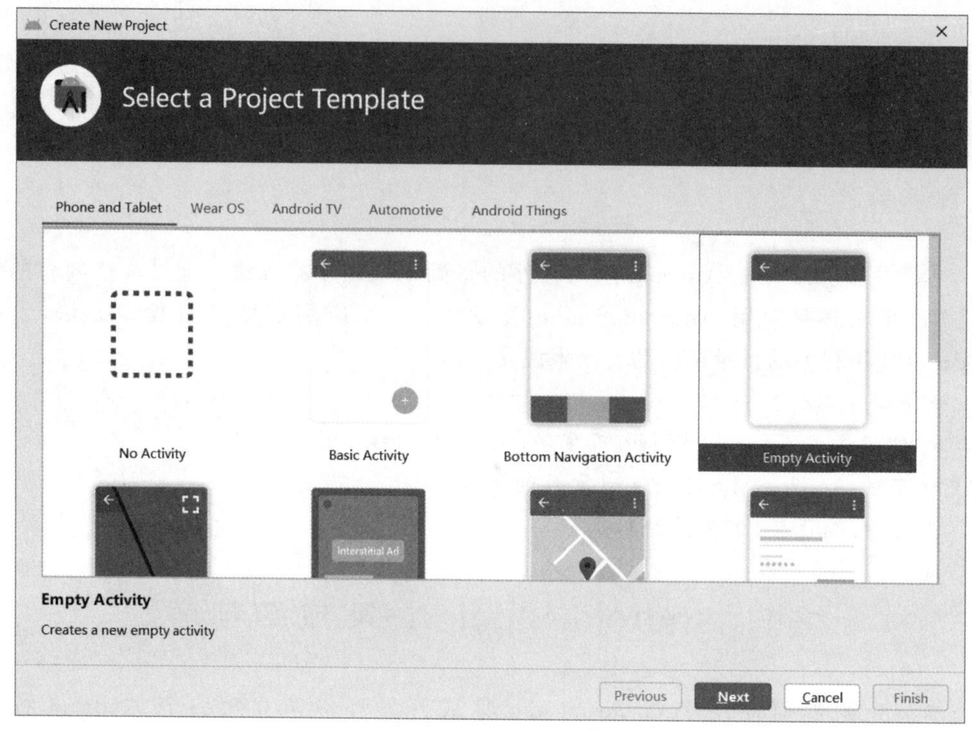

图 3.2　选择页面模板

进入工程配置页面后，需要在 Name 栏中输入应用程序名称，在 Package name 栏中输入包名称，在 Save location 栏中选择项目路径，在 Language 单选框中选择 Java。在 Minimum SDK 栏中选择能运行的最低版本的 SDK，推荐使用 API 16，它可以支持目前大部分的设备，如图 3.3 所示。

包名称(Package Name)是包的命名空间，遵循 Java 包的命名方法。包名称由两个或多个标识符组成，中间用点隔开，例如 edu.hrbeu.HelloAndroid。使用包主要为了避免命名冲突，因此可以使用反写电子邮箱地址的方式保证命名的唯一性。例如，笔者电子邮箱地址是 wangxianghui@hrbeu.edu.cn，则可以将包名称命名为 cn.edu.hrbeu.wangxianghui。为了保证代码的简洁，第一个 Android 程序的包名称使用 ice.hrbeu.helloandroid。

SDK 最低版本(Minimum SDK)是指 Android 程序能够运行的最低 API 等级，如果手机中的 Android 系统的 API 等级低于程序的 SDK 最低版本，则程序不能在该 Android 系统中运行。选择低版本的 API 可以提高程序的兼容性，但是为了兼容低版本 API，在工程中就无法使用新版本 API 中加入的新功能。为此，一般选择使用 API 16，可以在兼

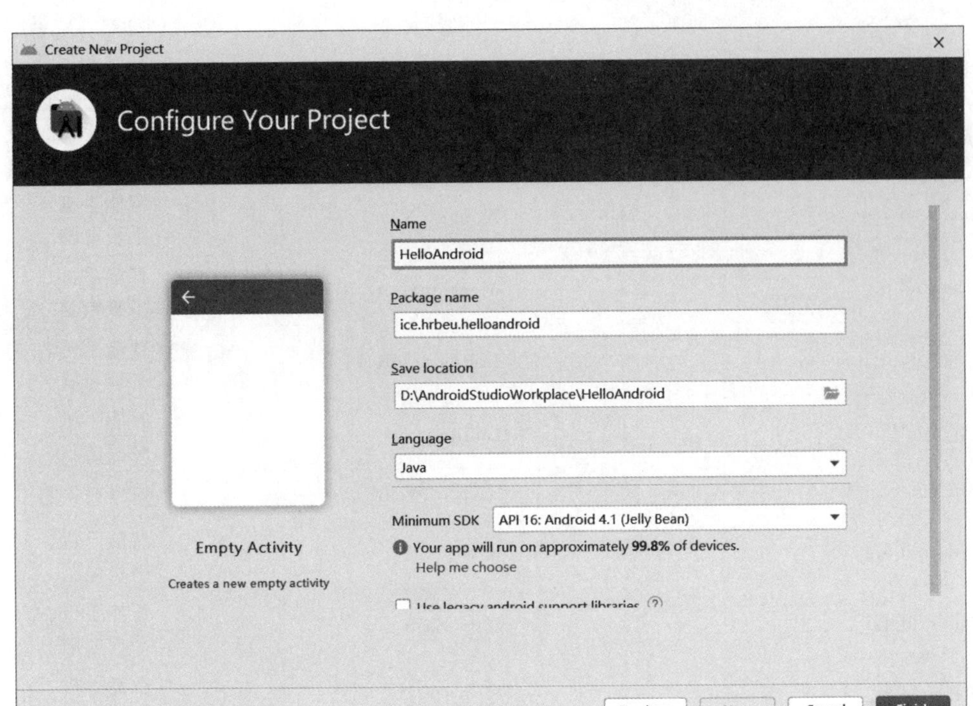

图 3.3　新建工程

容绝大部分手机的情况下，使用一些流行的新功能。

API 等级是 Android 系统中用来标识 API 框架版本的一个整数，用来识别 Android 程序的可运行性。如果 Android 程序标识的 API 等级高于 Android 系统所支持的 API 等级，程序则无法在该 Android 系统中运行。API 等级与系统版本之间的对照关系可参考表 3.1。

表 3.1　API 等级与系统版本对照表

系统版本	API 等级	版本代号	支持设备类型
Android 11.0	30	R	智能手机、平板电脑、智能家居
Android 10.0	29	Q	智能手机、平板电脑
Android 9.0	28	Pie(P)	智能手机、平板电脑
Android 8.1	27	Oreo(O)	智能手机、平板电脑
Android 8.0	26	Oreo(O)	智能手机、平板电脑

续表

系统版本	API 等级	版本代号	支持设备类型
Android 7.1	25	Nouget(N)	智能手机、平板电脑
Android 7.0	24	Nouget(N)	智能手机、平板电脑
Android 6.0	23	Marshmallow(M)	智能手机、平板电脑
Android 5.1	22	Lollipop MR1(L)	智能手机、平板电脑
Android 5.0.1	21	Lollipop	智能手机、平板电脑
Android 4.4W	20	KitKat Wear	可穿戴设备
Android 4.4	19	KitKat	智能手机、平板电脑
Android 4.3	18	Jelly Bean	智能手机、平板电脑
Android 4.2	17	Jelly Bean	智能手机、平板电脑
Android 4.1	16	Jelly Bean	智能手机、平板电脑
Android 4.0.3-4.0.4	15	Ice Cream Sandwich	智能手机、平板电脑
Android 4.0	14	Ice Cream Sandwich	智能手机、平板电脑
Android 3.2	13	HONEYCOMB_MR2	平板电脑
Android 3.1.x	12	HONEYCOMB_MR1	平板电脑
Android 3.0.x	11	HONEYCOMB	平板电脑
Android 2.3.4 Android 2.3.3	10	GINGERBREAD_MR1	智能手机
Android 2.3.2 Android 2.3.1 Android 2.3	9	GINGERBREAD	智能手机
Android 2.2.x	8	FROYO	智能手机
Android 2.1.x	7	ECLAIR_MR1	智能手机
Android 2.0.1	6	ECLAIR_0_1	智能手机
Android 2.0	5	ECLAIR	智能手机
Android 1.6	4	DONUT	智能手机
Android 1.5	3	CUPCAKE	智能手机
Android 1.1	2	BASE_1_1	智能手机
Android 1.0	1	BASE	智能手机

最后单击 Finish 按钮，工程向导会根据用户所填写的 Android 工程信息，自动在后台创建 Android 工程所需要的基础文件和目录结构。当创建过程结束，用户可以看到如图 3.4 所示的内容。

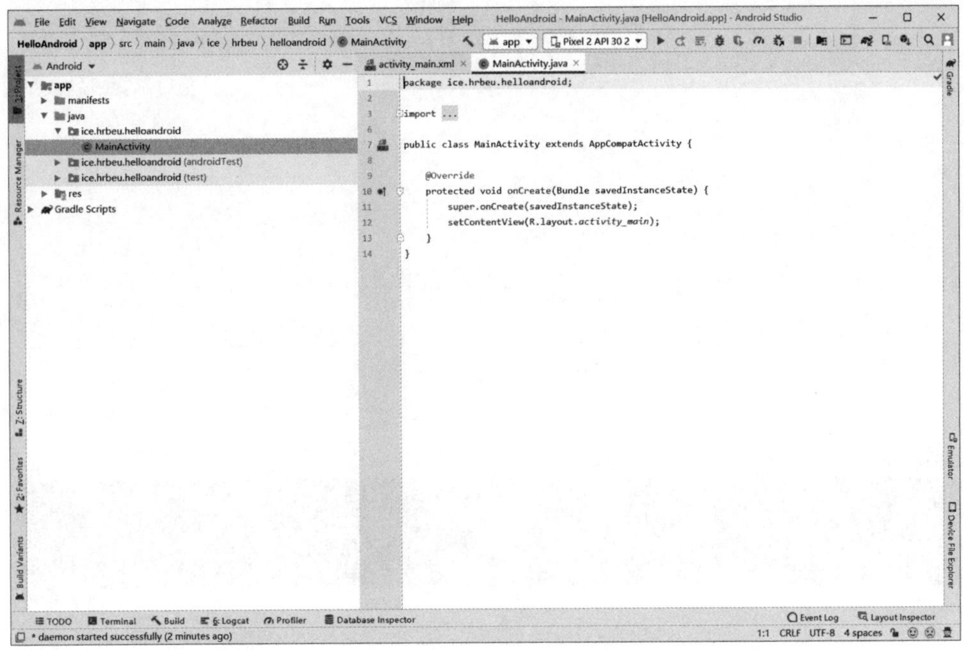

图 3.4　HelloAndroid 工程的文件和目录结构

用户无须在 HelloAndroid 工程中添加任何代码，即可运行 HelloAndroid 程序。但为了让 Android 程序能够正常运行，必须首先建立 Android 虚拟设备(Android Virtual Device，AVD)。

3.2　建立 Android 虚拟设备

AVD 是对 Android 模拟器进行自定义的配置清单，能够配置 Android 模拟器的硬件列表、模拟器的外观、支持的 Android 系统版本、支持的附件 SDK 库和存储设置等信息。在用户配置好 AVD 后，Android Studio 就可以按照用户的要求启动特定版本和硬件特征的 Android 模拟器。配置 AVD 最简单的方式是选择 Android Studio 的 Tools→AVD Manager 命令启动 AVD 管理器，也可以单击工具栏中机器人与手机的图标打开 AVD 管理器。AVD 管理器如图 3.5 所示。

在 AVD 管理器中单击 Create Virtual Device 按钮，打开 AVD 创建界面，如图 3.6 所示。选择一个分辨率合适的设备，单击 Next 按钮。选择一个 Android SDK 版本，单击 Download 按钮下载该 SDK 版本，如图 3.7 所示。

在 AVD Name 输入框中输入 AVD 名称后，单击 Finish 按钮保存 AVD 的配置信息，如图 3.8 所示。然后在 AVD 管理器中单击启动按钮启动 Android 模拟器，如图 3.9

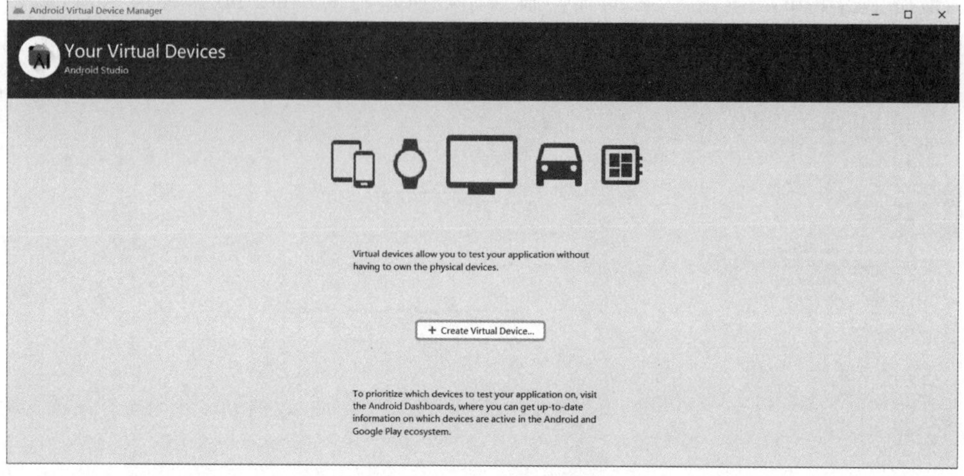

图 3.5 AVD 管理器

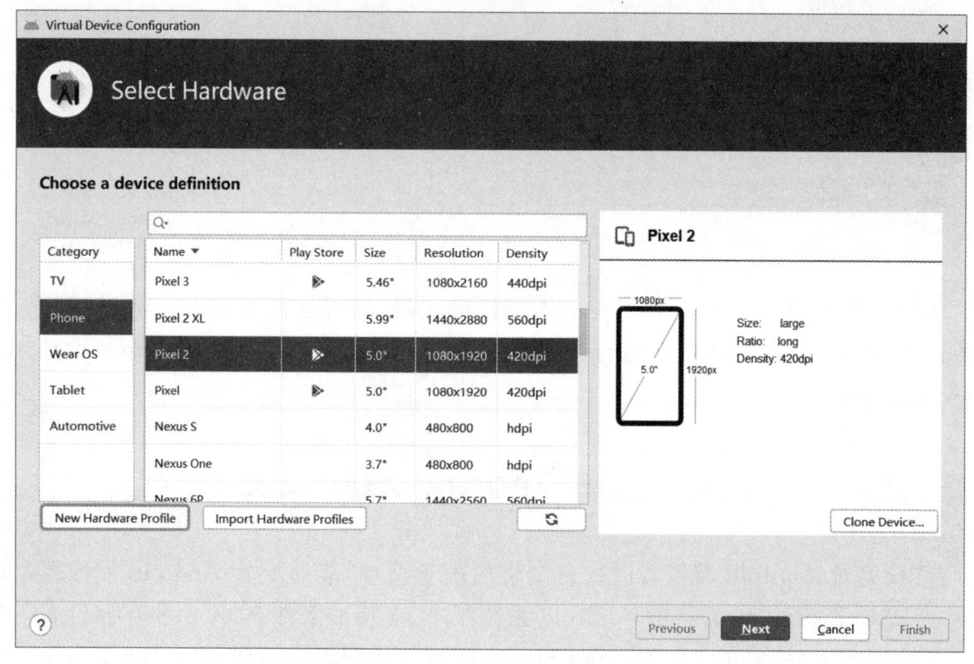

图 3.6 AVD 创建界面

所示。

启动 Android 模拟器是一个缓慢的过程,程序调试完毕后,不必关闭 Android 模拟器,可以节约下次程序调试时启动模拟器的时间。

在运行、调试或测试 Android 程序代码之前,需要创建运行/调试配置信息。首先选择工具栏中 Add Configuration 下拉列表①,然后单击 Run/Debug Configurations 对话框左上方的"+"号按钮②,选择 Android App 模板创建运行配置,如图 3.10 所示。在 Name 输入框中输入配置模板名称,Module 下拉栏选择需要运行调试的项目程序,其他

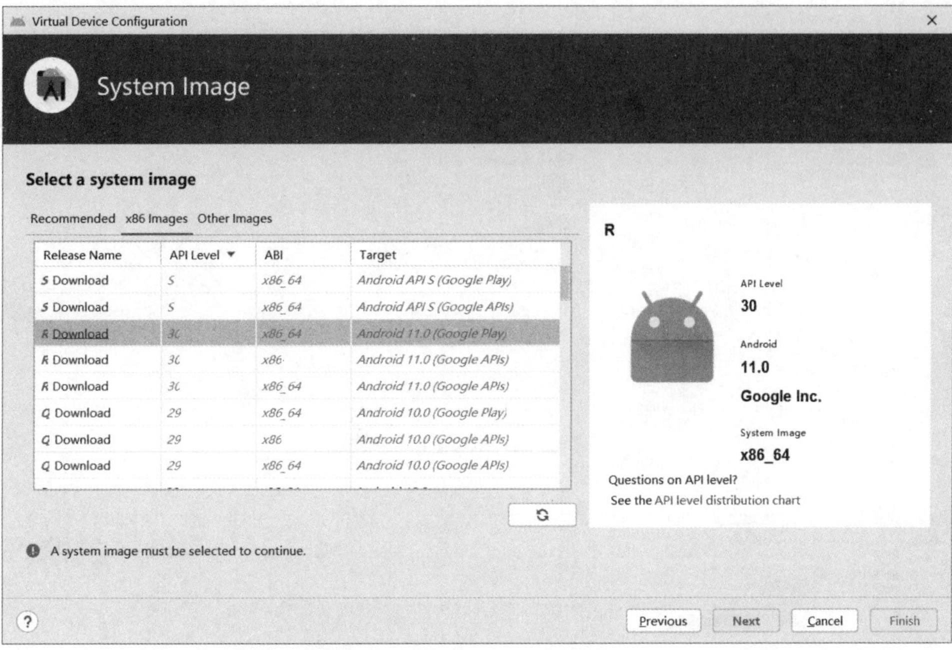

图 3.7 下载 Android SDK 版本

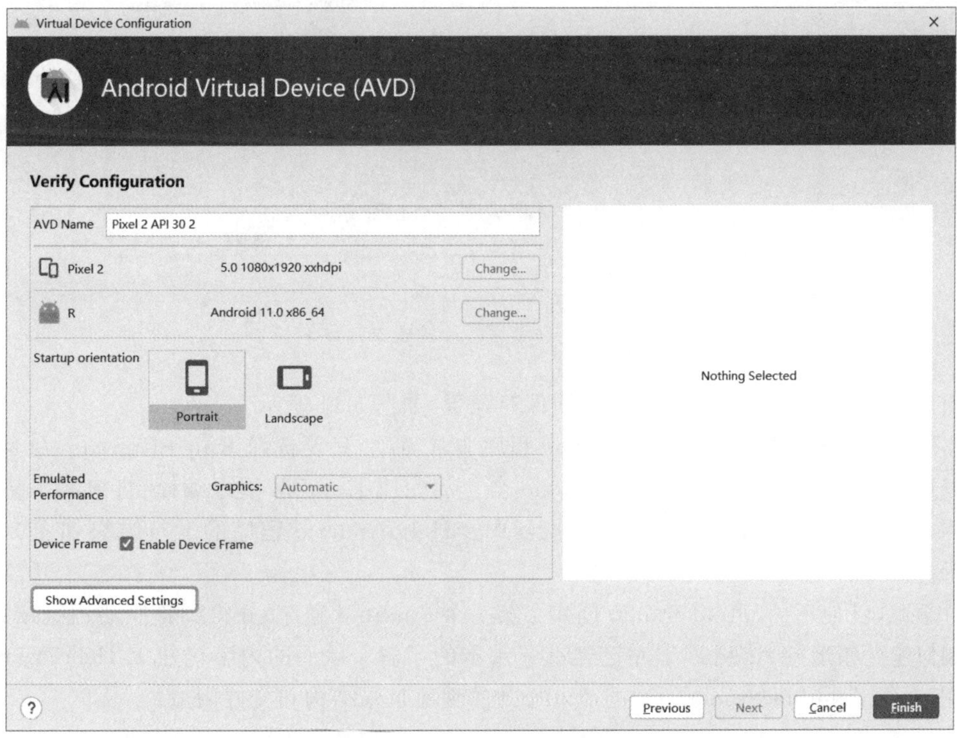

图 3.8 AVD 配置界面

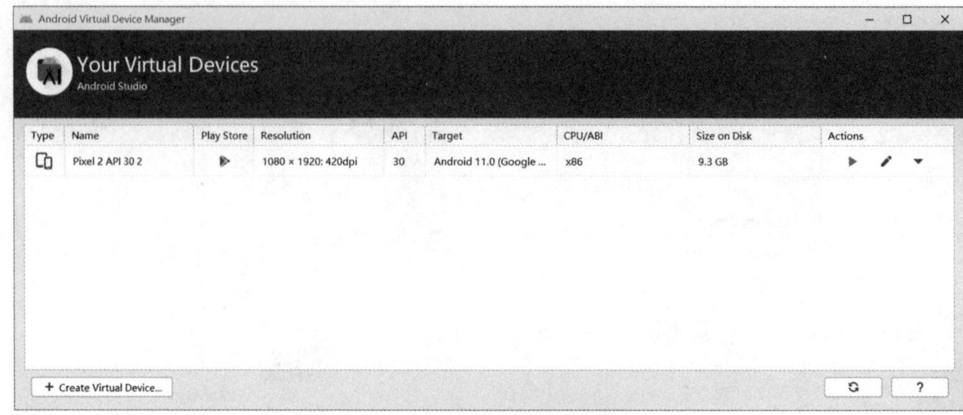

图 3.9　虚拟设备管理界面

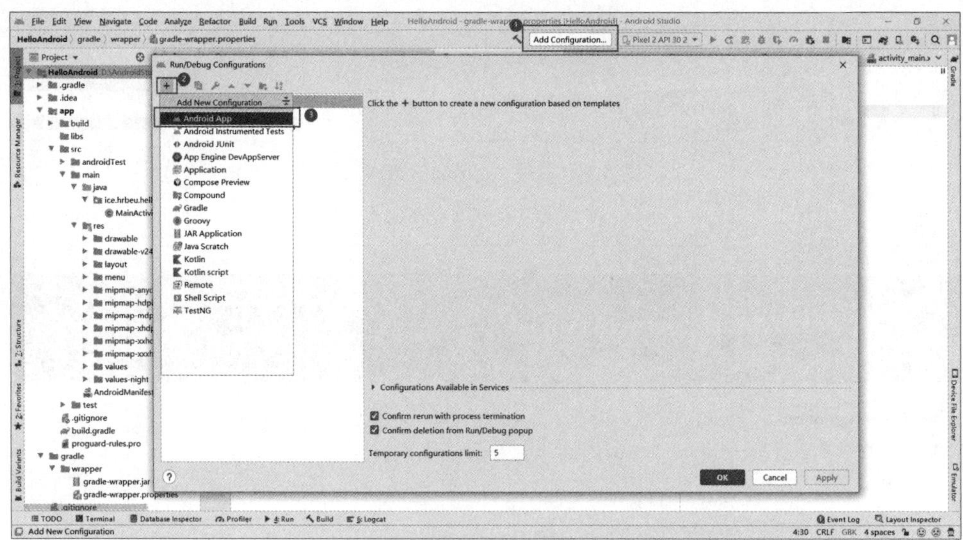

图 3.10　创建运行配置模板向导

选项保持默认设置，最后单击 OK 按钮保存配置，如图 3.11 所示。

使用 Android Studio 运行 Android 程序非常简单，只要选择 Run→Run app 命令就可以运行 Android 程序。Android Studio 会自动完成 Android 程序编译、打包和上传等过程，并将程序的运行结果显示在模拟器中。HelloAndroid 程序的运行结果如图 3.12 所示。

至此，已使用 Android Studio 创建了第一个 Android 程序，并得到程序的运行结果，对如何建立和运行 Android 程序已经有了基本的了解。后面的内容仍然以 HelloAndroid 为例，介绍 Android Studio 创建的 Android 的程序目录结构和文件用途。

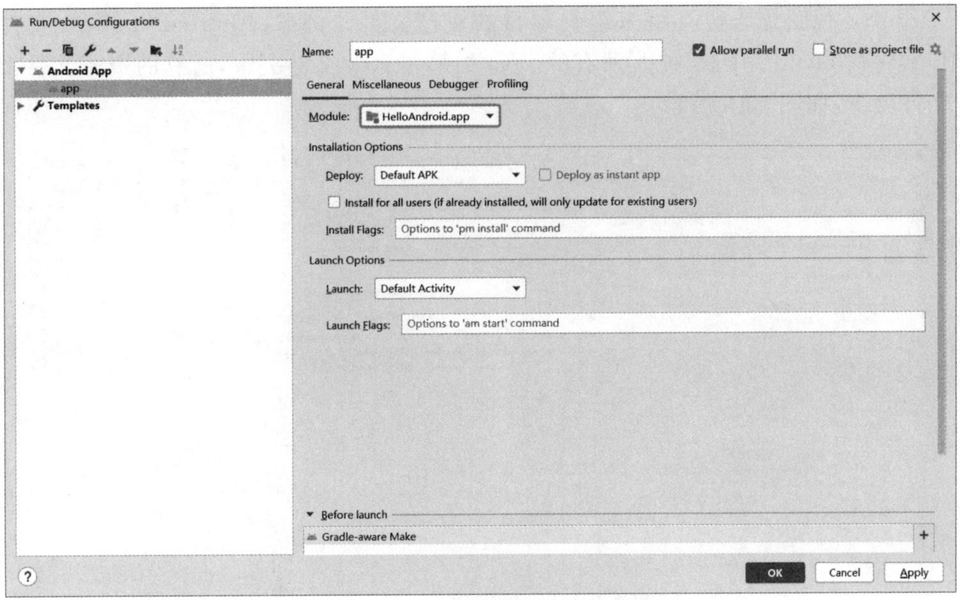

图 3.11 运行配置模板创建界面

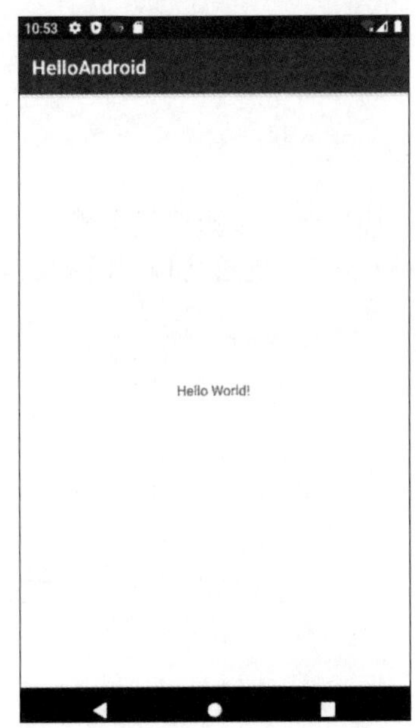

图 3.12 HelloAndroid 的运行结果

3.3 Android 程序结构

在 Android Studio 中，一个程序项目有 3 种视图，分为 Android 视图、Project 视图和 Packages 视图。

Android 视图是通过类型来组织项目的资产文件。例如，AndroidManifest 文件和 XML 文件在 manifests 文件中，所有的 Java 类都在 java 文件夹中，所有的资源文件都在 res 文件夹下，如图 3.13 所示。

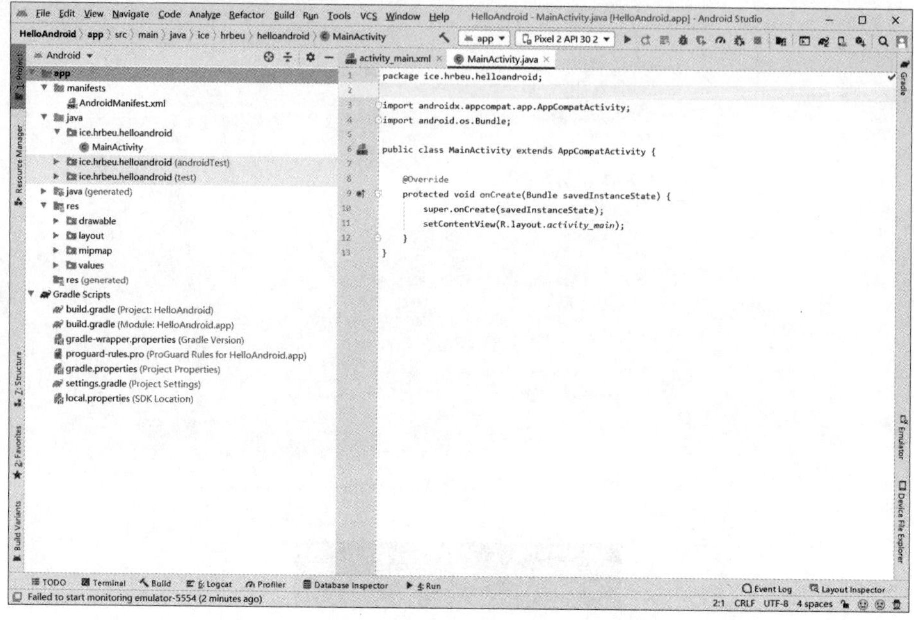

图 3.13 Android 视图

在默认的 Android 视图结构中，不能反映项目在磁盘上的实际物理组织。如果要查看项目的实际结构，就要切换到 Project 视图结构，如图 3.14 所示。

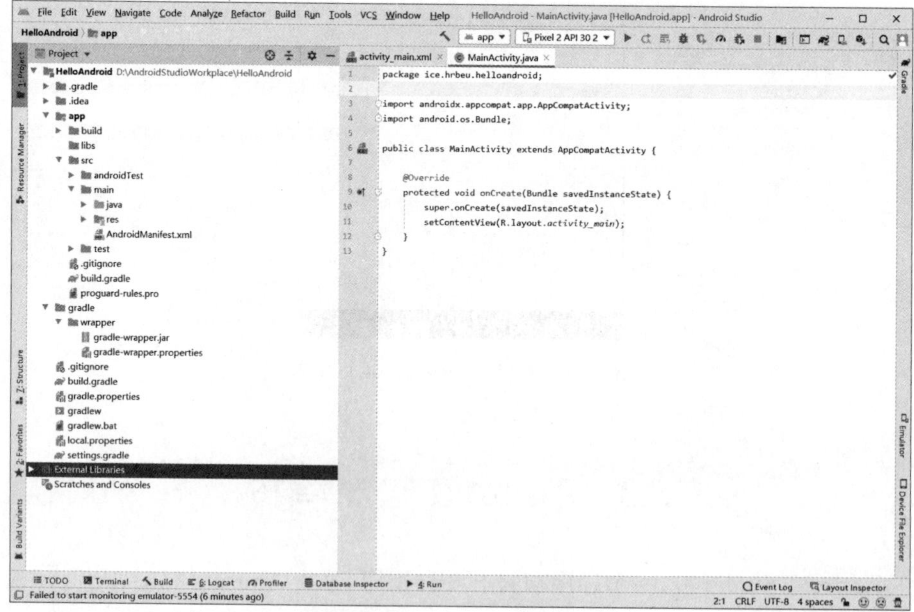

图 3.14 Project 视图

Package 视图与 Project 视图相比，最大的区别就是隐藏了相关的配置文件、属性文件和系统自身的目录，只显示当前的 Module 列表和 Module 下面的目录和文件，如图 3.15 所示。

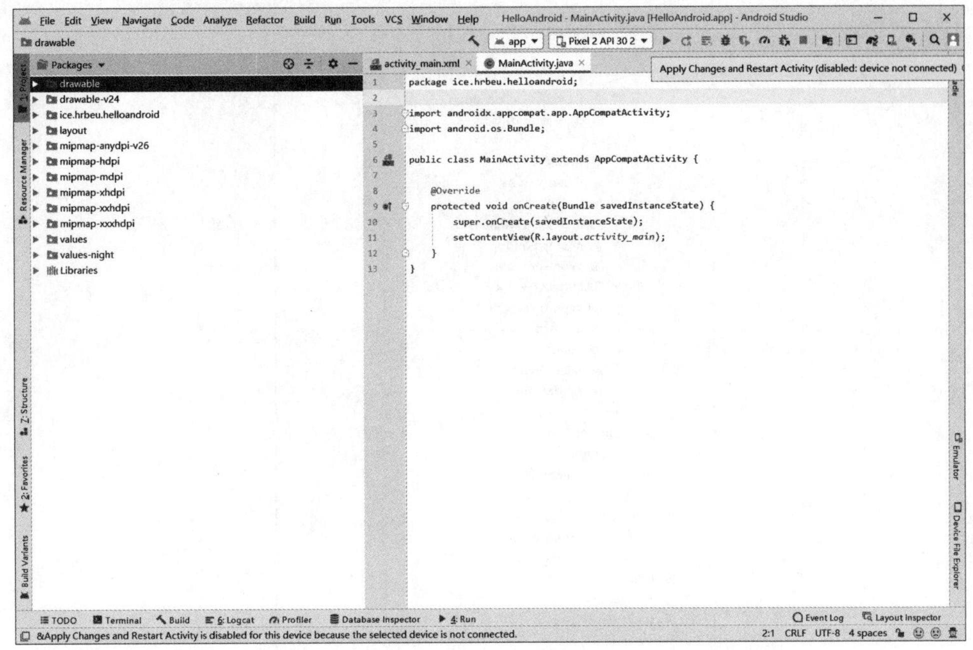

图 3.15 Package 视图

在建立 HelloAndroid 程序的过程中，Android Studio 会自动建立一些目录和文件，如图 3.16 所示。这些目录和文件有其固定的作用，有的允许修改，有的则不能进行修改，了解这些文件和目录对 Android 程序开发有着非常重要的作用。

在 Project 视图下，Android Studio 以工程名称 HelloAndroid 和 External Libraries 作为根目录，将所有自动生成的和非自动生成的文件都保存在这两个根目录下。HelloAndroid 根目录下包含 4 个子目录.gradle、.idea、app 和 gradle，以及 7 个工程文件.gitignore、build. gradle、gradle. properties、gradlew、gradlew. bat、local. properties 和 settings.gradle。External Libraries 根目录存放项目所依赖的所有类库。

.gradle 目录和.idea 目录是用来存放 Android Studio 自动编译工具生成的文件和开发工具产生的文件。

app 目录是用来存放程序中的代码资源文件。其中，build 目录在编译时生成，主要包含编译时自动生成的内容，在 outputs 目录下存放打包好的 apk 文件，libs 目录存放第三方 jar 包，然后 jar 包会被自动添加到构建路径(如集成地图 sdk，把 jar 包放到 libs 目录，可以在 build.gradle 文件中查看当前项目依赖)。

src 目录是源代码目录。androidTest 目录是用来编写 android test 测试用例的，可以对项目进行自动化测试；main 目录下的 java 目录是存放 Java 代码的地方，res 是存放资源的目录。Android 程序所有的图像、颜色、风格、主题、界面布局和字符串等资源都保

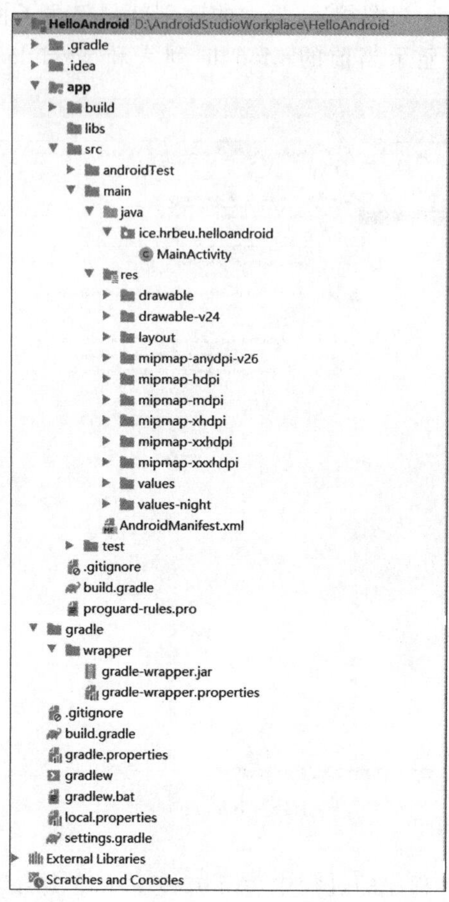

图 3.16　HelloAndroid 工程的目录和文件

存在 res 目录下的几个子目录中。其中，drawable 目录用来保存图像文件，layout 目录用来保存与用户界面相关的布局文件，mipmap-hdpi、mipmap-mdpi、mipmap-xhdpi、mipmap-xxhdpi 和 mipmap-xxxhdpi目录用来保存同一个程序中针对不同屏幕尺寸需要显示的不同大小的图标文件，引导页的图片也建议放在这里。values 目录保存颜色、风格、主题和字符串等资源；AndroidManifest.xml 是整个项目的配置文件，四大组件都需要在这里注册才能正常运行；test 目录用来编写 Unit Test 测试用例的目录，是对项目进行自动化测试的另一种方式；.gitignore 文件是为 git 源码管理的配置文件；build.gradle 文件是 Android 项目的 Gradle 构建脚本文件，用于配置 Android 构建过程所需要的参数和引用依赖；proguard-rules.pro 用来指定项目代码的混淆规则，帮助代码打包成混淆过的安装包文件。

gradle 目录下包含 gradle-wrapper 的配置文件，使用 gradle-wrapper 的方式不需要提前将 gradle 下载好，只需要根据本地的缓存情况决定是否需要联网下载 gradle。Android Studio 默认没有启动 gradle-wrapper 的方式，如果需要打开，可以在 Android Studio 导航栏选择 File→Settings→Build，Execution，Deployment→Gradle 命令进行配

置更改。

.gitignore(外层)文件用于将指定的目录或文件排除在版本控制之外,作用和内层的.gitignore文件类似。

build.gradle(外层)文件是项目全局编译环境配置。

gradle.properties是全局的gradle配置文件。这里配置的属性将会影响到项目中所有的gradle编译脚本。

gradlew和gradlew.bat用来在命令行界面执行gradle命令,其中gradlew是在Linux或Mac系统中使用,gradlew.bat是在Windows系统中使用。

local.properties配置文件用来指定本机中Android SDK的路径,一般是自动生成,除非SDK位置发生变化,否则无须修改该文件的路径。

settings.gradle用于指定项目中所有引入的模块。由于项目中只有一个app模块,因此该文件中也就只引入了app这一个模块。通常情况下,模块的引入都是自动完成,需要手动修改这个文件的场景比较少。

AndroidManifest.xml是XML格式的Android程序声明文件,包含了Android系统运行Android程序前所必须掌握的重要信息。这些信息包括应用程序名称、图标、包名称、模块组成、授权和SDK最低版本等,而且每个Android程序必须在根目录下包含一个AndroidManifest.xml文件。XML是一种可扩展标记语言,本身独立于任何编程语言,能够对复杂的数据进行编码,且易于理解。Android工程中多处使用了XML文件,使应用程序开发更加具有弹性,且易于后期的维护和理解。

AndroidManifest.xml文件的代码如下。

```
<?xml version="1.0" encoding="utf-8"?>
<manifest xmlns:android="http://schemas.android.com/apk/res/android"
    package="ice.hrbeu.helloandroid"
    android:versionCode="1"
    android:versionName="1.0">
    <uses-sdk
        android:minSdkVersion="16"
        android:maxSdkVersion="30"/>
    <application
        android:allowBackup="true"
        android:icon="@mipmap/ic_launcher"
        android:label="@string/app_name"
        android:roundIcon="@mipmap/ic_launcher_round"
        android:supportsRtl="true"
        android:theme="@style/Theme.HelloAndroid">
        <activity
            android:name=".MainActivity"
            android:label="@string/app_name">
            <intent-filter>
                <action android:name="android.intent.action.MAIN" />
```

```
21                 <category android:name="android.intent.category.LAUNCHER" />
22             </intent-filter>
23         </activity>
24     </application>
25 </manifest>
```

在 AndroidManifest.xml 文件中，根元素是 manifest，其包含 xmlns:android、package、android:versionCode 和 android:versionName 4 个属性。其中，第 2 行属性 xmlns:android 定义 Android 的命名空间，值为 http://schemas.android.com/apk/res/android；第 3 行属性 package 定义应用程序的包名称；第 4 行属性 android:versionCode 定义应用程序的版本号，是一个整数值，数值越大说明版本越新，但仅在程序内部使用，并不提供给应用程序使用者；第 5 行属性 android:versionName 定义应用程序的版本名称，是一个字符串，仅限于为用户提供一个版本标识。

manifest 元素仅能包含一个 application 元素，application 元素中能够声明 Android 程序中最重要的 4 个组成部分，包括 Activity、Service、BroadcastReceiver 和 ContentProvider，所定义的属性将影响所有组成部分。第 11 行属性 android:icon 定义 Android 应用程序的图标，其中@mipmap/ic_launcher 是一种资源引用方式，表示资源类型是图像，资源名称为 ic_launcher，对应的资源文件为 ic_launcher.png，目录是 res/mipmap-hdpi、res/mipmap-mdpi、res/mipmap-xhdpi、res/mipmap-xxhdpi 和 res/mipmap-xxxhdpi，这 5 个目录中的资源仍通过@mipmap 进行调用；第 12 行属性 android:label 则定义了 Android 应用程序的标签名称。第 14 行属性 android: supportSRtl 用作地区适配，RTL 即从右向左布局，为了支持阿拉伯语和波斯语，即阅读习惯从右向左的语言，在 application 标签里添加 android: supportSRtl＝"true"，从而改变布局。

activity 元素是对 Activity 子类的声明，不在 AndroidManifest.xml 文件中声明的 Activity 将不能够在用户界面中显示。第 17 行属性 android:name 定义了实现 Activity 类的名称，可以是完整的类名称，如 ice.hrbeu.helloandroid.MainActivity，也可以是简化后的类名称，如.MainActivity；第 18 行属性 android:label 则定义了 Activity 的标签名称，标签名称将在用户界面的 Activity 上部显示，@string/app_name 同样属于资源引用，表示资源类型是字符串，资源名称为 app_name，资源保存在 res/values 目录下的 strings.xml 文件中。

intent-filter 中声明两个子元素 action 和 category，在这里不详细讨论两个字元素的用途，但可以肯定的是，intent-filter 使 HelloAndroid 程序在启动时，将.MainActivity 这个 Activity 作为默认启动模块。

activity_main.xml 文件是界面布局文件，可利用 XML 描述用户界面，界面布局的相关内容将在第 5 章中进行详细介绍。activity_main.xml 代码的第 7 行说明在界面中使用 TextView 控件，TextView 控件主要用来显示字符串文本。代码第 10 行说明 TextView 控件需要显示的字符串，非常明显，@string/hello_world 是对资源的引用。通过 strings.xml 文件的第 5 行代码分析，在 TextView 控件中显示的字符串应是“Hello World, HelloAndroidActivity!”。如果读者修改 strings.xml 文件的第 5 行代码的内容，重新编译、运行后，模拟器中显示的结果也应随之更改。

activity_main.xml 文件的代码如下。

```
<RelativeLayout xmlns:android="http://schemas.android.com/apk/res/android"
    xmlns:tools="http://schemas.android.com/tools"
    android:layout_width="match_parent"
    android:layout_height="match_parent"
    tools:context="ice.hrbeu.helloandroid.MainActivity" >

    <TextView
          android:layout_width="wrap_content"
          android:layout_height="wrap_content"
       android:text="@string/hello_world" />

</RelativeLayout>
```

strings.xml 文件的代码如下。

```
<?xml version="1.0" encoding="utf-8"?>
<resources>

    <string name="app_name">HelloAndroid</string>
    <string name="hello_world">Hello world! </string>
    <string name="action_settings">Settings</string>

</resources>
```

MainActivity.java 是 Android 工程向导根据 Activity 名称创建的 java 文件，这个文件完全可以手工修改。为了在 Android 系统上显示图形界面，需要使用代码继承 Activity 类，并在 onCreate()函数中声明需要显示的内容。

MainActivity.java 文件的代码如下。

```
package ice.hrbeu.helloandroid;

import android.app.Activity;
import android.os.Bundle;
import android.view.Menu;
import android.view.MenuItem;

public class MainActivity extends Activity {

    @Override
    protected void onCreate(Bundle savedInstanceState) {
        super.onCreate(savedInstanceState);
```

```
13            setContentView(R.layout.activity_main);
14        }
15
16        @Override
17        public boolean onCreateOptionsMenu(Menu menu) {
18            // Inflate the menu; this adds items to the action bar if it is present.
19            getMenuInflater().inflate(R.menu.main, menu);
20            return true;
21        }
22
23        @Override
24        public boolean onOptionsItemSelected(MenuItem item) {
25            // Handle action bar item clicks here. The action bar will
26            // automatically handle clicks on the Home/Up button, so long
27            // as you specify a parent activity in AndroidManifest.xml.
28            int id =item.getItemId();
29            if (id ==R.id.action_settings) {
30                return true;
31            }
32            return super.onOptionsItemSelected(item);
33        }
34    }
```

第 3 行和第 4 行代码通过 android.jar 从 Android SDK 中引入了 Activity 和 Bundle 两个重要的包，用于子类继承和信息传递；第 8 行代码声明 MainActivity 类继承 Activity 类；第 10 行代码表明需要重写 onCreate()函数；第 11 行代码的 onCreate()会在 Activity 首次启动时被调用，为了便于理解，可以认为 onCreate()是 HelloAndroid 程序的主入口函数；第 12 行代码调用父类的 onCreate()函数，并将 savedInstanceState 传递给父类，savedInstanceState 是 Activity 的状态信息；第 13 行代码声明了需要显示的用户界面，此界面是用 XML 描述的界面布局，保存在 scr/layout/activity_main.xml 资源文件中。

到这里分析了 Android 程序的目录结构和文件的用途，对 AndroidManifest.xml 文件、Java 代码文件、资源引用等内容有了初步的了解。

习　　题

1. 简述 AndroidManefiest.xml 文件的用途。

2. 简述 res 目录下的各种资源类型。

3. 使用 Android Studio 建立名为 MyAndroidStudio 的工程，包名称为 edu.hrbeu.MyAndroidStudio，程序运行时显示 Hello MyAndroidStudio。

第4章 chapter 4

Android 生命周期

思政材料

Android 生命周期是从程序启动到程序终止的全过程。本章让读者深入理解 Android 系统管理生命周期的必要性，并以 Activity 为例说明 Android 系统如何管理程序组件的生命周期。对调试方法和工具的介绍，不仅有助于程序开发人员快速找到程序中的错误，而且可以对特殊的事件回调函数进行调试。

本章学习目标：

- 了解 Android 系统的进程优先级的变化方式；
- 了解 Android 系统的四大基本组件；
- 了解 Activity 生命周期中各状态的变化关系；
- 掌握 Activity 事件回调函数的作用和调用顺序；
- 掌握 Android 应用程序的调试方法和工具。

4.1 程序生命周期

软件生命周期是软件从产生到废弃所历经的几个阶段，一般包括可行性分析、开发计划、需求分析与设计、编码、测试和维护等过程。Android 的程序生命周期与软件生命周期的定义不同，指的是在 Android 系统中进程从启动到终止的所有阶段，也就是 Android 程序启动到停止的全过程。

Android 系统一般是运行在资源受限的硬件平台上，因此，资源管理对 Android 系统至关重要。Android 系统主动管理资源，为了保证高优先级程序正常运行，可以在无任何警告的情况下终止低优先级程序，并回收其使用的系统资源。因此 Android 程序并不能控制自身的生命周期，而完全是由 Android 系统进行调度和控制。

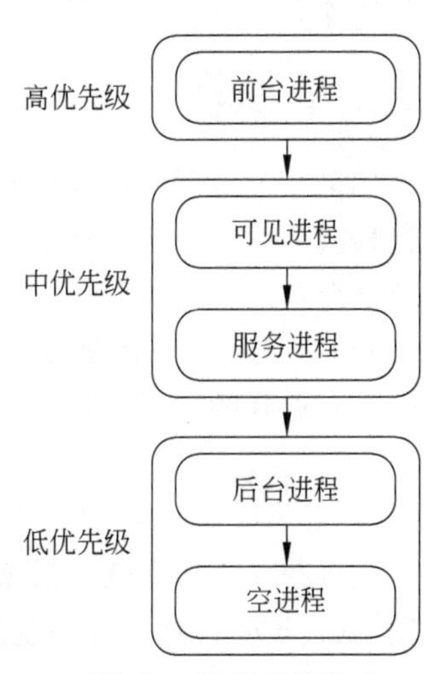

图 4.1 进程优先级

Android 系统尽可能不主动终止应用程序，即使生命周期结束的程序也会保存在内存中，以便再次快速启动。但在内存紧张时，系统会根据进程的优先级清除进程，回收系统资源。Android 系统中的进程优先级如图 4.1 所示，优先级由高到低分别为前台进程、可见进程、服务进程、后台进程和空进程。

1. 前台进程

前台进程是Android系统中最重要的进程，是与用户正在交互的进程，包含以下4种情况：

- 进程中的Activity正在与用户进行交互；
- 进程服务被Activity调用，而且这个Activity正在与用户进行交互；
- 进程服务正在执行声明周期中的回调函数，如onCreate()、onStart()或onDestroy()；
- 进程的BroadcastReceiver正在执行onReceive()函数。

Android系统在多个前台进程同时运行时，可能会出现资源不足的情况，此时会清除部分前台进程，保证主要的用户界面能够及时响应。

2. 可见进程

可见进程是指部分程序界面能够被用户看见，却不在前台与用户交互，不响应界面事件的进程。例如，新启动的Android程序将原有程序部分遮挡，原有程序从前台进程变为可见进程。另外，如果一个进程包含服务，且这个服务正在被用户可见的Activity调用，此进程同样被视为可见进程。一般Android系统会存在少量的可见进程，只有在极端的情况下，Android系统才会为保证前台进程的资源而清除可见进程。

3. 服务进程

一个包含已经启动服务的进程就是服务进程。服务没有用户界面，不与用户直接交互，但能够在后台长期运行，提供用户所关心的重要功能，例如播放MP3文件或从网络下载数据。因此，Android系统除非不能保证前台进程或可见进程所必要的资源，否则不强行清除服务进程。

4. 后台进程

如果一个进程不包含任何已经启动的服务，而且没有任何用户可见的Activity，则这个进程就是后台进程。例如，一个仅有Activity组件的进程，当用户启动了其他应用程序使这个进程的Activity完全被遮挡，则这个进程便成为后台进程。一般情况下，Android系统中存在数量较多的后台进程，在系统资源紧张时，系统将优先清除用户较长时间没有见到的后台进程。

5. 空进程

空进程是不包含任何活跃组件的进程，例如一个仅有Activity组件的进程，当用户关闭Activity后，这个进程就成为空进程。空进程在系统资源紧张时会被首先清除，但为了提高Android系统应用程序的启动速度，Android系统会将空进程保存在系统内存中，在用户重新启动该程序时，空进程被重新使用。

在 Android 中，进程的优先级取决于所有组件中的优先级最高的部分。例如，在进程中同时包含部分可见的 Activity 和已经启动的服务，则该进程是可见进程，而不是服务进程。另外，进程的优先级会根据与其他进程的依赖关系而变化。例如，进程 A 的服务被进程 B 调用，如果调用前进程 A 是服务进程，进程 B 是前台进程，则调用后进程 A 也具有前台进程的优先级。

4.2 Android 组件

Android 应用程序由组件组成，组件是可以被调用的基本功能模块。Android 系统利用组件实现程序内部或程序间的模块调用，以解决代码复用的问题，这是 Android 系统非常重要的特性。在程序设计时，在 AndroidManifest.xml 中声明可共享的组件，声明后其他应用程序可以直接调用这些共享组件。例如，程序 A 实现了文件压缩的功能，并对外共享了这个组件，程序 B 则不必再开发文件压缩功能，而直接调用程序 A 的共享组件即可。

但这种特性存在一个问题，如果共享组件所在的进程没有启动，这个共享组件不能被其他程序调用。为了解决这一问题，Android 系统必须在其他程序调用共享组件时，能够直接启动被调用的共享组件。因此，Android 系统没有使用常见的应用程序入口点（类似于 Java 程序的 Main 函数）的方法，而是允许共享组件被 Android 系统直接实例化，从而保证能够调用进程没有启动的共享组件。

Android 系统有 4 个重要的组件，分别是 Activity、Service、BroadcastReceiver 和 ContentProvider。

Activity 是 Android 程序的呈现层，显示可视化的用户界面，并接收与用户交互所产生的界面事件，与“窗体”的概念非常相似。Android 应用程序可以包含一个或多个 Activity，一般在程序启动后会呈现一个 Activity，用于提示用户程序已经正常启动。Activity 在界面上的表现形式一般是全屏窗体，也可以是非全屏悬浮窗体或对话框。

Service 一般用于没有用户界面，但需要长时间在后台运行的应用。例如，在播放 MP3 音乐时，可以使用 Service 在关闭播放器界面的情况下长时间播放 MP3 音乐，并通过对外公开 Service 的通信接口，控制 MP3 音乐播放的启动、暂停和停止。

BroadcastReceiver 是用来接收并响应广播消息的组件。大部分广播消息是由系统产生的，如时区改变、电池电量低或语言选项改变等，但应用程序也可以产生广播消息，如数据下载完毕等。BroadcastReceiver 不包含任何用户界面，但可以通过启动 Activity 或者 Notification 通知用户接收到重要信息。Notification 能够通过多种方法提示用户，包括闪动背景灯、振动设备、发出声音或在状态栏上放置一个持久的图标等。

ContentProvider 是 Android 系统提供的一种标准的共享数据的机制，应用程序可以通过 ContentProvider 访问其他应用程序的私有数据。私有数据可以是存储在文件系统中的文件，也可以是 SQLite 中的数据库。Android 系统内部也提供一些内置的 ContentProvider，能够为应用程序提供重要的数据信息，如联系人信息和通话记录等。

Android系统通过组件机制，有效降低了应用程序的耦合性，使向其他应用程序共享私有数据（ContentProvider）和调用其他程序的私有模块（Service）成为可能。

所有Android组件都具有自己的生命周期，称为组件声明周期，是从组件建立到组件销毁的整个过程。在这个过程中，组件会在可见、不可见、活动、非活动等状态中不断变化。4.3节主要对Activity的生命周期进行详细介绍。

4.3 Activity生命周期

Activity生命周期是指Activity从启动到销毁的过程。在这个过程中，Activity一般表现为4种状态，分别是活动状态、暂停状态、停止状态和非活动状态。

(1) 活动状态。当Activity在用户界面中处于最上层，完全能被用户看到，能够与用户进行交互，则这个Activity处于活动状态。

(2) 暂停状态。当Activity在界面上被部分遮挡，该Activity不再处于用户界面的最上层，且不能够与用户进行交互，则这个Activity处于暂停状态。

(3) 停止状态。当Activity在界面上完全不能被用户看到，也就是说这个Activity被其他Activity全部遮挡，则这个Activity处于停止状态。

(4) 非活动状态。活动状态、暂停状态和停止状态是Activity的主要状态，不在以上3种状态下的Activity则处于非活动状态。

Activity的4种状态的变换关系如图4.2所示。Activity启动后处于活动状态，此时的Activity位于界面的最上层，是与用户正在进行交互的组件，因此Android系统会努力保证处于活动状态Activity的资源需求，资源紧张时可终止其他状态的Activity；如果用户启动了新的Activity，部分遮挡了当前的Activity，或新的Activity是半透明的，则当前的Activity转换为暂停状态，Android系统仅在为处于活动状态的Activity释放资源时才终止处于暂停状态的Activity；如果用户启动新的Activity完全遮挡了当前的Activity，则当前的Activity转变为停止状态，停止状态的Activity将优先被终止；活动状态的Activity被用户关闭后，以及暂停状态或停止状态的Activity被系统终止后，Activity便进入了非活动状态。

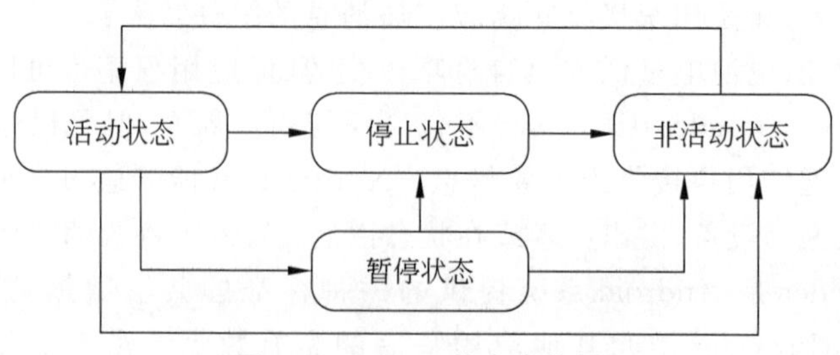

图4.2 Activity状态变换图

为了能够更好地理解Activity生命周期，还需要对Activity栈做简要介绍。Activity

栈保存了已经启动且没有终止的所有 Activity，并遵循“后进先出”的规则。如图 4.3 所示，栈顶的 Activity 处于活动状态，除栈顶以外的其他 Activity 处于暂停状态或停止状态，而被终止的 Activity 或已经出栈的 Activity 则不在栈内。

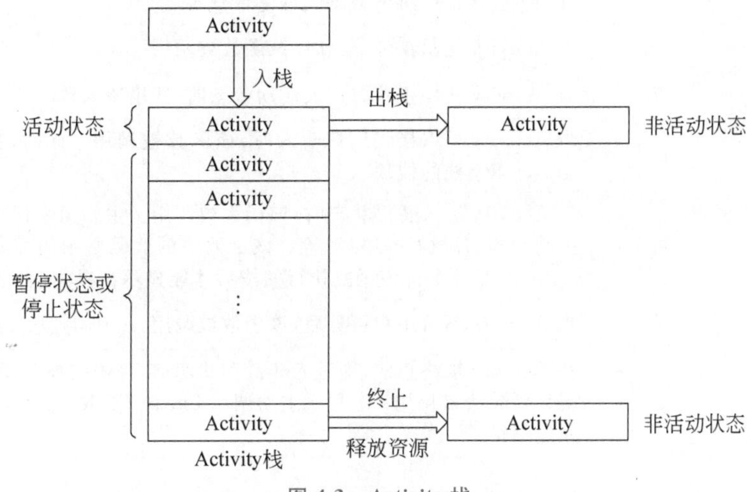

图 4.3 Activity 栈

Activity 的状态与其在 Activity 栈的位置有着密切的关系，不仅如此，Android 系统在资源不足时，也是通过 Activity 栈来选择哪些 Activity 是可以被终止的。一般来讲，Android 系统会优先终止处于停止状态，且位置靠近栈底的 Activity，因为这些 Activity 被用户再次调用的机会最小，且在界面上用户是看不到的。

随着用户在界面进行的操作，以及 Android 系统对资源的动态管理，Activity 不断变化其在 Activity 栈中的位置，状态也不断在 4 种状态间转变。随着 Activity 自身状态的变化，Android 系统会调用不同的事件回调函数，开发人员在事件回调函数中添加代码，就可以在 Activity 状态变化时完成适当的工作。

下面的代码给出了 Activity 的主要事件回调函数。

```
public class MyActivity extends Activity {
    protected void onCreate(Bundle savedInstanceState);
    protected void onStart();
    protected void onRestart();
    protected void onResume();
    protected void onPause();
    protected void onStop();
    protected void onDestroy();
}
```

这些事件回调函数何时被调用，具体用途是什么，以及是否可以被 Android 系统终止，可以参考表 4.1。

表 4.1 Activity 生命周期的事件回调函数

函　数	是否可终止	说　明
onCreate()	否	Activity 启动后，第一个被调用的函数常用来进行 Activity 的初始化，例如创建 View、绑定数据或恢复信息等
onStart()	否	当 Activity 显示在屏幕上时，该函数被调用
onRestart()	否	当 Activity 从停止状态进入活动状态前，调用该函数
onResume()	否	当 Activity 可以接收用户输入时，该函数被调用。此时的 Activity 位于 Activity 栈的栈顶
onPause()	否	当 Activity 进入暂停状态时，该函数被调用。主要用来保存持久数据、关闭动画、释放 CPU 资源等。该函数中的代码必须简短，因为另一个 Activity 必须等待该函数执行完毕后才能显示在界面上
onStop()	是	当 Activity 不对用户可见后，该函数被调用，Activity 进入停止状态
onDestroy()	是	在 Activity 被终止前，即进入非活动状态前，该函数被调用。有两种情况该函数会被调用：①程序主动调用 finish()函数；②程序被 Android 系统终结

除了 Activity 生命周期的事件回调函数以外，还有 onSaveInstanceState() 和 onRestoreInstanceState()两个函数经常会被使用，用于保存和恢复 Activity 的界面临时信息，如用户在界面中输入的数据或选择的内容等，而 onPause()一般被用来保存界面的持久信息。

onSaveInstanceState()和 onRestoreInstanceState()函数不属于生命周期的事件回调函数，onSaveInstanceState()在 Activity 被暂时停止（被其他程序中断或锁屏）时被调用，而 Activity 在完全关闭（调用 finish()函数）时则不会被调用。当暂停的 Activity 被恢复时，系统会调用 onRestoreInstanceState()函数。

举个例子说明这两个函数是如何被调用的。如果用户启动 Activity A，然后直接又启动 Activity B，这时系统需要停止 Activity A，则会调用 Activity A 的 onSaveInstanceState()来保存 Activity A 的界面临时信息。当用户主动关闭 Activity B 时，Activity B 的 onSaveInstanceState()不会被调用，因为是用户主动关闭 Activity B 而不是系统暂停的，所以当 Activity A 重新显示在屏幕上后，Activity A 可以选择调用 onRestoreInstanceState()用于恢复之前保存的 Activity A 的状态信息。

Activity 状态保存和恢复的函数 onSaveInstanceState()和 onRestoreInstanceState()的说明参见表 4.2。

表 4.2 Activity 状态保存/恢复的事件回调函数

函　数	说　明
onSaveInstanceState()	暂停或停止 Activity 前调用该函数，用于保存 Activity 的临时状态信息
onRestoreInstanceState()	恢复 onSaveInstanceState()保存的 Activity 状态信息

onSaveInstanceState()函数会将界面临时信息保存在 Bundle 中，onCreate()函数和 onRestoreInstanceState()函数都可以恢复这些保存的信息。一般简化的做法是在

onCreate()函数中恢复保存的信息，但在某些特殊的情况下还需要使用 onRestoreInstanceState()函数恢复保存信息，如必须在界面完全初始化完毕后才能进行的操作，或需要由子类来确定是否采用默认设置等。

在 Activity 生命周期中，并不是所有的事件回调函数都会被执行，但如果被调用，则会遵循图 4.4 描述的调用顺序。

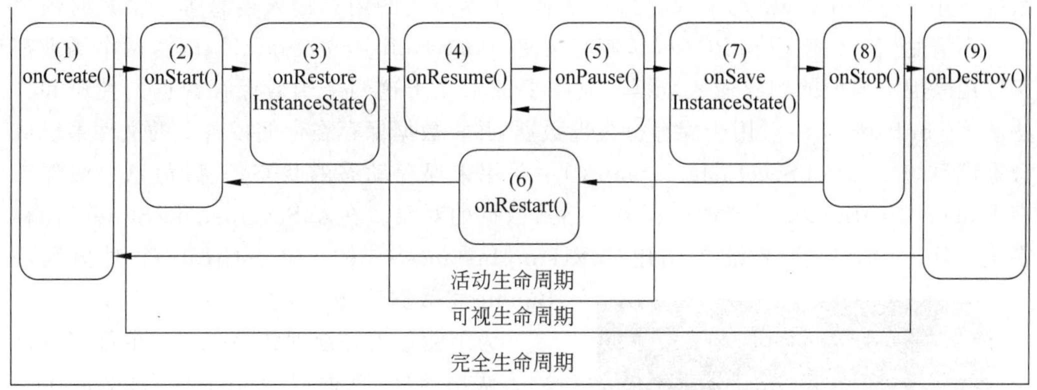

图 4.4 Activity 事件回调函数的调用顺序

从图 4.4 中可知，Activity 生命周期可分为完全生命周期、可视生命周期和活动生命周期。每种生命周期中包含不同的事件回调函数。

完全生命周期是从 Activity 建立到销毁的全部过程，始于 onCreate()，结束于 onDestroy()。一般情况下，使用者在 onCreate()中初始化 Activity 所能使用的全局资源和状态，并在 onDestroy()中释放这些资源。例如，如果 Activity 中使用后台线程，则需要在 onCreate()中创建线程，在 onDestroy()中停止并销毁线程。在一些极端的情况下，Android 系统是不调用 onDestroy()函数，而直接终止进程。

可视生命周期是 Activity 在界面上从可见到不可见的过程，开始于 onStart()，结束于 onStop()。onStart()一般用来初始化或启动与更新界面相关的资源。onStop()一般用来暂停或停止一切与更新用户界面相关的线程、计时器或 Service 等，因为在调用 onStop()后，Activity 对用户不再可见，更新用户界面也就没有任何实际意义。onRestart()函数在 onSart()前被调用，用来在 Activity 从不可见变为可见的过程中，进行一些特定的处理过程。因为 Activity 不断从可见变为不可见，再从不可见变为可见，所以 onStart()和 onStop()会被多次调用。另外，onStart()和 onStop()也经常被用来注册和注销 BroadcastReceiver，例如使用者可以在 onStart()中注册一个 BroadcastReceiver，用来监视某些重要的广播消息，并使用这些消息更新用户界面中的相关内容，并可以在 onStop()中注销 BroadcastReceiver。

活动生命周期是 Activity 在屏幕的最上层，并能够与用户进行交互的阶段，开始于 onResume()，结束于 onPause()。在 Activity 的状态变换过程中 onResume()和 onPause()经常被调用，因此，这两个函数中应使用简单、高效的代码。

在表 4.1 中“是否可终止”列表示事件回调函数在执行过程中或返回后是否可以被

Android 系统终止，否定答案表示在函数从被调用后，直到函数返回前，Android 系统不能够终止该进程；肯定答案表示在当前的函数返回前，Android 系统随时可以终止该进程。

从图 4.4 的 Activity 事件回调函数的调用顺序上分析，onStop()是第一个被标识为“可终止”的函数，因此在 onStop()和 onDestroy()函数的执行过程中随时能被 Android 系统终止。onPause()常用来保存持久数据，如界面上的用户输入信息等。很多时候使用者不清楚何时该使用 onPause()，何时该使用 onSaveInstanceState()，因为两个函数都可以用来保存界面的用户输入数据。其主要区别在于这两个函数保存数据的性质和方法不同：onPause()一般用于保存持久性数据，并将数据保存在存储设备上的文件系统或数据库系统中；而 onSaveInstanceState()主要用来保存动态的状态信息，信息一般保存在 Bundle 中。Bundle 是能够保存多种格式数据的对象。在 onSaveInstanceState()保存在 Bundle 中的数据，系统在调用 onRestoreInstanceState()和 onCreate()时会利用 Bundle 将数据传递给函数。

图 4.5 ActivityLifeCycle 示例的运行界面

为了能够更好地理解 Activity 事件回调函数的调用顺序，下面以 ActivityLifeCycle 示例进行说明。ActivityLifeCycle 示例的运行界面如图 4.5 所示。

下面给出 ActivityLifeCycleActivity.java 文件的全部代码。

```
package edu.hrbeu.ActivityLifeCycle;

import android.app.Activity;
import android.os.Bundle;
import android.util.Log;
import android.view.View;
import android.widget.Button;

public class ActivityLifeCycleActivity extends Activity {
    private static String TAG="LIFTCYCLE";
    //完全生命周期开始时被调用，初始化 Activity                          (1)
    @Override
    public void onCreate(Bundle savedInstanceState) {
        super.onCreate(savedInstanceState);
        setContentView(R.layout.main);
        Log.i(TAG, "(1) onCreate()");

        //定义按钮和按钮监听函数，通过用户点击按钮调用 finish()函数结束程序
        Button button=(Button) findViewById(R.id.btn_finish);
        button.setOnClickListener(new View.OnClickListener(){
```

```
            public void onClick(View view){
            finish();
            }
        });
    }

    //在可视生命周期开始时被调用,对用户界面进行必要的更改                    (2)
    @Override
    public void onStart(){
        super.onStart();
        Log.i(TAG, "(2)onStart()");
    }

    //在 onStart()后被调用,用于恢复 onSaveInstanceState()保存的用户界面信息  (3)
    @Override
    public void onRestoreInstanceState(Bundle savedInstanceState){
        super.onRestoreInstanceState(savedInstanceState);
        Log.i(TAG, "(3)onRestoreInstanceState()");
    }

    //在活动生命周期开始时被调用,恢复被 onPause()停止的用于界面更新的资源  (4)
    @Override
    public void onResume(){
        super.onResume();
        Log.i(TAG, "(4)onResume()");
    }

    //在 onPause()后被调用,保存界面临时信息                                  (5)
    @Override
    public void onSaveInstanceState(Bundle savedInstanceState){
        super.onSaveInstanceState(savedInstanceState);
        Log.i(TAG, "(5)onSaveInstanceState()");
    }

    //在重新进入可视生命周期前被调用,载入界面所需要的更改信息                (6)
    @Override
    public void onRestart(){
        super.onRestart();
        Log.i(TAG, "(6)onRestart()");
    }

    //在活动生命周期结束时被调用,用来保存持久的数据或释放占用的资源          (7)
    @Override
    public void onPause(){
        super.onPause();
        Log.i(TAG, "(7)onPause()");
```

```
    }

    //在可视生命周期结束时被调用,用来释放占用的资源                    (8)
    @Override
    public void onStop(){
        super.onStop();
        Log.i(TAG, "(8)onStop()");
    }

    //在完全生命周期结束时被调用,释放资源,包括线程、数据连接等            (9)
    @Override
    public void onDestroy(){
        super.onDestroy();
        Log.i(TAG, "(9)onDestroy()");
    }
}
```

上面的程序主要通过在生命周期函数中添加"日志点"的方法进行调试,程序的运行结果将会显示在 LogCat 中。LogCat 和"日志点"的使用方法,请参考 4.4.1 节。为了显示结果易于观察和分析,在 LogCat 设置过滤器 Life,过滤器的条件为"标签 = LIFTCYCLE"。日志信息中的数字标识与图 4.4 的函数编号一致,因此,可以参考图 4.4 阅读下面的内容。

(1) 完全生命周期。

为了观察 Activity 从启动到关闭所调用的全部生命周期函数的顺序,首先正常启动 ActivityLifeCycle,然后单击用户界面的"结束程序"按钮关闭程序。LogCat 的输出结果如图 4.6 所示。

Level	Time	PID	Application	Tag	Text
I	10-21 01:13:12.947	578	edu.hrbeu.ActivityLifeCycle	LIFECYCLE	(1) onCreate()
I	10-21 01:13:12.947	578	edu.hrbeu.ActivityLifeCycle	LIFECYCLE	(2) onStart()
I	10-21 01:13:12.947	578	edu.hrbeu.ActivityLifeCycle	LIFECYCLE	(4) onResume()
I	10-21 01:17:23.328	578	edu.hrbeu.ActivityLifeCycle	LIFECYCLE	(7) onPause()
I	10-21 01:17:25.817	578	edu.hrbeu.ActivityLifeCycle	LIFECYCLE	(8) onStop()
I	10-21 01:17:25.817	578	edu.hrbeu.ActivityLifeCycle	LIFECYCLE	(9) onDestroy()

图 4.6 完全生命周期的 LogCat 输出

从图 4.6 可以得知,函数调用顺序如下:(1)onCreate()→(2)onStart()→(4)onResume()→(7)onPause()→(8)onStop()→(9)onDestroy()。

在 Activity 启动时,系统首先调用 onCreate()函数分配资源,然后调用 onStart()将 Activity 显示在屏幕上,之后调用 onResume()获取屏幕焦点,使 Activity 能够接收用户的输入,这时用户就能够正常使用这个 Android 程序。

用户单击"结束程序"按钮,会导致 Activity 关闭,系统会相继调用 onPause()、onStop()和 onDestroy(),释放资源并销毁进程。因为 Activity 关闭后,除非用户重新启动应用程序,否则这个 Activity 不会出现在屏幕上,因此系统直接调用 onDestroy()销毁进程，且没有调用 onSaveInstanceState()函数来保存 Acitivity 状态。

(2) 可视生命周期。

在 Activity 启动后，如果启动其他程序，原有的 Activity 会被新启动程序的 Activity 完全遮挡，因此原有 Activity 会进入停止状态。如果将新启动的程序关闭，则原有 Activity 从停止状态恢复到活动状态。

为了能够分析上述状态转换过程中的函数调用顺序，首先正常启动 ActivityLifeCycle，然后通过“拨号键”启动内置的拨号程序，再通过“回退键”退出拨号程序，使 ActivityLifeCycle 重新显示在屏幕中。LogCat 的输出结果如图 4.7 所示。

Level	Time	PID	Application	Tag	Text
I	10-22 06:57:24.946	567	edu.hrbeu.ActivityLifeCycle	LIFECYCLE	(1) onCreate()
I	10-22 06:57:25.056	567	edu.hrbeu.ActivityLifeCycle	LIFECYCLE	(2) onStart()
I	10-22 06:57:25.056	567	edu.hrbeu.ActivityLifeCycle	LIFECYCLE	(4) onResume()
I	10-22 06:57:31.687	567	edu.hrbeu.ActivityLifeCycle	LIFECYCLE	(7) onPause()
I	10-22 06:57:34.276	567	edu.hrbeu.ActivityLifeCycle	LIFECYCLE	(5) onSaveInstanceState()
I	10-22 06:57:34.329	567	edu.hrbeu.ActivityLifeCycle	LIFECYCLE	(8) onStop()
I	10-22 06:57:39.867	567	edu.hrbeu.ActivityLifeCycle	LIFECYCLE	(6) onRestart()
I	10-22 06:57:39.867	567	edu.hrbeu.ActivityLifeCycle	LIFECYCLE	(2) onStart()
I	10-22 06:57:39.886	567	edu.hrbeu.ActivityLifeCycle	LIFECYCLE	(4) onResume()

图 4.7 可视生命周期的 LogCat 输出

从图 4.7 可以得知，函数调用顺序如下：(1) onCreate()→(2) onStart()→(4)onResume()→(7) onPause()→(5) onSaveInstanceState()→(8) onStop()→(6)onRestart()→(2)onStart()→(4)onResume()。

Activity 启动时的函数调用顺序仍为(1)→(2)→(4)，当内置的拨号程序被启动时，原有的 Activity 被完全覆盖，系统首先调用 onPause()函数，然后调用 onSaveInstanceState()函数保存 Activity 状态；最后调用 onStop()，停止对不可见 Activity 的更新。

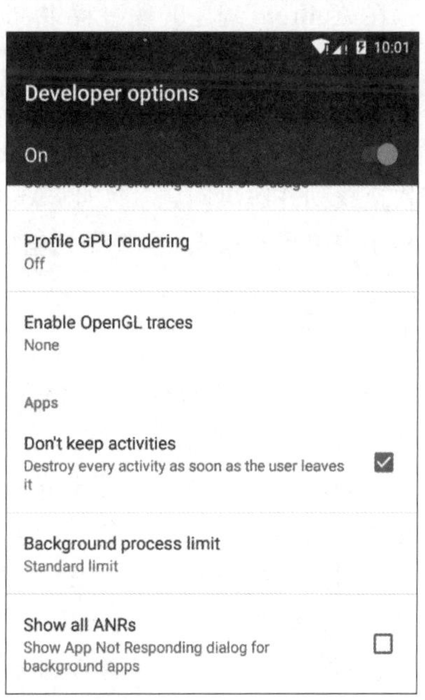

图 4.8 开启 IDA 选项

在用户关闭拨号程序后，系统调用 onRestart()更新信息，然后调用 onStart()和 onResume()重新显示 Activity，并接收用户交互。

虽然 Android 系统调用了 onSaveInstanceState()保存 Activity 的状态，但是 Activity 并没有被销毁，所以没有必要调用 onRestoreInstanceState()恢复保存的 Activity 状态。

如果用户通过选择 Dev Tools→Developer options→Don't keep activities 命令开启该选项，如图 4.8 所示，被其他程序遮挡的 Activity 会被立即终止，这样被遮挡的 Activity 重新显示在屏幕上时，系统会调用 onRestoreInstanceState()恢复 Activity 销毁前的状态。

从图 4.9 可以得知，函数调用顺序如下：(1)onCreate()→(2)onStart()→(4)onResume() →(7)onPause() →(5) onSaveInstanceState() →(8) onStop() →(1) onCreate() →(2)onStart()→(3)onRestoreInstanceState()→(4)onResume()。

Level	Time	PID	Application	Tag	Text
I	10-22 07:13:33.476	772	edu.hrbeu.ActivityLifeCycle	LIFECYCLE	(1) onCreate()
I	10-22 07:13:33.476	772	edu.hrbeu.ActivityLifeCycle	LIFECYCLE	(2) onStart()
I	10-22 07:13:33.486	772	edu.hrbeu.ActivityLifeCycle	LIFECYCLE	(4) onResume()
I	10-22 07:13:47.946	772	edu.hrbeu.ActivityLifeCycle	LIFECYCLE	(7) onPause()
I	10-22 07:13:50.966	772	edu.hrbeu.ActivityLifeCycle	LIFECYCLE	(5) onSaveInstanceState()
I	10-22 07:13:50.966	772	edu.hrbeu.ActivityLifeCycle	LIFECYCLE	(8) onStop()
I	10-22 07:14:00.287	833	edu.hrbeu.ActivityLifeCycle	LIFECYCLE	(1) onCreate()
I	10-22 07:14:00.296	833	edu.hrbeu.ActivityLifeCycle	LIFECYCLE	(2) onStart()
I	10-22 07:14:00.327	833	edu.hrbeu.ActivityLifeCycle	LIFECYCLE	(3) onRestoreInstanceState()
I	10-22 07:14:00.336	833	edu.hrbeu.ActivityLifeCycle	LIFECYCLE	(4) onResume()

图 4.9　开启 IDA 的可视生命周期 LogCat 输出

IDA 未开启前，用户单击“回退”按钮后的函数调用顺序是(6)→(2)→(4)，开启 IDA 后的函数调用顺序是(1)→(2)→(3)→(4)。由此可见，开启 IDA 导致 Android 系统在用户打开其他程序时销毁了原来已经打开的 Activity，这个被销毁的 Activity 重新出现在用户的屏幕上，系统额外调用了 onCreate()和 onRestoreInstanceState()函数，用于恢复 Activity 在销毁前所保存的数据。

4.4　程序调试

在 Android 程序开发过程中，出现错误(Bug)是不可避免的事情。一般情况下，语法错误会被集成开发环境检测到，并提示使用者错误的位置以及修改方法。但逻辑错误就不容易被发现，通常只有将程序在模拟器或硬件设备上运行才能够发现。逻辑错误的定位和分析是一件困难的事情，尤其对于代码量较大且结构复杂的应用程序，仅凭直觉很难快速找到并解决问题。因此，Android 系统提供了几种调试工具，用于定位、分析及修复程序中出现的错误，这些工具包括 LogCat 和 Dev Tools。

4.4.1　LogCat

LogCat 是用来获取系统日志信息的工具，可以显示在 Android Studio 开发环境中。LogCat 能够捕获的信息包括 Dalvik 虚拟机产生的信息、进程信息、ActivityManager 信息、PackagerManager 信息、Homeloader 信息、WindowsManager 信息、Android 运行时信息和应用程序信息等。在 Android Studio 的开发模式下，用户可以选择“文件”→“打开”命令打开“打开的文件或项目”界面，然后在 AndroidStudioProjects 下的 LogCat 中选择 LogCat，如图 4.10 所示。

这样，LogCat 便显示在 Android Studio 的下方区域，如图 4.11 所示。在 LogCat 中，单击 Verbose 下拉框可以显示不同类型的日志信息，分别是详细(Verbose)信息、调试(Debug)信息、通告(Info)信息、警告(Warn)信息和错误(Error)信息，分别用\[V\]、\[D\]、\[I\]、\[W\]和\[E\] 5 个字母表示。不同类型日志信息的级别是不相同的，级

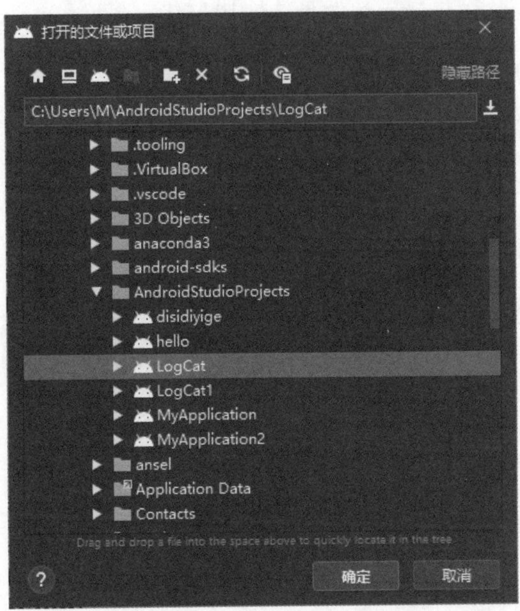

图 4.10　选择 LogCat

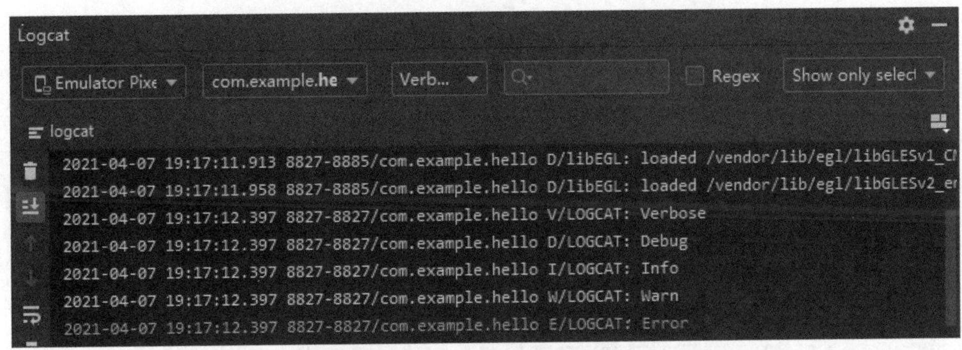

图 4.11　Android Studio 中的 LogCat

别最高的是错误信息，其次是警告信息，然后是通知信息和调试信息，级别最低的是详细信息。在 LogCat 中，用户可以通过 5 个字母图标选择显示的信息类型。同时，级别比选择类型高的信息也可以在 LogCat 中显示，但级别低于选定的信息则会被忽略掉。

即使用户指定了所显示日志信息的级别，仍然会产生很多日志信息，很容易让用户不知所措。LogCat 还提供了"过滤"功能，对显示的日志内容进行过滤。

在 Android 程序调试过程中，首先需要引入 android.util.Log 包，然后使用 Log.v()、Log.d()、Log.i()、Log.w() 和 Log.e()函数在程序中设置日志点。每当程序运行到日志点时，应用程序的日志信息便被发送到 LogCat 中，使用者可以根据日志点信息是否与预期的内容一致，判断程序是否存在错误。之所以使用 5 个不同的函数产生日志，主要是为了区分日志信息的类型，其中，Log.v()用来记录详细信息，Log.d()用来记录调试信息，Log.i()用来记录通告信息，Log.w()用来记录警告信息，Log.e()用来记录错误信息。

在下面的程序中，演示了 Log 类的具体使用方法。

```
1  package edu.hrbeu.LogCat;
2  
3  import android.app.Activity;
4  import android.os.Bundle;
5  import android.util.Log;
6  
7  public class LogCatActivity extends Activity {
8      final static String TAG = "LOGCAT";
9      @Override
10     public void onCreate(Bundle savedInstanceState) {
11         super.onCreate(savedInstanceState);
12         setContentView(R.layout.main);
13 
14         Log.v(TAG,"Verbose");
15         Log.d(TAG,"Debug");
16         Log.i(TAG,"Info");
17         Log.w(TAG,"Warn");
18         Log.e(TAG,"Error");
19     }
20 }
```

为了使用 Log 类中的函数，首先在第 5 行代码引入 android.util.Log 包；然后在第 8 行代码定义标签，标签帮助用户在 LogCat 中找到目标程序生成的日志信息，同时也能够利用标签对日志进行过滤；Log.v()函数的第一个参数是日志的标签，第二个参数是实际的信息内容；第 15～19 行代码分别产生了调试信息、通告信息、警告信息和错误信息。

程序运行后，LogCat 捕获得到应用程序发送的日志信息，显示结果如图 4.12 所示。在 LogCat 中显示了标签为 LOGCAT 的日志信息共 5 条。

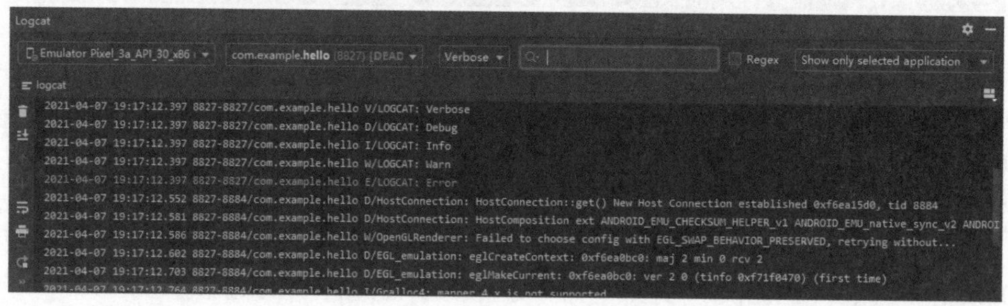

图 4.12　LogCat 工程的运行结果

如果能够使用 LogCat 的过滤器，则可以使显示的结果更加清晰。过滤器如图 4.13 所示。

设置过滤条件为“label ＝ LOGCAT”后，LogcatFilter 过滤后的日志信息如图 4.14 所示。以后，无论什么类型的日志信息，属于哪一个进程，只要标签为 LOGCAT，都将显

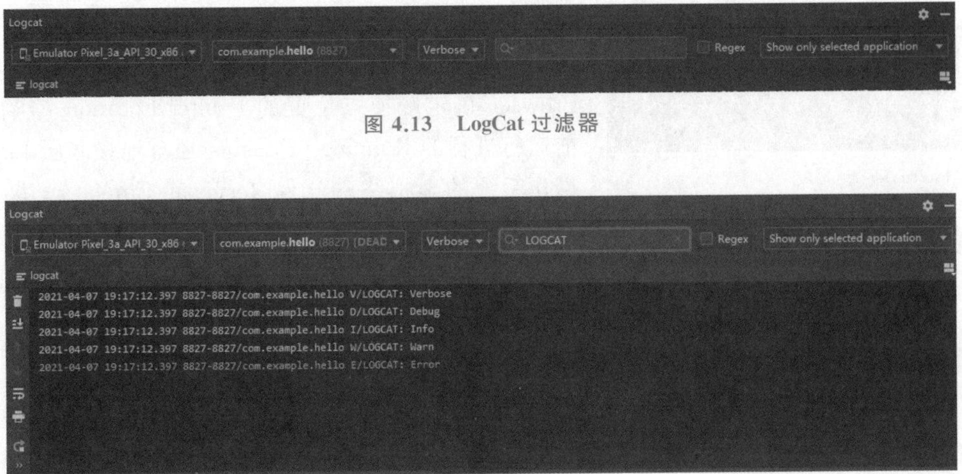

图 4.13　LogCat 过滤器

图 4.14　LogCat 过滤后的输入结果

示在 LogcatFilter 区域内。

4.4.2　Dev Tools

在 Android 模拟器中，内置了一个用于调试和测试的工具 Dev Tools。Dev Tools 包括一系列各种用途的小工具，如 AccountsTester、Bad Behavior、Configuration、Connectivity、Development Settings、Google Login Service、Instrumentation、Media Scanner、Package Browser、Pointer Location、Running processes、Sync Tester 和 Terminal Emulator。从模拟器的应用程序列表中可以找到启动 Dev Tools 的图标，启动 Dev Tools 后的显示界面如图 4.15 所示。

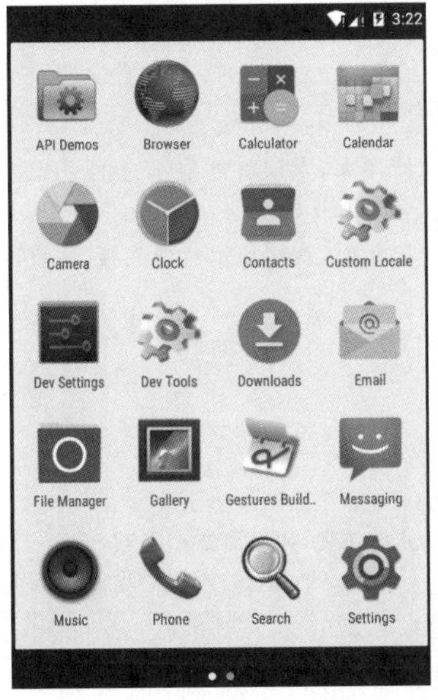

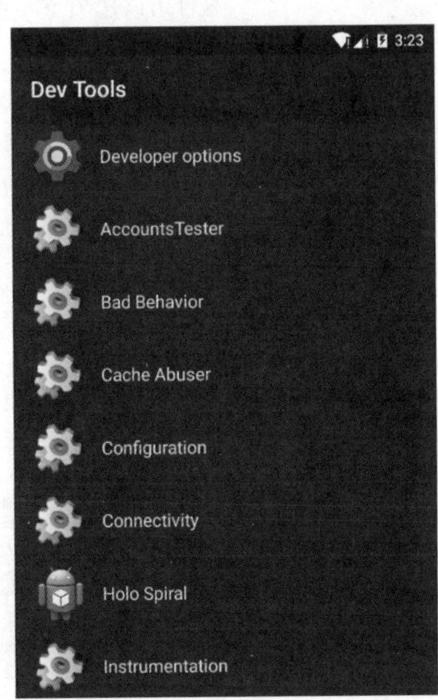

图 4.15　Dev Tools 使用界面

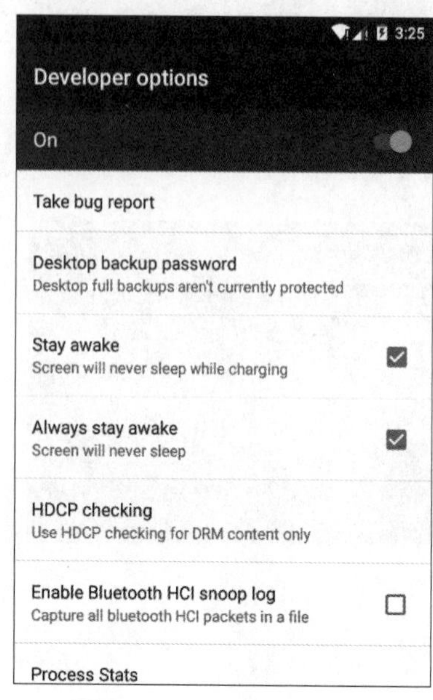

图 4.16 Developer options

在这些工具里，经常用到的有设置调试选项的 Developer options，查看已经安装程序包的 Package Browser，确定触摸点位置的 Pointer Location，查看当前运行进程的 Running processes，还有连接底层 Linux 操作系统的虚拟终端软件 Terminal Emulator。接下来逐一介绍这些经常使用的小工具的功能和使用方法。

1. Developer options

Developer options 中包含了程序调试的相关选项，如图 4.16 所示。

如果希望启动 Developer options 中某项功能，只需要点击功能说明右侧的选择框，出现绿色的对号(√)表示功能启用。功能启用后，模拟器会自动保存设置，即使再次启动模拟器，用户的选择内容仍会存在。Developer options 中部分选项的具体说明可以参考表 4.3。

表 4.3 Developer options 选项

选　　项	说　　明
Stay awake	当充电时，不锁定屏幕
Always stay awake	一直不自动锁定屏幕
USB debugging	不启用该选项就不能使用 adb 连接设备和开发环境
Show Touches	显示触摸操作
Pointer Location	指针位置
Show CPU usage	在屏幕顶端显示 CPU 使用率，上层红线显示总的 CPU 使用率，下层绿线显示当前进程的 CPU 使用率
Show background	应用程序没有 Activity 显示时，直接显示背景面板，一般这种情况仅在调试时出现
Show sleep state on LED	在休眠状态下开启 LED
Windows Animation Scale	窗口动画模式
Transition Animation Scale	渐变动画模式
Don't keep activities	Activity 进入停止状态后立即销毁，用于测试在函数 onSaveInstanceState()、onRestoreInstanceState()和 onCreate()中的代码
Background Process Limit	限制后台进程的个数

2. Package Browser

Package Browser是Android系统中的程序包查看工具,能够详细显示已经安装到Android系统中的程序信息,包括包名称、应用程序名称、图标、进程、用户ID、版本、.apk文件保存位置和数据文件保存位置等,而且能够进一步查看应用程序所包含Activity、Service、BroadcastReceiver和Provider的详细信息。图4.17是在Package Browser中查看Android Keyboard程序的相关信息。

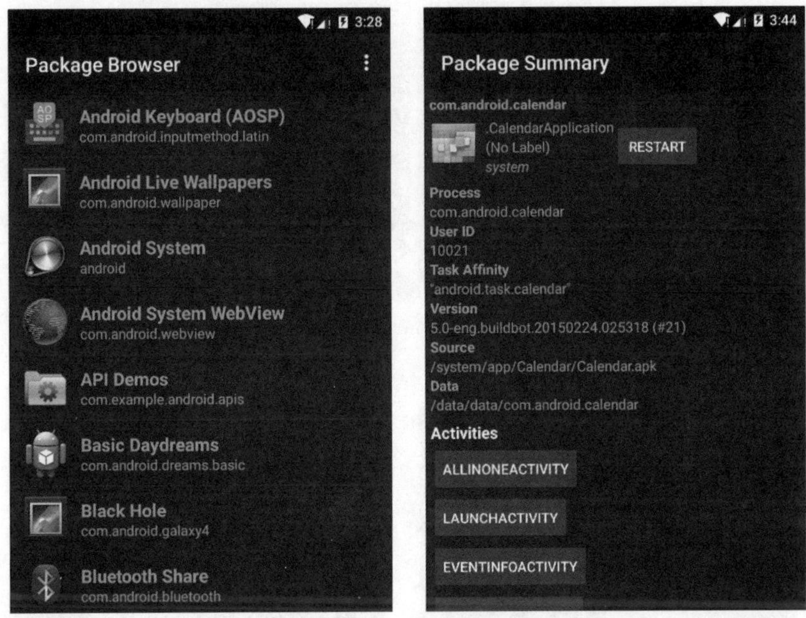

图4.17 Package Browser

3. Pointer Location

Pointer Location是屏幕点位置查看工具,能够显示触摸点的X轴坐标和Y轴坐标。图4.18是Pointer Location的使用画面。

4. Running processes

Running processes能够查看在Android系统中正在运行的进程,并能查看进程的详细信息,包括进程名称和进程所调用的程序包。图4.19是Android模拟器所运行进程的列表和com.android.phone进程的详细信息。

5. Connectivity

Connectivity允许用户控制WiFi、屏幕锁定界面、MMS和导航的开启与关闭,并可以设置WiFi和屏幕锁定界面的开启与关闭的周期。其中,ENABLE WIFI和DISABLE WIFI分别是控制了WiFi的开启和关闭,START WIFI TOGGLE和STOP WIFI

图 4.18　Pointer Location

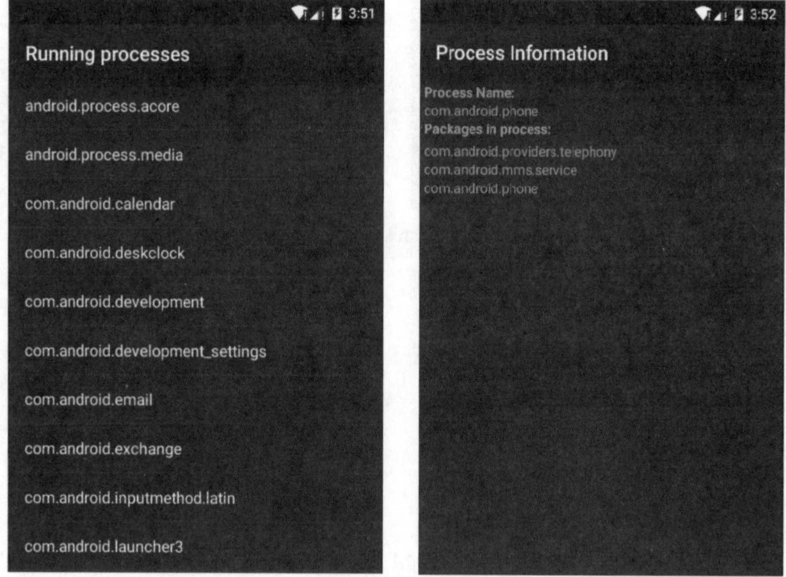

图 4.19　Running processes

TOGGLE 是 WiFi 周期性开启和关闭的开关，Cycles done 后面的数值记录了 WiFi 开启和关闭的次数。图 4.20 是 Connectivity 的运行界面。

6. Configuration

Configuration 中详细列出了 Android 系统的配置信息，包括屏幕解析度、字体缩放

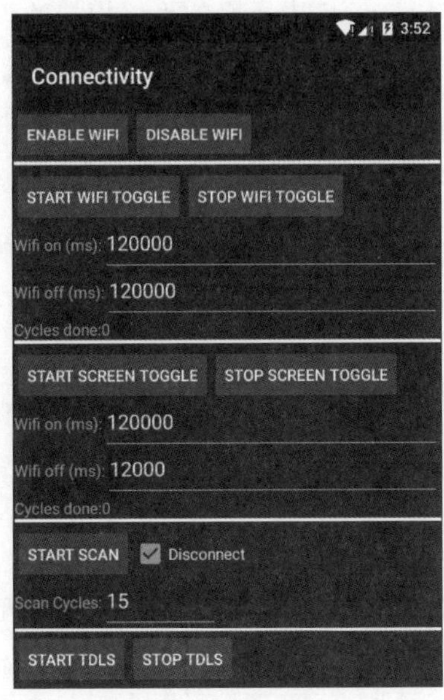

图 4.20 Connectivity

比例、屏幕初始方向、触屏类型、导航、本地语言和键盘等信息，如图 4.21 所示。

7. Bad Behavior

Bad Behavior 中可以模拟各种程序崩溃和失去响应的情况，如主程序崩溃、系统服务崩溃、启动 Service 时失去响应和启动 Activity 时失去响应等。Bad Behavior 界面如图 4.22 所示。

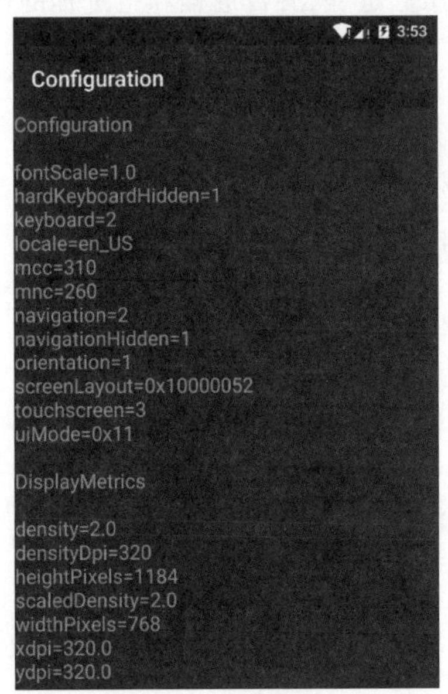

图 4.21 Configuration

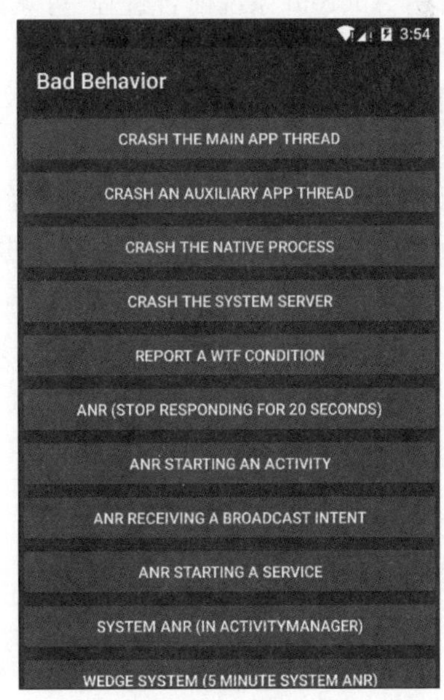

图 4.22 Bad Behavior

在表4.4中，列出了Bad Behavior中所有的可以模拟的事件，并对每个事件给出了简要的说明。

表4.4 Bad Behavior中可模拟的事件

事件	说明
CRASH THE MAIN APP THREAD	应用程序主线程崩溃
CRASH AN AUXILIARY APP THREAD	应用程序工作线程崩溃
CRASH THE NATIVE PROCESS	本地进程崩溃
CRASH THE SYSTEM SERVER	系统服务器崩溃
REPORT A WTF CONDITION	报告WTF
ANR(STOP RESPONDING FOR 20 SECONDS)	应用程序无响应(Application Not Responding, ANR)20秒
ANR STARTING AN ACTIVITY	启动Activity时应用程序无响应
ANR STARTING A BROADCAST INTENT	启动Intent时应用程序无响应
ANR STARTING A SERVICE	启动Service时应用程序无响应
SYSTEM ANR(IN ACTIVITY MANAGER)	Activity管理器级别ANR
WEDGE SYSTEM(5 MINITE SYSTEM ANR)	Wedge在5分钟内无响应

习　题

1. 简述Android系统前台进程、可见进程、服务进程、后台进程和空进程的优先级排序及其原因。

2. 简述Android系统的4种基本组件Activity、Service、BroadcastReceiver和ContentProvider的用途。

3. 简述Activity生命周期的4种状态，以及状态之间的变换关系。

4. 简述Activity事件回调函数的作用和调用顺序。

第5章 chapter 5

Android 用户界面

Android 用户界面是应用程序开发的重要组成部分，决定了应用程序是否美观、易用。通过本章的学习可以让读者熟悉 Android 用户界面的基本开发方法，了解在 Android 界面开发过程中常见的界面控件、界面布局、菜单和界面事件的使用方法，充分理解手机应用程序与桌面应用程序在用户界面开发上的不同与相同之处。

本章学习目标：

- 了解各种界面控件的使用方法；
- 掌握各种界面布局的特点和使用方法；
- 掌握选项菜单、子菜单和快捷菜单的使用方法；
- 掌握操作栏和 Fragment 的使用方法；
- 掌握按键事件和触摸事件的处理方法。

5.1 用户界面基础

用户界面(User Interface，UI)是系统和用户之间进行信息交换的媒介，实现信息的内部形式与人类可以接收形式之间的转换。最古老的用户界面是各种形式的文字、图形、旗帜和手势等，这些抽象符合作为信息传递的介质，使人类可以理解这些信息所包含的意义或指代的实体。

算盘是由柱子和珠子组成的最早的人机交互界面。在计算机出现的早期，批处理界面(1945—1968 年)和命令行界面(1969—1983 年)得到广泛的使用。目前，流行的用户界面是图形用户界面(Graphical User Interface，GUI)，采用图像的方式与用户进行交互。与早期的交互界面相比，图形用户界面对于用户来说更加简便易用，用户从此不再需要记住大量的命令，取而代之的是通过窗口、菜单和按钮等方式来进行操作。未来的用户界面将更多地运用虚拟现实技术，使用户能够摆脱键盘与鼠标的交互方式，而通过动作、语言，甚至脑电波来控制计算机。当然，对用户界面的深入探讨远超出了本书的涉及范围，感兴趣的读者可以阅读相关书籍。

在手机上进行用户界面设计是一项具有挑战性的工作。首先，手机的界面设计者和程序开发者是独立且并行工作的，这就需要界面设计与程序逻辑完全分离，不仅有利于并行工作，而且在后期修改界面时也可以避免修改程序的逻辑代码；其次，不同型号手机的屏幕解析度、尺寸和长宽比各不相同，程序界面需要能够根据屏幕信息，自动调整界面控件的位置和尺寸，避免因为屏幕解析度、尺寸或纵横比的变化而出现显示错误；最后，手机屏幕尺寸较小，设计者必须能够合理利用有限的显示空间，构造出符合人机交互规则的用户界面，避免出现凌乱、拥挤的用户界面。

Android 系统已经为使用者解决了界面设计前两个问题。在界面设计与程序逻辑分离方面，Android 系统将用户界面和资源从逻辑代码中分离出来，使用 XML 文件对用户界面进行描述，资源文件独立保存在资源文件夹中。Android 系统的用户界面描述非常灵活，允许模糊定义界面元素的位置和尺寸，通过声明界面元素的相对位置和粗略尺寸，从而使界面元素能够根据屏幕尺寸和屏幕摆放方式动态调整显示方式。

Android 用户界面框架（Android UI Framework）采用 MVC（Model-View-Controller）模型，为用户界面提供了处理用户输入的控制器（Controller）和显示图像的视图（View），模型（Model）是应用程序的核心，数据和代码被保存在模型中。控制器、视图和模型的关系如图 5.1 所示。

MVC 模型中的视图将应用程序的信息反馈给用户，可能的反馈方法包括视觉、听觉或触觉等，但最常用的就是通过屏幕显示反馈信息。Android 系统的界面元素以一种树形结构组织在一起，这种树形结构称为视图树（View Tree），如图 5.2 所示。Android 系统在屏幕上绘制界面元素时，会依据视图树的结构从上至下绘制每一个界面元素。每个元素负责对自身的绘制，如果元素包含子元素，该元素会通知其下所有子元素进行绘制。Android 系统在用户界面绘制上还有一些提高效率的办法，例如，如果父元素能够确定某个区域一定会被其子元素绘制，则父元素会停止绘制该区域，以提高屏幕绘制的效率，缩短绘制时间。

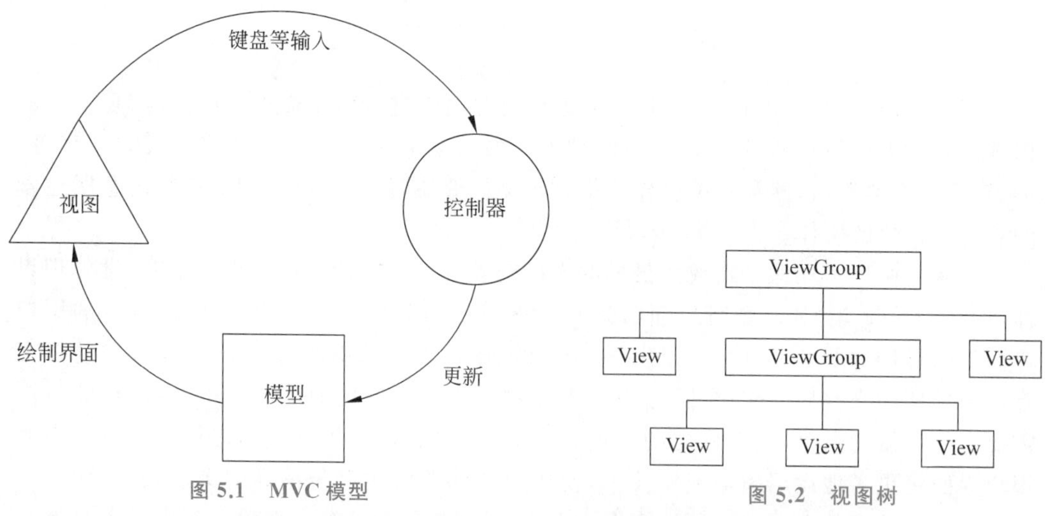

图 5.1 MVC 模型

图 5.2 视图树

视图树由 View 和 ViewGroup 构成。View 是界面中最基本的可视单元，存储了屏幕上特定矩形区域内所显示内容的数据结构，并能够实现所占据区域的界面绘制、焦点变化、用户输入和界面事件处理等功能。View 也是一个重要的基类，所有在界面上的可见元素都是 View 的子类。ViewGroup 是一种能够承载多个 View 的显示单元，一般有两个用途,一个是承载界面布局,另一个是承载具有原子特性的重构模块。

MVC模型中的控制器能够接收并响应程序的外部动作,如按键动作或触摸屏幕动作等。控制器使用队列处理外部动作,每个外部动作作为一个独立的事件被加入队列中,然后Android用户界面框架按照"先进先出"的规则从队列中获取事件,并将这个事件分配给所对应的事件处理函数。

Android用户界面框架中另一个重要的概念就是单线程用户界面(Single-threaded UI)。在单线程用户界面中,控制器从队列中获取事件,视图在屏幕上绘制用户界面,使用的都是同一个线程。单线程用户界面能够降低应用程序的复杂程度,同时也能降低开发的难度。首先,用户不需要在控制器和视图之间进行同步。其次,所有事件处理完全按照其加入队列的顺序进行,也就是说,在事件处理函数返回前不会处理其他事件,因此,用户界面的事件处理函数具有原子性。但单线程用户界面也有其缺点,如果事件处理函数过于复杂,可能会导致用户界面失去响应。因此,应尽可能在事件处理函数中使用简短的代码,或将复杂的工作交给后台线程处理。

5.2 界面控件

Android系统的界面控件分为定制控件和系统控件。定制控件是用户独立开发的控件,或通过继承并修改系统控件后所产生的新控件,能够提供特殊的功能和显示需求。系统控件是Android系统中已经封装的界面控件,是应用程序开发过程中最常见的功能控件。系统控件更有利于进行快速开发,同时能够使Android应用程序的界面保持一定的一致性。

常见的系统控件包括TextView、EditText、Button、ImageButton、Checkbox、RadioButton、Spinner、ListView和TabHost。

5.2.1 TextView和EditText

TextView是一种用于显示字符的控件,EditText则是用来输入和编辑字符的控件,因为EditText继承于TextView,所以EditText是一个具有编辑功能的TextView控件。

TextViewDemo示例如图5.3所示,从上至下分别是TextView01和EditText01。在XML文件(/res/layout/main.xml)中的代码如下。

```
<TextView android:id="@+id/TextView01"
    android:layout_width="wrap_content"
    android:layout_height="wrap_content"
    android:text="TextView01" >
</TextView>
<EditText android:id="@+id/EditText01"
    android:layout_width="match_parent"
    android:layout_height="wrap_content"
    android:text="EditText01" >
```

```
10 </EditText>
```

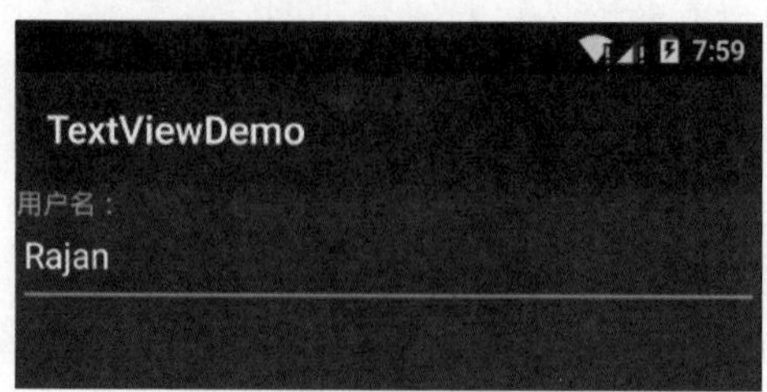

图 5.3　TextViewDemo 示例

第 1 行代码中的 android:id 属性声明了 TextView 的 ID，这个 ID 主要用于在代码中引用 TextView 对象。@+id/TextView01 表示所设置的 ID 值，其中@表示后面的字符串是 ID 资源；加号(+)表示需要建立新资源名称，并添加到 R.java 文件中；斜杠后面的字符串(TextView01)表示新资源的名称。如果不是新添加的资源，或属于 Android 框架的资源，则不需要使用加号，但必须添加 Android 包的命名空间，例如 android:id="@android:id/empty"。

第 2 行代码中的 android:layout_width 属性用来设置 TextView 的宽度，wrap_content 表示 TextView 的宽度只要能够包含所显示的字符串即可。第 3 行代码中的 android:layout_height 属性用来设置 TextView 的高度。第 4 行代码表示 TextView 所显示的字符串，在后面将通过代码更改 TextView 的显示内容。第 7 行中代码的 match_parent 表示 EditText 的宽度将等于父控件的宽度。

TextViewDemo.java 文件中，引用 XML 文件中建立的 TextView 和 EditText，并更改其显示内容。为了能够使程序正常运行，需要在代码中引入 android.widget.EditText 和 android.widget.TextView。

```
1    TextView textView=(TextView)findViewById(R.id.TextView01);
2    EditText editText=(EditText)findViewById(R.id.EditText01);
3    textView.setText("用户名:");
4    editText.setText("Rajan");
```

第 1 行的 findViewById()函数能够通过 ID 引用界面上的任何控件，只要该控件在 XML 文件中定义过 ID 即可。第 3 行的 setText()函数用来设置 TextView 所显示的内容。

5.2.2　Button 和 ImageButton

Button 是按钮控件，用户点击该控件，能够引发相应的事件处理函数。如果需要在按钮上显示图像，可以使用 Android 系统提供的 ImageButton 控件，图 5.4 是 ButtonDemo 示例，上方是 Button 控件，下方是 ImageButton 控件。

ButtonDemo 示例从上至下分别是 TextView01、Button01 和 ImageButton01。在 XML 文件(/res/layout/main.xml)中的代码如下。

图 5.4 ButtonDemo 示例

```
<Button android:id="@+id/Button01"
    android:layout_width="wrap_content"
    android:layout_height="wrap_content"
    android:text="Button01" >
</Button>
<ImageButton android:id="@+id/ImageButton01"
    android:layout_width="wrap_content"
    android:layout_height="wrap_content">
</ImageButton>
```

XML 文件中定义了两个按钮的宽度和高度，并定义了 Button 控件所显示的内容，但没有定义 ImageButton 所显示的图像，显示图像内容在后面的代码中进行定义。

Android 系统支持多种图形格式，如 png、ico 等，本例 ImageButton 所使用的是 png 格式。首先在/res 目录下建立 drawable 目录，然后将 download.png 文件复制到/res/drawable 文件夹下。

ButtonDemo.java 文件中，引用 XML 文件建立的 Button 控件和 ImageButton 控件，更改 Button 显示字符内容和 ImageButton 图像内容。为了程序正常运行，需要在代码中引入 android.widget .Button和 android.widget.ImageButton。

```
1  Button button=(Button)findViewById(R.id.Button01);
2  ImageButton imageButton=(ImageButton)findViewById(R.id.ImageButton01);
3  button.setText("Button 按钮");
4  imageButton.setImageResource(R.drawable.download);
```

第 1 行和第 2 行代码用于引用在 XML 文件中定义的 Button 控件和 ImageButton 控件。第 3 行代码将 Button 的显示内容更改为“Button 按钮”。第 4 行代码利用 setImageResource()函数，将新加入的 png 文件 R.drawable.download 传递给 ImageButton。

为了能够使按钮响应点击事件，在 onCreate()函数中为 Button 控件和 ImageButton 控件添加点击事件的监听器，代码如下。

```
final TextView textView=(TextView)findViewById(R.id.TextView01);
button.setOnClickListener(new View.OnClickListener(){
    public void onClick(View view){
```

```
4            textView.setText("Button 按钮");
5        }
6    });
7    imageButton.setOnClickListener(new View.OnClickListener(){
8        public void onClick(View view){
9            textView.setText("ImageButton 按钮");
10       }
11   });
```

在第2行代码中，button对象通过调用setOnClickListener()函数，注册一个点击(Click)事件的监听器View.OnClickListener()。第3行代码是点击事件的回调函数。第4行代码将TextView的显示内容更改为“Button按钮”。

View.OnClickListener()是View定义的点击事件的监听器接口，并在接口中仅定义了onClick()函数。当Button从Android界面框架中接收到事件后，首先检查这个事件是否是点击事件，如果是点击事件，同时Button又注册了监听器，则会调用该监听器中的onClick()函数。

每个View仅可以注册一个点击事件的监听器，如果使用setOnClickListener()函数注册第二个点击事件的监听器，之前注册的监听器将被自动注销。为每个按钮注册一个点击事件监听器，每个按钮的事件处理程序都有各自的onClick()函数，这样能够使代码更加清晰、易读，且易于维护。当然，也可以将多个按钮注册到同一个点击事件的监听器上，示例代码如下。

```
1    Button.OnClickListener buttonListener=new Button.OnClickListener(){
2            @Override
3            public void onClick(View v){
4                switch(v.getId()){
5                    case R.id.Button01:
6                        textView.setText("Button 按钮");
7                        return;
8                    case R.id.ImageButton01:
9                        textView.setText("ImageButton 按钮");
10                       return;
11               }
12           }};
13       button.setOnClickListener(buttonListener);
14       imageButton.setOnClickListener(buttonListener);
```

第1～12行代码定义了一个名为buttonListener的点击事件监听器，第13行和第14行代码分别将该监听器注册到Button和ImageButton上。

5.2.3 CheckBox和RadioButton

CheckBox是同时可以选择多个选项的控件，而RadioButton则是仅可以选择一个选项的控件。RadioGroup是RadioButton的承载体,程序运行时不可见,应用程序中可能包含一个或多个RadioGroup。RadioGroup包含多个RadioButton,在一个RadioGroup中,用户仅能够选择其中的一个RadioButton。在图5.5中,RadioGroup中包含两个RadioButton,当选择RadioButton01后,RadioButton02自动变为非选择状态。

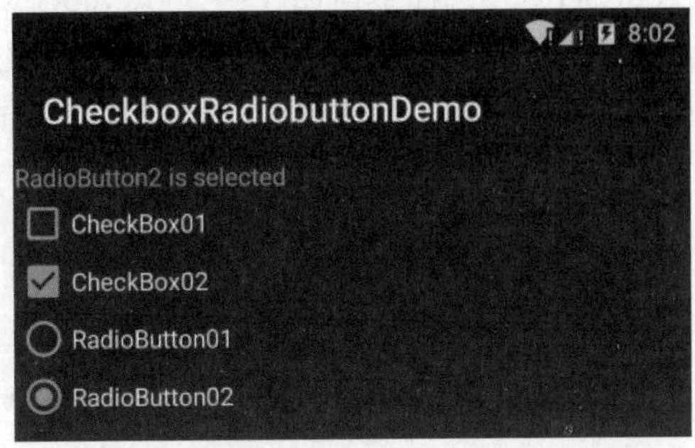

图5.5 CheckboxRadiobuttonDemo示例

CheckboxRadiobuttonDemo示例如图5.5所示,从上至下分别是TextView01、CheckBox01、CheckBox02、RadioButton01和RadioButton02。在XML文件(/res/layout/main.xml)中的代码如下。

```
<TextView android:id="@+id/TextView01"
    android:layout_width="match_parent"
    android:layout_height="wrap_content"
    android:text="@string/hello"/>
<CheckBox android:id="@+id/CheckBox01"
    android:layout_width="wrap_content"
    android:layout_height="wrap_content"
    android:text="CheckBox01" >
</CheckBox>
<CheckBox android:id="@+id/CheckBox02"
    android:layout_width="wrap_content"
    android:layout_height="wrap_content"
    android:text="CheckBox02" >
</CheckBox>
<RadioGroup android:id="@+id/RadioGroup01"
    android:layout_width="wrap_content"
    android:layout_height="wrap_content">
    <RadioButton android:id="@+id/RadioButton01"
        android:layout_width="wrap_content"
        android:layout_height="wrap_content"
        android:text="RadioButton01" >
    </RadioButton>
    <RadioButton android:id="@+id/RadioButton02"
        android:layout_width="wrap_content"
```

```
25         android:layout_height="wrap_content"
26         android:text="RadioButton02" >
27     </RadioButton>
28 </RadioGroup>
```

第15行代码中的<RadioGroup>标签声明了一个RadioGroup，第18行和第23行代码分别声明了两个RadioButton，这两个RadioButton是RadioGroup的子元素。

在代码中引用CheckBox和RadioButton的方法可以参考下面的代码。

```
CheckBox checkBox1=(CheckBox)findViewById(R.id.CheckBox01);
RadioButton radioButton1=(RadioButton)findViewById(R.id.RadioButton01);
```

CheckBox设置点击事件监听器的方法，与Button中介绍的方法相似，唯一不同在于将Button.OnClickListener换成了CheckBox.OnClickListener，下面给出简要代码。

```
CheckBox.OnClickListener checkboxListener=new CheckBox.OnClickListener(){
    @Override
    public void onClick(View v){
      //过程代码
    }};
checkBox1.setOnClickListener(checkboxListener);
checkBox2.setOnClickListener(checkboxListener);
```

RadioButton设置点击事件监听器的方法。

```
RadioButton.OnClickListener radioButtonListener=new RadioButton
.OnClickListener(){
    @Override
    public void onClick(View v){
      //过程代码
    }};
radioButton1.setOnClickListener(radioButtonListener);
radioButton2.setOnClickListener(radioButtonListener);
```

5.2.4 Spinner

Spinner是从多个选项中选择一个选项的控件，类似于桌面程序的组合框（ComboBox），但没有组合框的下拉菜单，而是使用浮动菜单为用户提供选择。

SpinnerDemo示例如图5.6所示，从上至下分别是TextView01和Spinner01。在XML文件（/res/layout/main.xml）中的代码如下。

```
<TextView  android:id="@+id/TextView01"
    android:layout_width="match_parent"
    android:layout_height="wrap_content"
    android:text="@string/hello"/>
<Spinner android:id="@+id/Spinner01"
```

```
6      android:layout_width="300dip"
7      android:layout_height="wrap_content">
8  </Spinner>
```

图 5.6 SpinnerDemo 示例

第 5 行代码使用<Spinner>标签声明了一个 Spinner 控件，并在第 6 行代码中指定该控件的宽度为 300dip。

在 SpinnerDemo.java 文件中，定义一个 ArrayAdapter 适配器，在 ArrayAdapter 中添加在 Spinner 中可以选择的内容。为了使程序能够正常运行，需要在代码中引入 android.widget.ArrayAdapter 和 android.widget.Spinner。

```
1  Spinner spinner=(Spinner)findViewById(R.id.Spinner01);
2  List<String>list =new ArrayList<String>();
3  list .add("Spinner 子项 1");
4  list .add("Spinner 子项 2");
5  list .add("Spinner 子项 3");
6  ArrayAdapter< String > adapter = new ArrayAdapter < String > (this, android.R.
   layout.simple_spinner_item, list);
7  adapter.setDropDownViewResource(android.R.layout.simple_spinner_dropdown_item);
8  spinner.setAdapter(adapter);
```

第 2 行代码建立了一个字符串数组列表(ArrayList)，这种数组列表可以根据需要进行增减，<String>表示数组列表中保存的是字符串类型的数据。在代码的第 3～5 行中，使用 add()函数分别向数组列表中添加 3 个字符串。第 6 行代码建立了一个 ArrayAdapter 的数组适配器，数组适配器能够将界面控件和底层数据绑定在一起。在这里，ArrayAdapter 将 Spinner 和 ArrayList 绑定在一起，所有 ArrayList 中的数据将显示在 Spinner 的浮动菜单中，绑定过程由第 8 行代码实现。第 7 行代码设定了 Spinner 浮动菜单的显示方式，其中，android.R.layout.simple_spinner_dropdown_item 是 Android 系统内置的一种浮动菜单，如图 5.6 所示。如果将其改为 android.R.layout.simple_spinner_item，则显示效果如图 5.7 所示。

为了保证用户界面显示的内容与底层数据一致，应用程序需要监视底层数据的变化，如果底层数据更改了，则用户界面也需要修改显示内容。在使用适配器绑定界面控件和底层数据后，应用程序就不需要再监视底层数据的变化，从而极大地简化了代码的复杂性。

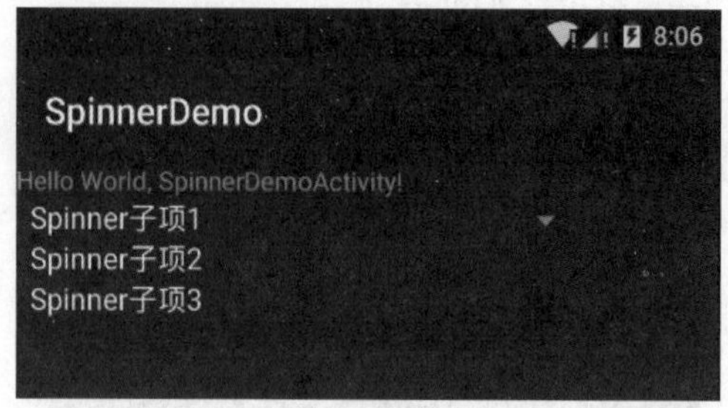

图 5.7　Spinner 的 item 菜单

5.2.5　ListView

ListView 是用于垂直显示的列表控件，如果显示内容过多，则会出现垂直滚动条。ListView 是在界面设计中经常使用的界面控件，其原因是 ListView 能够通过适配器将数据和显示控件绑定，在有限的屏幕上提供大量内容供用户选择；而且它支持点击事件，可以用少量的代码实现复杂的选择功能。

ListViewDemo 示例如图 5.8 所示，从上至下分别是 TextView01 和 ListView01。在 XML 文件(/res/layout/main.xml)中的核心代码如下。

```
<TextView android:id="@+id/TextView01"
    android:layout_width="match_parent"
    android:layout_height="wrap_content"
    android:text="@string/hello" />
<ListView android:id="@+id/ListView01"
    android:layout_width="wrap_content"
    android:layout_height="wrap_content">
</ListView>
```

图 5.8　ListViewDemo 示例

在 ListViewDemo.java 文件中，首先需要为 ListView 创建适配器，并添加 ListView 中所显示的内容。

```
1  final TextView textView=(TextView)findViewById(R.id.TextView01);
2  ListView listView=(ListView)findViewById(R.id.ListView01);
3  List<String>list =new ArrayList<String>();
4  list.add("ListView 子项 1");
5  list.add("ListView 子项 2");
6  list.add("ListView 子项 3");
7  ArrayAdapter<String>adapter=new ArrayAdapter<String>(this,android.
   R.layout.simple_list_item_1, list);
8  listView.setAdapter(adapter);
```

第2行代码通过ID引用了XML文件中声明的ListView。第3～6行代码声明了数组列表。第7行代码声明了适配器ArrayAdapter，第3个参数list说明适配器的数据源为数组列表。第8行代码将ListView和适配器绑定。

下面的代码声明了ListView子项的点击事件监听器，用于判断用户在ListView中选择的是哪一个子项。

```
1  AdapterView.OnItemClickListener listViewListener=new
   AdapterView.OnItemClickListener(){
2      @Override
3      public void onItemClick(AdapterView<?>arg0, View arg1, int
       arg2, long arg3){
4          String msg ="父 View:"+arg0.toString()+"\n"+"子 View:"+arg1
           .toString()+"\n"+"位置:"+String.valueOf(arg2)+", ID:"+String
           .valueOf(arg3);
5          textView.setText(msg);
6      }};
7  listView.setOnItemClickListener(listViewListener);
```

第1行代码中的AdapterView.OnItemClickListener是ListView子项的点击事件监听器，同样是一个接口，需要实现onItemClick()函数。在ListView子项被选择后，onItemClick()函数将被调用。第3行代码的onItemClick()函数中一共有4个参数：参数1表示适配器控件，这里就是ListView；参数2表示适配器内部的控件，这里是ListView中的子项；参数3表示适配器内部的控件，也就是子项的位置；参数4表示子项的行号。第4行和第5行代码用于显示信息，选择子项确定后，在TextView中显示子项父控件的信息、子控件信息、位置信息和ID信息。第7行代码是ListView指定刚声明的监听器。

5.2.6 TabHost

Tab标签页是界面设计中经常使用的界面控件，可以实现多个分页之间的切换，每个标签页可以显示不同内容。图5.9是Android系统内置的“拨号界面”，通过标签页在快速拨号、最近和联系人功能之间直接切换。

图 5.9　Android 系统内置的“拨号界面”

在 Android SDK 3.0 中，随着新的 UI 设计思想的引入，android.app.Fragment 成为一种新的界面设计模式。Android SDK 4.0 继承了 3.0 版本的设计思路，因此不建议开发者使用 android.app.TabActivity，而应使用新出现的 Fragment 实现 Tab 标签页。但因 Android 系统旧版本还有一定的生存周期，且使用 TabActivity 实现的 Tab 标签页的方法在 Android SDK 5.0 中仍可以正常运行，所以本书仍对这种方法进行介绍。

这里以 TabDemo 为例，说明如何设计和使用 TabHost。TabDemo 示例的运行结果如图 5.10 所示。

图 5.10　TabDemo 示例的运行结果

使用 Tab 标签页首先要设计所有分页的界面布局。在分页设计完成后，使用代码建立 Tab 标签页，并给每个分页添加标识和标题。最后确定每个分页所显示的界面布局。

在设计分页的界面布局时，使用的方法与设计普通用户界面没有什么区别。为了便于可视化和编码，要为每个分页建立一个 XML 文件，用于编辑和保存分页的界面布局。在 TabDemo 示例中，在/res/layout 文件夹中建立 3 个 XML 文件，分别为 tab1.xml、 tab2.xml和 tab3.xml，这 3 个文件分别使用线性布局、相对布局和绝对布局实例中的 main .xml的代码，并将布局的 ID 分别定义为 layout01、layout02 和 layout03。下面分别给出 tab1.xml、tab2.xml 和 tab3.xml 文件的部分代码。

tab1.xml 文件代码如下。

```
<?xml version="1.0" encoding="utf-8"?>
<LinearLayout android:id="@+id/layout01"
  ......
  ......
</LinearLayout>
```

tab2.xml 文件代码如下。

```
<?xml version="1.0" encoding="utf-8"?>
<AbsoluteLayout android:id="@+id/layout02"
  ......
  ......
</AbsoluteLayout>
```

tab3.xml 文件代码如下。

```
<?xml version="1.0" encoding="utf-8"?>
<RelativeLayout android:id="@+id/layout03"
  ......
  ......
</RelativeLayout>
```

分页的布局代码设计完成后，在 TabDemoActivity.java 文件中输入下面的代码，创建 Tab 标签页，并建立子页与界面布局直接的关联关系。

```
package edu.hrbeu.TabDemo;

import android.app.TabActivity;
import android.os.Bundle;
import android.widget.TabHost;
import android.view.LayoutInflater;
@SuppressWarnings("deprecation")
public class TabDemoActivity extends TabActivity {
    @Override
    public void onCreate(Bundle savedInstanceState) {
        super.onCreate(savedInstanceState);
        TabHost tabHost=getTabHost();
         LayoutInflater.from(this).inflate(R.layout.tab1, tabHost
         .getTabContentView(),true);
         LayoutInflater.from(this).inflate(R.layout.tab2, tabHost
         .getTabContentView(),true);
```

```
15         LayoutInflater.from(this).inflate(R.layout.tab3, tabHost
           .getTabContentView(),true);
16         tabHost.addTab(tabHost.newTabSpec("TAB1")
               .setIndicator("线性布局").setContent(R.id.layout01));
18         tabHost.addTab(tabHost.newTabSpec("TAB2")
               .setIndicator("绝对布局").setContent(R.id.layout02));
20         tabHost.addTab(tabHost.newTabSpec("TAB3")
               .setIndicator("相对布局").setContent(R.id.layout03));
22     }
23 }
```

第7行代码是避免编译器出现警告信息。因为TabActivity已经过期，强制使用会出现大量的警告信息，这里使用@SuppressWarnings("deprecation")可以将因API过期所产生的警告信息屏蔽。

第8行代码的声明TabDemoActivity类继承于TabActivity，与以往继承Activity不同，TabActivity支持内嵌多个Activity或View。第12行代码通过getTabHost()函数获得了Tab标签页的容器，用于承载可以点击的Tab标签和分页的界面布局。第13行代码通过LayoutInflater将tab1.xml文件中的布局转换为Tab标签页可以使用的View对象。第16行代码使用addTab()函数添加了第1个分页，tabHost.newTabSpec("TAB1")表明在第12行代码中建立的tabHost上，添加一个标识为TAB1的Tab分页。第17行代码使用setIndicator()函数设定分页显示的标题，使用setContent()函数设定分页所关联的界面布局。

在实现Tab标签页时，除了可以将多个Tab分页放置在同一个Activity中，还可以将不同Tab分页加载到不同的Activity上。两种方式在界面显示上是没有区别的，但笔者建议使用后一种方式处理Tab分页和Activity之间的关系，每个Tab分页对应一个Activity，有利于用户对界面控件的管理和控制。

TabDemo2示例说明如何将不同的Activity显示在不同的Tab分页上。TabDemo2示例与TabDemo示例的用户界面是完全相同的，所以界面可以参考图5.10。

从图5.11可以发现，与TabDemo示例相比，TabDemo2示例的布局文件夹(/res/layout)中多了一个main.xml文件，代码文件夹中增加了Tab1Activity.java、Tab2Activity.java和Tab3Activity.java三个文件。

首先给出Tab1Activity.java文件的全部代码。

```
package edu.hrbeu.TabDemo2;

import android.app.Activity;
import android.os.Bundle;

public class Tab1Activity extends Activity{

    @Override
      public void onCreate(Bundle savedInstanceState) {
```

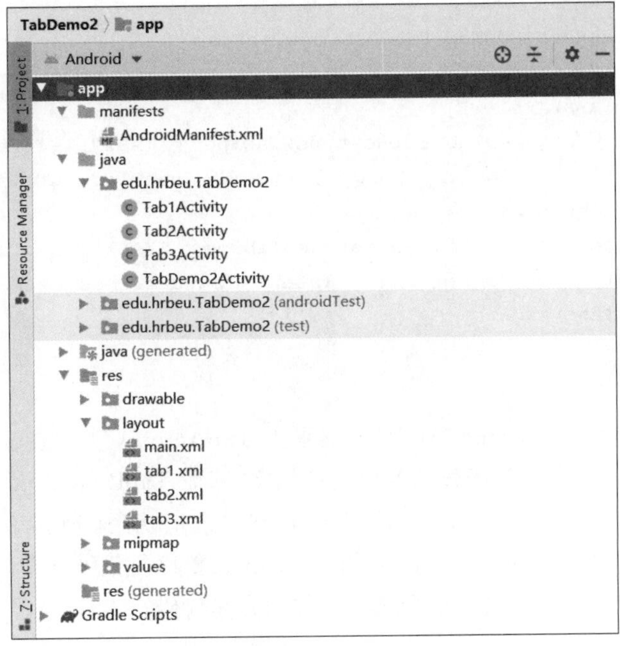

图 5.11 TabDemo2 示例文件结构

```
10            super.onCreate(savedInstanceState);
11            setContentView(R.layout.tab1);
12        }
13 }
```

第 11 行代码将布局目录中 tab1.xml 文件中的布局加载到 Tab1Activity。

Tab1Activity.java、Tab2Activity.java 和 Tab3Activity.java 的作用完全相同，分别将 tab1.xml、tab2.xml 和 tab3.xml 加载到 3 个不同的 Activity。

下面分析 TabDemo2Activity.java 文件，完整代码如下。

```
package edu.hrbeu.TabDemo2;

import android.app.TabActivity;
import android.content.Intent;
import android.os.Bundle;
import android.widget.TabHost;

@SuppressWarnings("deprecation")
public class TabDemo2Activity extends TabActivity  {
    @Override
    public void onCreate(Bundle savedInstanceState){
        super.onCreate(savedInstanceState);
        setContentView(R.layout.main);

        TabHost tabHost=getTabHost();
```

```
16
17         tabHost.addTab(tabHost.newTabSpec("TAB1").setIndicator("线性布局"). setContent (new Intent ( ). setClass (this, Tab1Activity.class)));
18         tabHost.addTab(tabHost.newTabSpec("TAB2").setIndicator("绝对布局"). setContent (new Intent ( ). setClass (this, Tab2Activity.class)));
19         tabHost.addTab(tabHost.newTabSpec("TAB3").setIndicator("相对布局"). setContent (new Intent ( ). setClass (this, Tab3Activity.class)));
20     }
21 }
```

第 9 行代码声明 TabDemo2Activity 继承于 TabActivity 类。在 TabDemo 示例中，第 17 行代码的 setContent()函数的参数是布局文件，而 TabDemo2 示例的 setClass()函数的参数是 Intent，通过 Intent 启动 Tab1Activity。这里就是两个示例明显的不同之处，TabDemo2 示例为每个 Tab 分页指定了不同的 Activity。第 13 行代码声明了 TabDemo2Activity 的布局文件 main.xml，下面给出这个布局文件的完整代码。

```
1  <?xml version="1.0" encoding="utf-8"?>
2  <TabHost xmlns:android="http://schemas.android.com/apk/res/android"
3      android:id="@android:id/tabhost"
4      android:layout_width="match_parent"
5      android:layout_height="match_parent">
6      <LinearLayout
7          android:orientation="vertical"
8          android:layout_width="match_parent"
9          android:layout_height="match_parent"
10         android:padding="5dp">
11         <TabWidget
12             android:id="@android:id/tabs"
13             android:layout_width="match_parent"
14             android:layout_height="wrap_content" />
15         <FrameLayout
16             android:id="@android:id/tabcontent"
17             android:layout_width="match_parent"
18             android:layout_height="match_parent"
19             android:padding="3dp" />
20     </LinearLayout>
21 </TabHost>
```

作为 TabActivity 的布局，必须以 TabHost 为根元素（第 2 行代码），同时包含 TabWidget 元素（第 11 行代码）和 FrameLayout 元素（第 15 行代码）。TabWidget 承载 Tab 导航栏，FrameLayout 承载 Tab 页的内容。现在 FrameLayout 是空的，在程序运行时，TabHost 会自动使用 Activity 填充 FrameLayout。因为 TabWidget 和 FrameLayout

需要垂直的并列排布，因此使用线性布局(第 6 行代码)。

最后，在 AndroidManifest.xml 文件中添加 3 个新建 Activity 的声明：

```
<activity  android:name=".Tab1Activity" />
<activity  android:name=".Tab2Activity" />
<activity  android:name=".Tab3Activity" />
```

5.3 界面布局

界面布局(Layout)是用户界面结构的描述，定义了界面中所有的元素、结构和相互关系。一般声明 Android 程序的界面布局有两种方法，一种是使用 XML 文件描述界面布局，另一种是在程序运行时动态添加或修改界面布局。

Android 系统在声明界面布局上提供了很好的灵活性，用户既可以独立地使用任何一种声明界面布局的方式，也可以同时使用两种方式。一般情况下，使用 XML 文件来描述用户界面中的基本元素，而在代码中动态修改需要更新状态的界面元素。当然，用户也可以将所有的界面元素，无论在程序运行后是否需要修改其内容，都放在代码中进行定义和声明。很明显这不是一种良好的界面设计模式，会给后期界面修改带来不必要的麻烦，而且界面元素较多时，程序的代码也会显得凌乱不堪。

使用 XML 文件声明界面布局，能够更好地将程序的表现层和控制层分离，在修改界面时将不再需要更改程序的源代码。例如，在程序开发完成后，为了让程序能够支持不同屏幕尺寸、规格和语言的手机，则可以声明多个 XML 布局，而无须修改程序代码。不仅如此，使用 XML 文件声明的界面布局，用户还能够通过可视化工具直接看到所设计的用户界面，有利于加快界面设计的过程，并且为界面设计与开发带来极大的便利性。

5.3.1 线性布局

线性布局(LinearLayout)是一种重要的界面布局，也是经常使用的界面布局。在线性布局中，所有的子元素都在垂直或水平方向按照顺序在界面上排列。如果垂直排列，则每行仅包含一个界面元素；同样，如果水平排列，则每列仅包含一个界面元素。图 5.12 分别是垂直排列的线性布局和水平排列的线性布局的示例。

下面将用一个简单的示例说明如何使用线性布局，示例的目标是实现图 5.3 所显示的用户界面，并对示例中用到的界面控件进行简单的介绍。

首先创建 Android 工程，工程名称是 LinearLayout，包名称是 edu.hrbeu.LinearLayout，Activity 名称为 LinearLayoutActivity。为了能够完整体验创建线性布局的过程，这里首先删除 Android Studio 自动建立的/res/layout/activity_main.xml 文件，然后建立垂直排列的线性布局 XML 文件。右击/res/layout 文件夹，选择 New→Layout Resource File 命令，打开 XML 文件建立向导，建立命名为 main_vertical.xml 的 XML 文件，类型为 Layout，不需要修改资源配置，保存位置为/res/layout，XML 文件的根节点元素选择为线性布局，如图 5.13 所示。

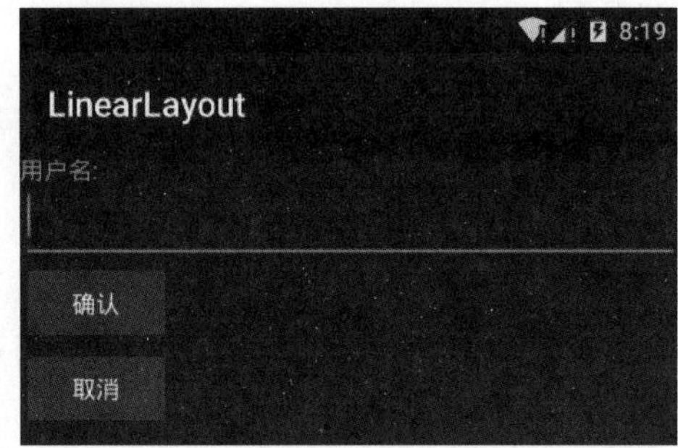

(a) 垂直排列

(b) 水平排列

图 5.12　垂直排列和水平排列的线性布局

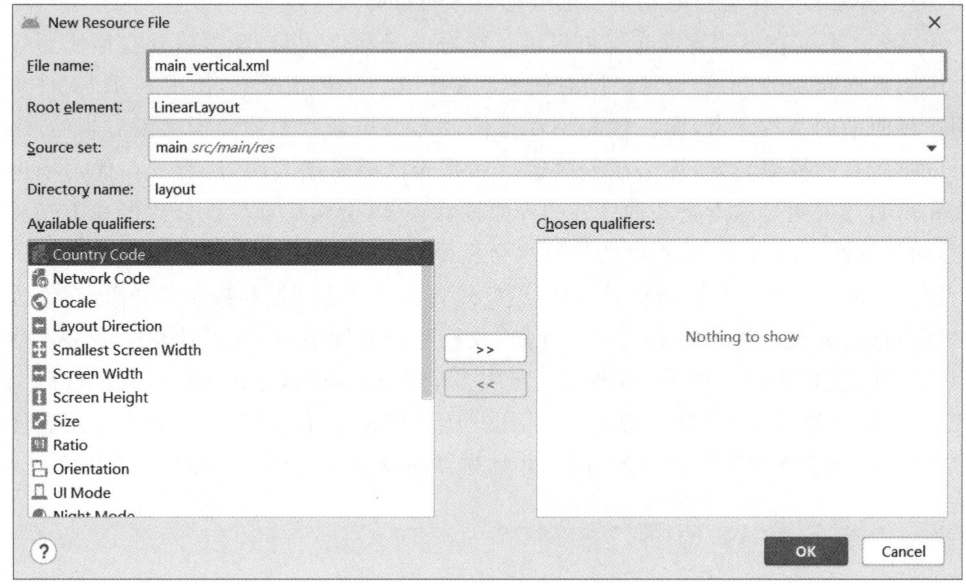

图 5.13　XML 文件建立向导

双击新建立的/res/layout/main_vertical.xml 文件,Android Studio 将自动打开界面可视化编辑器,如图 5.14 所示。可视化编辑器顶部是配置清单,可以选择不同的屏幕尺寸、屏幕方向和 SDK 版本等。下部左侧是界面布局和界面控件,用户可以将需要的布局和控件拖曳到右面的可视化界面中,并修改布局和控件的属性。右侧是可视化的用户界面,能够实时地呈现用户界面。右上角的 Design 和 Code 能够在可视化编辑器和 XML 文件编辑器之间切换。

单击 Android Studio 右边的 Attributes,打开线性布局的属性编辑器。线性布局的排列方法由 orientation 属性控制,vertical 表示垂直排列,horizontal 表示水平排列。这里,orientation 属性的值选择 vertical,如图 5.15 所示,表示该线性布局为垂直排列。默认情况下,layout_width 的值为 match_parent,表示线性布局宽度等于父控件的宽度,就是将线性布局在横向上占据父控件的所有空间。将 layout_height 属性的值改为 wrap_

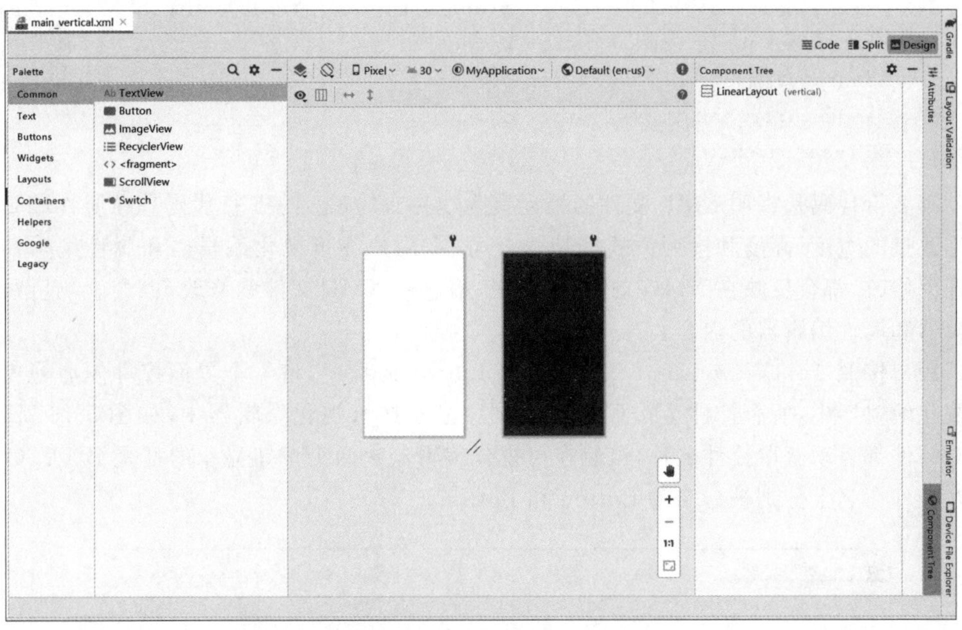

图 5.14 界面可视化编辑器

content，表示线性布局高度等于所有子控件的高度总和，也就是线性布局的高度会刚好将所有子控件包含其中。从 Android 2.2 开始，fill_parent 改名为 match_parent ，从 API Level 为 8 开始可以直接用 match_parent 来代替 fill_parent。

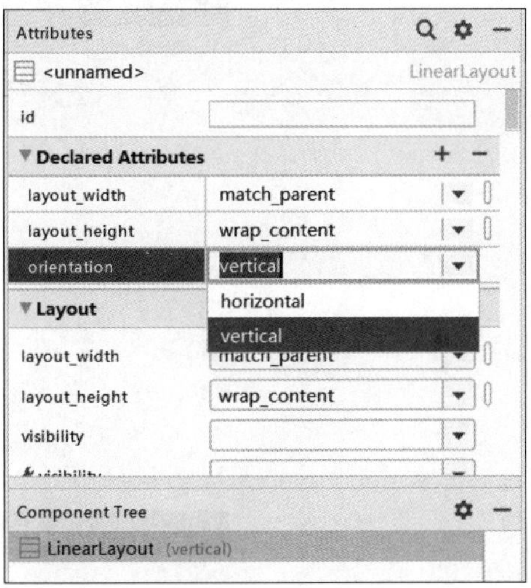

图 5.15 修改线性布局的 orientation 属性

打开 XML 文件编辑器，main_vertical.xml 文件的代码如下。

```
<?xml version="1.0" encoding="utf-8"?>
<LinearLayout
```

```
3    xmlns:android="http://schemas.android.com/apk/res/android"
4    android:layout_width="match_parent"
5    android:layout_height="wrap_content"
6    android:orientation="vertical">
7  </LinearLayout>
```

第2行代码是声明XML文件的根元素为线性布局，第4～6行代码是在属性编辑器中修改过的宽度、高度和排列方式的属性。可见，用户在可视化编辑器和属性编辑器中的任何修改，都会反映在XML文件中；反之，用户在XML文件的修改，也会影响可视化编辑器和属性编辑器的内容。

用户按照TextView、EditText、Button、Button的顺序，将4个界面控件先后拖曳到可视化编辑器中，所有控件会按照拖曳的顺序显示在可视化编辑器中，如图5.16所示。所有控件都自动获取控件名称，虽然在可视化编辑器中两个按钮显示的都是BUTTON，但在控件命名上分别被命名为Button和Button2。

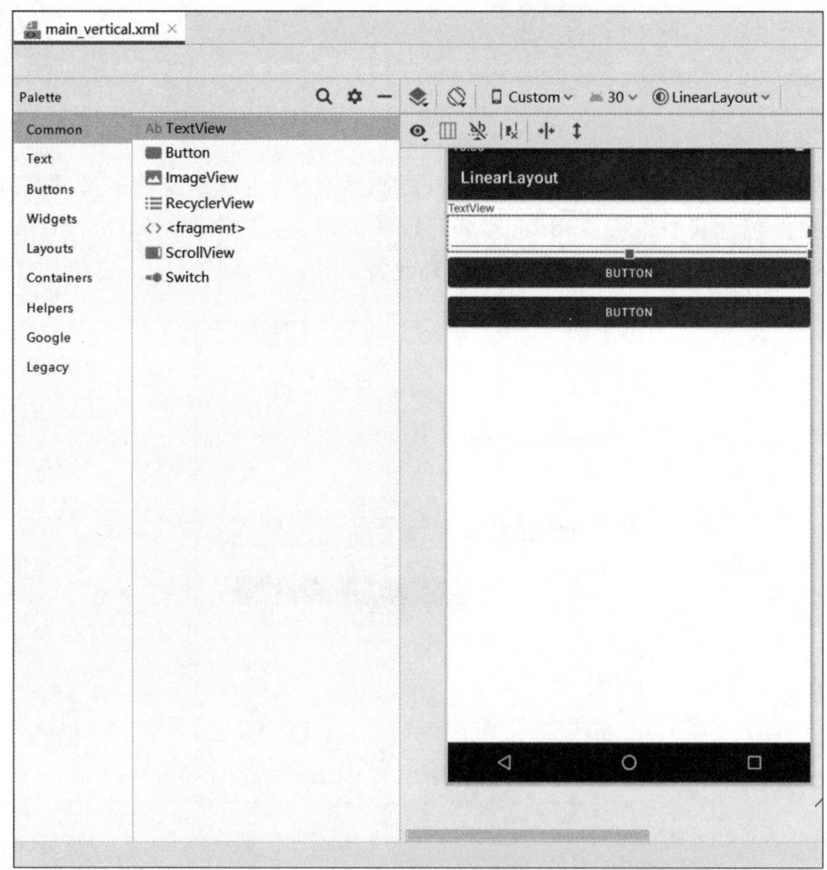

图5.16　拖曳控件到可视化编辑器中

将界面控件位置确定后，按照表5.1在属性编辑器中修改界面控件的属性。从表5.1中可以发现，所有界面控件都有一个共同的属性Id。Id是一个字符串，编译时被转换为整数，在代码中用来引用界面元素，一般仅代码中需要动态修改的界面元素才设置 Id；反之则不需要设置 Id。本例中没有在代码中引用任何界面元素，因此完全可以不必设置 Id，但为了说明 Id 的用途和使用方法，在本例中为所有的界面控件设置了 Id。

表 5.1 线性布局界面控件的属性设置

编号	类型	属性	值
1	TextView	Id	@+id/label
		Text	用户名：
2	EditText	Id	@+id/entry
		Layout width	match_parent
		Text	[null]
3	Button	Id	@+id/ok
		Text	确认
4	Button	Id	@+id/cancel
		Text	取消

打开 XML 文件编辑器，查看 main_vertical.xml 文件代码，发现在属性编辑器内填入的内容已经正确写入了 XML 文件，此时 main_vertical.xml 文件的全部代码如下。

```
<?xml version="1.0" encoding="utf-8"?>
<LinearLayout
  xmlns:android="http://schemas.android.com/apk/res/android"
  android:layout_width="match_parent"
  android:layout_height="wrap_content"
  android:orientation="vertical">

    <TextView android:id="@+id/label"
        android:layout_width="wrap_content"
        android:layout_height="wrap_content"
        android:text="用户名：" >
    </TextView>
    <EditText android:id="@+id/entry"
        android:layout_height="wrap_content"
        android:layout_width="match_parent">
    </EditText>
    <Button android:id="@+id/ok"
        android:layout_width="wrap_content"
        android:layout_height="wrap_content"
        android:text="确认">
    </Button>
    <Button android:id="@+id/cancel"
        android:layout_width="wrap_content"
        android:layout_height="wrap_content"
```

```
        android:text="取消" >
    </Button>
</LinearLayout>
```

最后，将 LinearLayout.java 文件中的 setContentView(R.layout.main)更改为 setContentView(R.layout.main_vertical)。运行后的结果如图 5.12(a)所示。

建立横向排列的线性布局过程与上述的纵向线性布局非常相似，注意以下几个关键点即可：

(1) 建立 main_horizontal.xml 文件；

(2) 线性布局的 orientation 属性的值设置为 horizontal；

(3) 将 EditText 的 layout_width 属性的值设置为 wrap_content；

(4) 将 LinearLayout.java 文件中的 setContentView(R.layout.main_vertical) 修改为 setContentView(R.layout.main_horizontal)。

5.3.2 框架布局

框架布局(FrameLayout)是最简单的界面布局，用来存放一个元素的空白空间，且子元素的位置是不能够指定的，只能够放置在空白空间的左上角。如果有多个子元素，后放置的子元素将遮挡先放置的子元素。

为了更好地理解框架布局，这里使用 Android SDK 中提供的层级观察器(Hierarchy Viewer)进一步分析界面布局。层级观察器能够对用户界面进行分析和调试，并以图形化的方式展示树形结构的界面布局，另外，还提供了一个精确的像素观察器(Pixel Perfect View)，以栅格的方式详细观察放大后的界面。

在模拟器上运行 5.3.1 节垂直排列的线性布局示例，在层级观察器中获得示例界面布局的树形结构图，如图 5.17 所示。

结合界面布局的树形结构图(见图 5.17)和示意图(见图 5.18)，分析不同界面布局和界面控件的区域边界。用户界面的根节点(#0@43599ee0)是线性布局，其边界是整个界面，也就是示意图的最外层的实心线。根节点右侧的子节点(#0@4359a730)是框架布局，仅有一个节点元素(#0@4359ad18)，这个子元素是 TextView 控件，用来显示 Android 应用程序名称，其边界是示意图中的区域 1。因此，框架布局元素#0@4359a730 的边界是同区域 1 的高度相同，宽度充满整个根节点的区域。这两个界面元素是系统自动生成的，一般情况下用户不能够修改和编辑。

根节点左侧的子节点(#1@4359b858)也是框架布局，边界是区域 2 到区域 7 的全部空间。其下仅有一个子节点(#0@4359bd60)元素是线性布局，因为线性布局的 Layout width 属性设置为 match_parent，Layout height 属性设置为 wrap_content，因此该线性布局的宽度就是其父节点#1@4359b858 的宽度，高度等于所有子节点元素的高度之和。线性布局#0@4359bd60 的 4 个子节点元素#0@4359bfa8、#1@4359c5f8、#2@4359d5d8 和#3@4359de18的边界，分别是界面布局示意图中的区域 2、区域 3、区域 4 和区域 5。

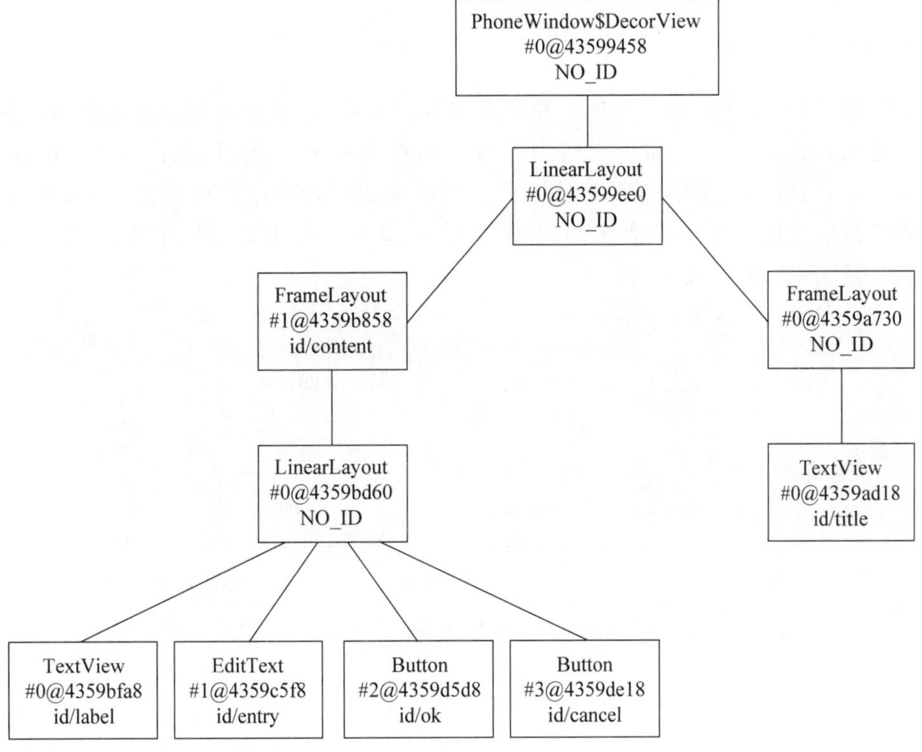

图 5.17　界面布局的树形结构图

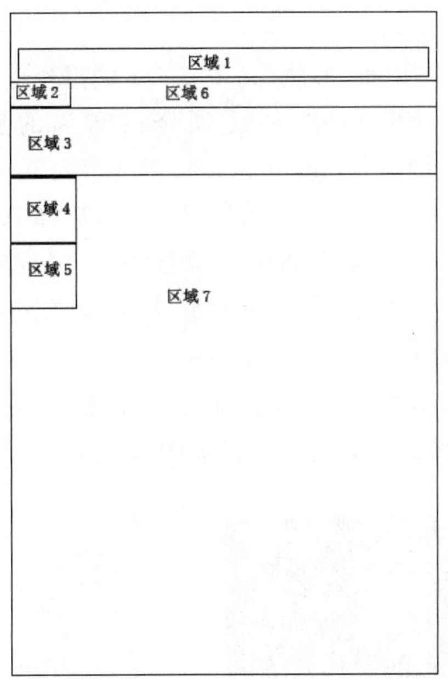

图 5.18　界面布局的示意图

5.3.3 表格布局

表格布局(TableLayout)也是一种常用的界面布局，它将屏幕划分为表格，通过指定行和列可以将界面元素添加到表格中。对比网格布局的示意图(见图 5.19)和效果图(见图 5.20)，可以发现网格的边界对用户是不可见的。表格布局还支持嵌套，可以将另一个表格布局放置在前一个表格布局的网格中，也可以在表格布局中添加其他界面布局，例如线性布局、相对布局等。

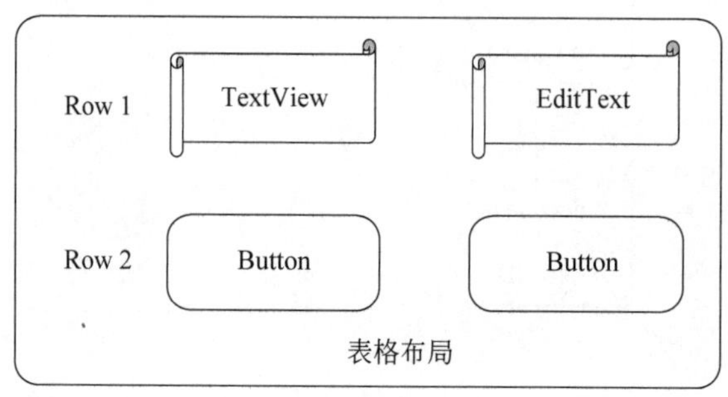

图 5.19　表格布局的示意图

参照 5.3.2 节的界面示例，这里使用表格布局实现用户界面。建立一个新的 Android 工程，工程名称为 TableLayout，在/res/layout/main.xml 文件中设计基于表格布局的用户界面。在表格布局中设计一个 2×2 的网格，每个网格中放置一个界面控件，实现效果如图 5.20 所示。

建立表格布局的示例并不困难，参照 5.3.2 节的示例很容易实现，但要注意以下几点。

(1) 向界面中添加一个表格布局，无须修改布局的属性值。其中，Id 属性为 TableLayout01，Layout width 和 Layout height 属性都为 wrap_content。

(2) 在 Design 视图中，在 TableLayout01 上右击，选择 Add Row 向 TableLayout01 中添加两个 TableRow。TableRow 代表一个单独的行，每行被划分为几个小的单元，单元中可以添加一个界面控件。其中，Id 属性分别为 TableRow01 和 TableRow02，Layout width 和 Layout height 属性都为 wrap_content。

(3) 在界面可视化编辑器上，向 TableRow01 中拖曳 TextView 和 EditText，TextView 控件命名为 label，EditText 控件命名为 entry，如图 5.21 所示。

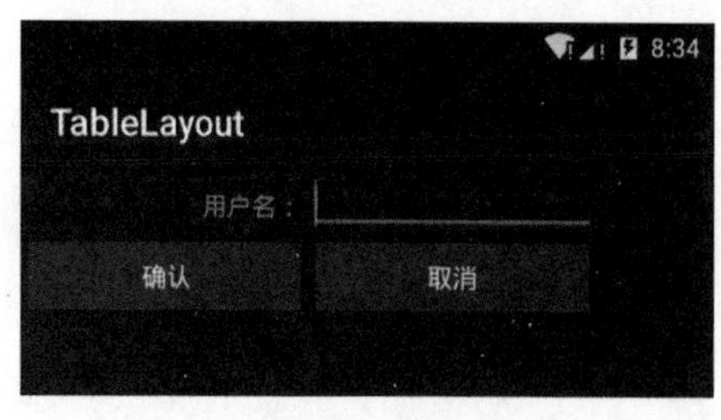

图 5.20　表格布局的效果图

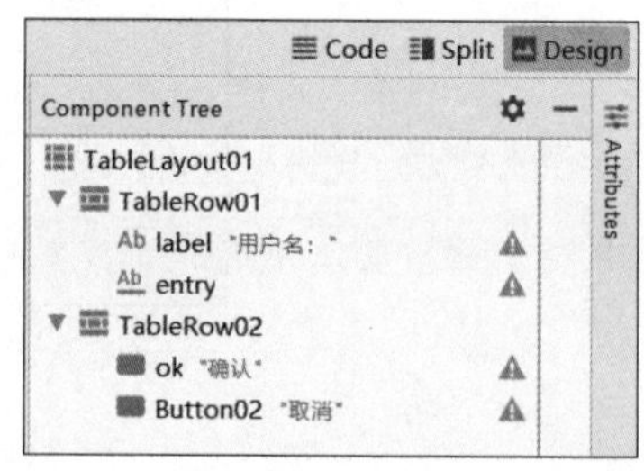

图 5.21　Design 视图中的表格布局

(4) 在界面可视化编辑器上，再向 TableRow02 中拖曳两个 Button。

(5) 参考表 5.2 设置 TableRow 中 4 个界面控件的属性值。

表 5.2 表格布局界面控件的属性设置

编号	类型	属性	值
1	TextView	Id	@+id/label
		Text	用户名：
		Gravity	right
		Padding	3dip
		Layout width	160dip
2	EditText	Id	@+id/entry
		Text	[null]
		Padding	3dip
		Layout width	160dip
3	Button	Id	@+id/ok
		Text	确认
		Padding	3dip
4	Button	Id	@+id/cancel
		Text	取消
		Padding	3dip

main.xml 文件的完整代码如下。

```
<?xml version="1.0" encoding="utf-8"?>

<TableLayout android:id="@+id/TableLayout01"
    android:layout_width="match_parent"
    android:layout_height="match_parent"
    xmlns:android="http://schemas.android.com/apk/res/android">
    <TableRow android:id="@+id/TableRow01"
        android:layout_width="wrap_content"
        android:layout_height="wrap_content">
        <TextView android:id="@+id/label"
            android:layout_height="wrap_content"
            android:layout_width="160dip"
            android:gravity="right"
            android:text="用户名:"
            android:padding="3dip" >
        </TextView>
```

```
17         <EditText android:id="@+id/entry"
18             android:layout_height="wrap_content"
19             android:layout_width="160dip"
20             android:padding="3dip" >
21         </EditText>
22     </TableRow>
23     <TableRow android:id="@+id/TableRow02"
24         android:layout_width="wrap_content"
25         android:layout_height="wrap_content">
26         <Button android:id="@+id/ok"
27             android:layout_height="wrap_content"
28             android:padding="3dip"
29             android:text="确认">
30         </Button>
31         <Button android:id="@+id/Button02"
32             android:layout_width="wrap_content"
33             android:layout_height="wrap_content"
34             android:padding="3dip"
35             android:text="取消">
36         </Button>
37     </TableRow>
38 </TableLayout>
```

第3行代码使用了＜TableLayout＞标签声明表格布局；第7行和第23行代码声明了两个TableRow元素，用来表示布局中的两行；第12行代码利用宽度属性android:layout_width，将TextView元素的宽度指定为160dip；第13行代码使用属性android:gravity，将TextView中的文字对齐方式指定为右对齐；第15行代码使用属性android:padding，声明TextView元素与其他元素的间隔距离为3dip。

5.3.4 相对布局

相对布局(RelativeLayout)是一种非常灵活的布局方式，它能够通过指定界面元素与其他元素的相对位置关系，确定界面中所有元素的布局位置。相对布局和线性布局有着共同的优点，能够最大程度保证在各种屏幕类型的手机上正确显示界面布局。

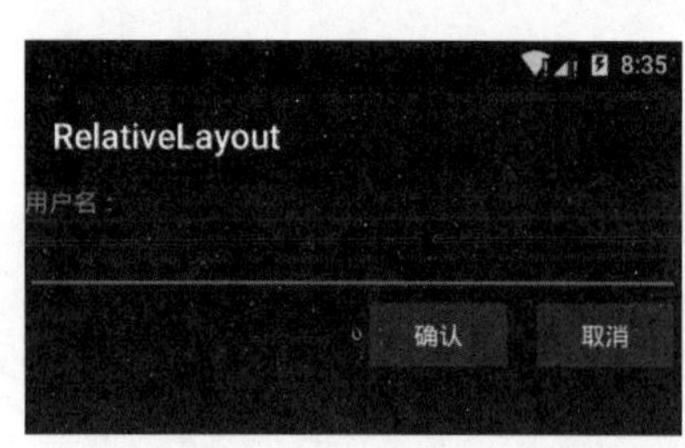

图5.22 相对布局示例

图5.22是相对布局的一个示例，下面先用文字对界面元素的添加顺序和相互关系进行描述。首先添加TextView控件（“用户名”），相对布局会将TextView控件放置在屏幕的最上方；然后添加EditText控件（输入框），并声明该控件的位置在TextView控件的下方，相对布局会根据TextView的位置确定EditText控件的位置；之后添加第一个Button控件（“取消”按钮），声明在EditText控

件的下方，且在父控件的最右边；最后，添加第二个 Button 控件（“确认”按钮），声明该控件在第一个 Button 控件的左方，且与第一个 Button 控件处于相同的水平位置。

main.xml 文件的完整代码如下。

```
1  <?xml version="1.0" encoding="utf-8"?>
2
3  <RelativeLayout android:id="@+id/RelativeLayout01"
4      android:layout_width="match_parent"
5      android:layout_height="match_parent"
6      xmlns:android="http://schemas.android.com/apk/res/android">
7      <TextView android:id="@+id/label"
8          android:layout_height="wrap_content"
9          android:layout_width="match_parent"
10         android:text="用户名:">
11     </TextView>
12     <EditText android:id="@+id/entry"
13         android:layout_height="wrap_content"
14         android:layout_width="match_parent"
15         android:layout_below="@id/label">
16     </EditText>
17     <Button android:id="@+id/cancel"
18         android:layout_height="wrap_content"
19         android:layout_width="wrap_content"
20         android:layout_alignParentRight="true"
21         android:layout_marginLeft="10dip"
22         android:layout_below="@id/entry"
23         android:text="取消" >
24     </Button>
25         <Button android:id="@+id/ok"
26         android:layout_height="wrap_content"
27         android:layout_width="wrap_content"
28         android:layout_toLeftOf="@id/cancel"
29         android:layout_alignTop="@id/cancel"
30         android:text="确认">
31     </Button>
32 </RelativeLayout>
```

在上面的代码中，首先在第 3 行使用了＜RelativeLayout＞标签声明一个相对布局；第 15 行使用位置属性 android:layout_below，确定 EditText 控件在 ID 为 label 的元素下方；第 20 行使用属性 android:layout_alignParentRight，声明该元素与其父元素的右边边界对齐；第 21 行使用属性 android:layout_marginLeft，将该元素向左移动 10dip；第 22 行声明该元素在 ID 为 entry 的元素下方；第 28 行使用属性 android:layout_toLeftOf，声明该元素在 ID 为 cancel 元素的左边；第 29 行使用属性 android:layout_alignTop，声明该元素与 ID 为 cancel 的元素在相同的水平位置。

5.3.5 绝对布局

绝对布局(AbsoluteLayout)能通过指定界面元素的坐标位置，来确定用户界面的整体布局。绝对布局是一种不推荐使用的界面布局，因为通过绝对位置确定的界面元素，Android 系统不能够根据不同屏幕对界面元素的位置进行调整，降低了界面布局对不同类型和尺寸屏幕的适应能力。使用绝对布局往往在目标手机上非常完美，但在其他不同类型的手机上，界面布局却变得混乱不堪。

图 5.23　绝对布局

图 5.23 是绝对布局的一个示例，每一个界面控件都必须指定坐标(X,Y)，例如“确认”按钮的坐标是(40,120)，“取消”按钮的坐标是(120,120)。坐标原点(0,0)在屏幕的左上角。

下面给出 main.xml 文件的完整代码。

```
<?xml version="1.0" encoding="utf-8"?>

<AbsoluteLayout android:id="@+id/AbsoluteLayout01"
    android:layout_width="match_parent"
    android:layout_height="match_parent"
    xmlns:android="http://schemas.android.com/apk/res/android">
    <TextView android:id="@+id/label"
        android:layout_x="40dip"
        android:layout_y="40dip"
        android:layout_height="wrap_content"
        android:layout_width="wrap_content"
        android:text="用户名:">
    </TextView>
    <EditText android:id="@+id/entry"
        android:layout_x="40dip"
        android:layout_y="60dip"
        android:layout_height="wrap_content"
        android:layout_width="150dip">
    </EditText>
    <Button android:id="@+id/ok"
        android:layout_width="70dip"
        android:layout_height="wrap_content"
        android:layout_x="40dip"
        android:layout_y="120dip"
        android:text="确认">
    </Button>
    <Button android:id="@+id/cancel"
```

```
        android:layout_width="70dip"
        android:layout_height="wrap_content"
        android:layout_x="120dip"
        android:layout_y="120dip"
        android:text="取消">
    </Button>
</AbsoluteLayout>
```

5.3.6 网格布局

网格布局(GridLayout)是 Android SDK 4.0(API Level 14)新支持的布局方式,将用户界面划分为网格,界面元素可随意摆放在这些网格中。网格布局比表格布局(TableLayout)在界面设计上更加灵活,在网格布局中界面元素可以占用多个网格,而在表格布局却无法实现,只能将界面元素指定在一个表格行(TableRow)中,不能跨越多个表格行。

下面用 GridLayoutDemo 示例说明网格布局的使用方法。图 5.24(a)和图 5.24(b)分别是在 Android Studio 界面设计器中的界面图示和在 Android 模拟器运行后的用户界面。

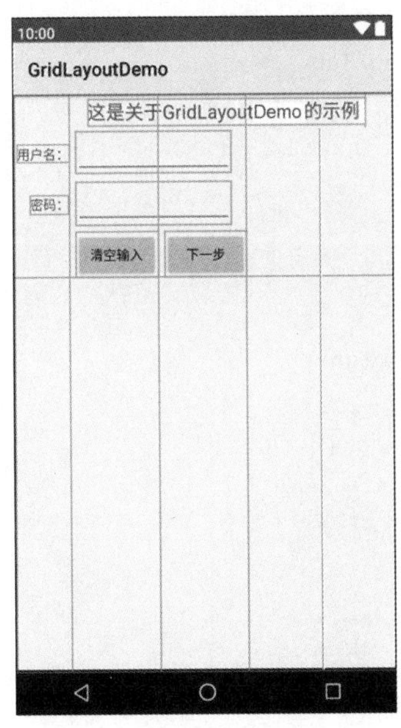

(a) 界面设计器中的界面图示

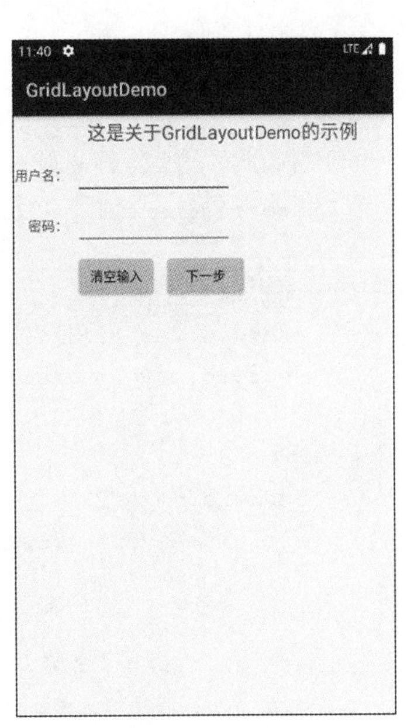

(b) 模拟器运行后的用户界面

图 5.24 GridLayoutDemo 示例

在界面设计器中可以看到虚线网格,但在模拟器的运行结果中是看不到的。网格布局将界面划分成多个块,这些块是根据界面元素动态划分的。具体地讲,GridLayoutDemo 示例左边第一列的宽度是综合分析在第一列中的两个界面元素“用户名”和“密码”

TextView 的宽度而进行设定的，选择两个元素中最宽元素的宽度作为第一列的宽度。同样，最上方第一行的高度，也是分析“这是关于 GridLayoutDemo 的示例”这个 TextView 元素的高度进行设定的。因此，网格布局中行的高度和列的宽度，完全取决于本行或本列中高度最高或宽度最宽的界面元素。

但在网格布局中，界面元素是可以跨越多个块的，例如“这是关于 GridLayoutDemo 的示例”这个 TextView 元素就占据了纵向 4 个块，“用户名：”这个 TextView 在纵向仅占用了 1 个块，而用户名输入框控件 EditText 在纵向上占用了 2 个块。这个示例中没有横向占用多个块的界面元素，但这样设计在网格布局中是允许的。

下面给出 main.xml 文件的全部代码。

```
<?xml version="1.0" encoding="utf-8"?>
<GridLayout
    xmlns:android="http://schemas.android.com/apk/res/android"

    android:layout_width="match_parent"
    android:layout_height="match_parent"
    android:useDefaultMargins="true"
    android:columnCount="4"  >

        <TextView
            android:layout_columnSpan="4"
            android:layout_gravity="center_horizontal"
            android:text="这是关于 GridLayoutDemo 的示例"
            android:textSize="20dip" />

        <TextView
            android:text="用户名:"
            android:layout_gravity="right" />

        <EditText
            android:ems="8"
            android:layout_columnSpan="2"/>

        <TextView
            android:text="密码:"
            android:layout_column="0"
            android:layout_gravity="right"/>

        <EditText
            android:ems="8"
            android:layout_columnSpan="2" />

        <Button
            android:text="清空输入"
```

```
35            android:layout_column="1"
36            android:layout_gravity="fill_horizontal"/>
37
38        <Button
39            android:text="下一步"
40            android:layout_column="2"
41            android:layout_gravity="fill_horizontal"/>
42
43 </GridLayout>
```

第7行代码的useDefaultMargins表示网格布局中的所有元素都遵循默认的边缘规则，就是说所有元素之间都会留有一定的边界空间。第8行代码的columnCount表示纵向分为4列，从第0～3列，程序开发人员也可以在这里定义横向的行数，使用rowCount属性。

第11行代码的layout_columnSpan属性表示TeixtView控件所占据的列的数量。第12行代码的layout_gravity＝center_horizontal表示文字内容在所占据的块中居中显示。

第10～14行代码定义了第一个界面控件，虽然定义了纵向所占据的块的数量，但却没有定义元素起始位置所在的块，原因是网格布局中第1个元素默认在第0行第0列。

第16～18行代码定义了第二个界面控件，仍然没有定义元素起始位置所在的块。根据网格布局界面元素的排布规则，如果没有明确说明元素所在的块，那么当前元素会放置在前一个元素的同一行右侧的块上；如果前一个元素已经是这一行的末尾块，则当前元素放置在下一行的第一个块上；如果当前元素在纵向上占据多个块，而前一个元素右侧没有足够数量的块，则当前元素的起始位置也会放置在下一行的第一个块上。

第26行代码的layout_column属性表示当前元素列的起始位置。如果layout_column所指定的列的位置在当前行已经被占用，则当前元素也会放置在下一行的这一列中。

在网格布局中没有定义的属性是具有默认值的，具体默认值可以参考表5.3。

表5.3 网格布局中属性的默认值

属　性	默　认　值	备　注
width	WRAP_CONTENT	
height	WRAP_CONTENT	
topMargin	0	当用户将useDefaultMargins设置为false
leftMargin	0	当用户将useDefaultMargins设置为false
bottomMargin	0	当用户将useDefaultMargins设置为false
rightMargin	0	当用户将useDefaultMargins设置为false
rowSpec.row	UNDEFINED	
rowSpec.rowSpan	1	

续表

属　　性	默 认 值	备　　注
rowSpec.alignment	BASELINE	
columnSpec.column	UNDEFINED	
columnSpec.columnSpan	1	
columnSpec.alignment	LEFT	

5.4 菜　　单

菜单是应用程序中非常重要的组成部分，能够在不占用界面空间的前提下，为应用程序提供统一的选择功能和设置界面，并为程序开发人员提供易于使用的编程接口。Android 系统支持 3 种菜单模式，分别是选项菜单（Option Menu）、子菜单（SubMenu）和快捷菜单（Context Menu）。

5.4.1 菜单资源

Android 程序的菜单可以在代码中动态生成，也可以使用 XML 文件制作菜单资源，然后通过 inflate()函数映射到程序代码中。使用 XML 文件描述菜单是较好的选择，可以将菜单的内容与代码分离，且有利于分析和调整菜单结构。

下面的代码是 MenuResource 示例 main_menu.xml 文件的全部代码。

```
1  <?xml version="1.0" encoding="utf-8"?>
2  <menu xmlns:android="http://schemas.android.com/apk/res/android">
3      <item android:id="@+id/main_menu_0"
4              android:icon="@drawable/pic0"
5              android:title="打印" />
6      <item android:id="@+id/main_menu_1"
7              android:icon="@drawable/pic1"
8              android:title="新建" />
9      <item android:id="@+id/main_menu_2"
10             android:icon="@drawable/pic2"
11             android:title="邮件" />
12     <item android:id="@+id/main_menu_3"
13             android:icon="@drawable/pic3"
14             android:title="设置" />
15     <item android:id="@+id/main_menu_4"
16             android:icon="@drawable/pic4"
17             android:title="订阅" />
18 </menu>
```

上面的代码生成的菜单如图 5.25 所示，生成具有 5 个子项的菜单。第 2 行代码的

menu 是菜单的容器，菜单资源必须以 menu 作为根元素。第 3 行代码的 item 是菜单项，其属性值 id、icon 和 title 分别是菜单项的 ID 值、图标和标题。第 4 行以及后续的代码中，虽然定义了菜单项的图标，但菜单资源选择的菜单模式不同，菜单项图标可能会不显示。MenuResource 示例使用的是选项菜单，因此菜单项的图标没有显示，而仅显示了菜单项的标题。

图 5.25　MenuResource 示例界面

5.4.2　选项菜单

选项菜单是一种经常被使用的 Android 系统菜单，用户可以通过菜单键（MENU key）打开选项菜单。

在 Android 2.3 之前的版本中，选项菜单分为图标菜单（Icon Menu）和浮动菜单（Overflow Menu），通过菜单键直接打开的是图标菜单，如图 5.26 所示。图标菜单就是能够同时显示文字和图标的菜单，最多支持 6 个子项，如果子项多于 6 个，则需要扩展菜单显示其他的子项。

浮动菜单是垂直的列表型菜单，如图 5.27 所示，仅在图标菜单子项多于 6 个时才出现，通过点击图标菜单最后的子项 More 才能打开。浮动菜单不能够显示图标，但支持单选框和复选框；相反，图标菜单支持显示图标，但不支持单选框和复选框。

菜单子项0	菜单子项1	菜单子项2
菜单子项3	菜单子项4	More

图 5.26　图标菜单

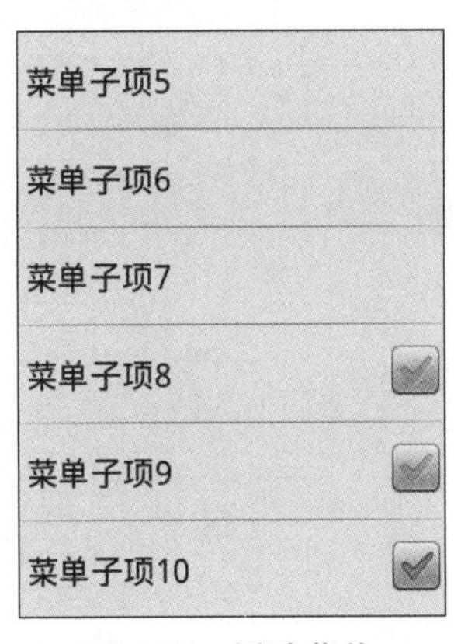

图 5.27　浮动菜单

在 Android 4.0 版本中，选项菜单只出现浮动菜单，而不再出现如图 5.26 所示的图标菜单，图标菜单的部分功能由操作栏代替实现。

在 Android 4.0 版本中，Activity 在创建时便会调用 onCreateOptionsMenu()函数初始化自身的菜单版本。在 Activity 的整个生命周期中，选项菜单是一直被重复利用的，直到 Activity 被销毁。在 Android 2.3 之前的版本中，onCreateOptionsMenu()函数只有在用户点击菜单键后才被调用，就是说选项菜单是在需要的时候才被创建的。但 Android 4.0 版本需要在程序的顶部显示操作栏，操作栏的初始化代码也在 onCreateOptionsMenu()

函数中，因此该函数在 Activity 创建时就会被调用。

重载 onCreateOptionsMenu()函数的主要目的是初始化菜单，可以使用 XML 文件的菜单资源，也可以使用代码动态加载菜单。下面的代码是使用 main_menu.xml 文件作为菜单资源初始化 Activity 的菜单。

```
@Override
public boolean onCreateOptionsMenu(Menu menu) {
    MenuInflater inflater=getMenuInflater();
    inflater.inflate(R.menu.main_menu, menu);
    return true;
}
```

在用户选择菜单项后，Android 系统会调用 onOptionsItemSelected()函数，一般将菜单选择事件的响应代码放置在 onOptionsItemSelected()函数中。onOptionsItemSelected()函数会返回用户选择的 MenuItem，可以通过 getItemId()函数获取 MenuItem 的 ID，这个 ID 就是用户在 XML 文件中为每个菜单项所设定的 android:id 属性值。

onOptionsItemSelected()函数在每次用户点击菜单子项时都会被调用。下面的代码说明如何通过菜单子项的子项 ID 执行不同的操作。

```
@Override
public boolean onOptionsItemSelected(MenuItem item) {
    TextView label=(TextView)findViewById(R.id.label);

    switch(item.getItemId()){
        case R.id.main_menu_0:
            label.setText("打印,菜单 ID:"+item.getItemId());
            return true;
        case R.id.main_menu_1:
            label.setText("新建,菜单 ID:"+item.getItemId());
            return true;
        case R.id.main_menu_2:
            label.setText("邮件,菜单 ID:"+item.getItemId());
            return true;
        case R.id.main_menu_3:
            label.setText("设置,菜单 ID:"+item.getItemId());
            return true;
        case R.id.main_menu_4:
            label.setText("订阅,菜单 ID:"+item.getItemId());
            return true;
        default:
            return false;
    }
}
```

onOptionsItemSelected()函数的返回值表示是否需求其他事件处理函数菜单选择事件进行处理，如果不需要则返回 true，否则返回 false。

第 5 行代码的 getItemId()函数获取被选择菜单子项的 ID。第 7 行代码通过在 XML 文件中定义的菜单 ID 与 getItemId()函数的返回值进行匹配。

选项菜单的代码可以参考 OptionMenu 示例，程序运行后通过点击菜单键可以调出选项菜单，如图 5.28(a)所示。

(a) OptionMenu示例

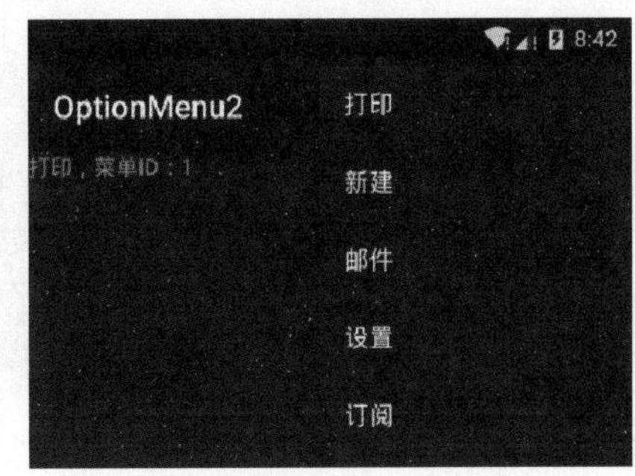

(b) OptionMenu2示例

图 5.28 选项菜单示例界面

开发人员除了可以使用 XML 文件的菜单资源以外，还可以在代码中动态生成菜单。OptionMenu2 示例说明如何使用代码生成的菜单，所生成的菜单内容与 OptionMenu 示例的菜单完全相同，如图 5.28(b)所示。

开发人员首先要在代码中定义菜单 ID，然后在 onCreateOptionsMenu()函数中添加选项菜单，并设置菜单的标题和图标等信息。

```
1  final static int MENU_00=Menu.FIRST;
2  final static int MENU_01=Menu.FIRST+1;
3  final static int MENU_02=Menu.FIRST+2;
4  final static int MENU_03=Menu.FIRST+3;
5  final static int MENU_04=Menu.FIRST+4;
6
7  @Override
8  public boolean onCreateOptionsMenu(Menu menu){
9      menu.add(0,MENU_00,0,"打印").setIcon(R.drawable.pic0);
10     menu.add(0,MENU_01,1,"新建").setIcon(R.drawable.pic1);
11     menu.add(0,MENU_02,2,"邮件").setIcon(R.drawable.pic2);
12     menu.add(0,MENU_03,3,"设置").setIcon(R.drawable.pic3);
13     menu.add(0,MENU_04,4,"订阅").setIcon(R.drawable.pic4);
14     return true;
15 }
```

一般将菜单项的 ID 定义成静态常量(第 1～5 行代码)，并使用静态常量 Menu.FIRST(整数类型，值为 1)定义第一个菜单子项，以后的菜单项仅需在 Menu.FIRST 增加相应的数值即可。

在 onCreateOptionsMenu()函数中，函数的返回类型为布尔值(第 14 行代码)，返回 true 则可显示在函数中设置的菜单，否则将不能够显示菜单。

Menu 对象作为一个参数被传递到函数内部，因此在 onCreateOptionsMenu()函数中，用户可以使用 Menu 对象的 add()函数添加菜单项。

add()函数的语法如下。

```
MenuItem android. view. Menu. add(int groupId, int itemId, int order, CharSequence title)
```

add()函数的第 1 个参数 groupId 是组 ID，用于批量地对菜单子项进行处理和排序；第 2 个参数 itemId 是子项 ID，是每一个菜单子项的唯一标识，通过子项 ID 使应用程序能够定位到用户所选择的菜单子项；第 3 个参数 order 是定义菜单子项在选项菜单中的排列顺序；第 4 个参数 title 是菜单子项所显示的标题。

另外，通过 setIcon()函数可以为菜单子项添加图标，需要将图像资源文件复制到 /res/drawable 目录下。

5.4.3 子菜单

子菜单就是二级菜单，用户点击选项菜单或快捷菜单中的菜单项，就可以打开子菜单。当程序具有大量的功能时，可以将相似的功能划分成组，选项菜单可用来表示功能组，而具体功能则可由子菜单进行选择。

传统的子菜单一般采用树形的层次化结构，但 Android 系统却使用浮动窗体的形式显示菜单子项。采用与众不同的显示方式，主要是为了更好地适应小屏幕的显示方式。子菜单不支持嵌套，也就是说不能够在子菜单中再使用子菜单。

下面以 SubMenu 示例说明如何使用 XML 文件设计子菜单。SubMenu 示例的用户界面如图 5.29 所示。

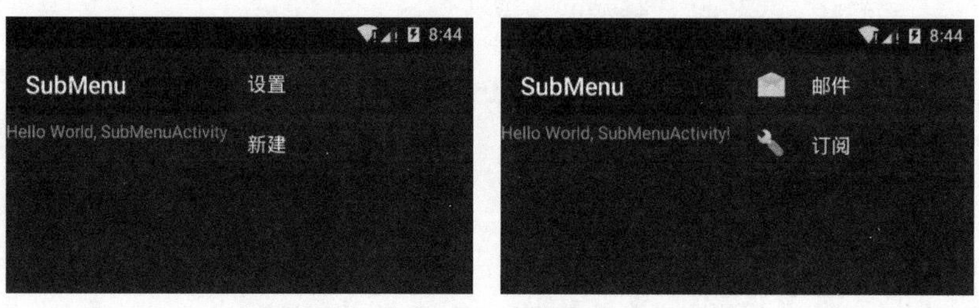

图 5.29 SubMenu 示例的用户界面

SubMenu 示例选项菜单包含两个菜单项：“设置”和“新建”。“设置”菜单项包含子菜单，子菜单中只有一个菜单项“打印”。“新建”菜单项包含子菜单，子菜单中有两个菜单项，分别是“邮件”和“订阅”。SubMenu 示例的菜单结构如下。

```
(+)设置
  (-)打印
(+)新建
```

(-)邮件
(-)订阅

SubMenu示例使用XML文件描述菜单结构，sub_menu.xml文件代码如下。

```
1  <?xml version="1.0" encoding="utf-8"?>
2  <menu xmlns:android="http://schemas.android.com/apk/res/android">
3      <item android:id="@+id/main_menu_0"
4          android:icon="@drawable/pic0"
5          android:title="设置">
6          <menu>
7              <item android:id="@+id/sub_menu_0_0"
8                  android:icon="@drawable/pic4"
9                      android:title="打印" />
10         </menu>
11     </item>
12     <item android:id="@+id/main_menu_1"
13         android:icon="@drawable/pic1"
14         android:title="新建">
15         <menu>
16             <item android:id="@+id/sub_menu_1_0"
17                 android:icon="@drawable/pic2"
18                 android:title="邮件" />
19             <item android:id="@+id/sub_menu_1_1"
20                 android:icon="@drawable/pic3"
21                 android:title="订阅" />
22         </menu>
23     </item>
24 </menu>
```

第6～10行代码是一个子菜单的描述。子菜单使用<menu>标签进行声明，内部使用<item>标签描述菜单项。

Android系统的子菜单使用起来非常灵活，除了可以使用XML文件描述菜单结构，也可以通过代码在选项菜单或快捷菜单中使用子菜单。SubMenu2是使用代码实现子菜单的示例，界面如图5.30所示。

SubMenu2子菜单结构与SubMenu示例是完全相同的，不同之处在于子菜单上多了标题图标。下面给出SubMenu2示例的核心代码。

```
final static int MENU_00=Menu.FIRST;
final static int MENU_01=Menu.FIRST+1;
final static int SUB_MENU_00_01=Menu.FIRST+2;
final static int SUB_MENU_01_00=Menu.FIRST+3;
final static int SUB_MENU_01_01=Menu.FIRST+4;

SubMenu sub1=(SubMenu)menu.addSubMenu(0,MENU_00,0,"设置")
```

图 5.30　SubMenu2 示例界面

```
8                .setHeaderIcon(R.drawable.pic3);
9   sub1.add(0,SUB_MENU_00_01 ,0,"打印").setIcon(R.drawable.pic0);
10
11  SubMenu sub2=(SubMenu)menu.addSubMenu(0,MENU_01,1,"新建")
12               .setHeaderIcon(R.drawable.pic1);
13  sub2.add(0,SUB_MENU_01_00 ,0,"邮件").setIcon(R.drawable.pic2);
14  sub2.add(0,SUB_MENU_01_01 ,0,"订阅").setIcon(R.drawable.pic4);
```

第 1～5 行代码定义选项菜单和子菜单所有菜单项的 ID。第 7 行代码使用 addSubMenu()函数在选项菜单中增加了 1 个菜单项 MENU_00，当用户点击这个菜单项后会打开子菜单。addSubMenu()函数共有 4 个参数，参数 1 是组 ID，如果不分组则可以使用 0；参数 2 是菜单项的 ID；参数 3 是显示排序，数字越小越靠近列表上方；参数 4 是菜单项显示的标题。第 8 行代码设置了子菜单的图标。第 9 行代码在子菜单中添加了菜单项。

5.4.4　快捷菜单

快捷菜单类似于计算机程序中右击弹出的菜单，当用户点击界面上某个元素超过 2 秒后，将启动注册到该界面元素的快捷菜单。快捷菜单同样采用浮动的显示方式，虽然快捷菜单的显示方式与子菜单相同，但两种菜单的启动方式却截然不同。

接下来使用 ContextMenu 示例说明如何使用快捷菜单，如何将快捷菜单注册到某个界面元素上。ContextMenu 示例的用户界面如图 5.31 所示。

快捷菜单的使用方法与选项菜单极为相似，只是重载的函数不同而已。快捷菜单需要重载 onCreateContextMenu()函数初始化菜单项，包括添加快捷菜单所显示的标题、图标和菜单子项等内容。

下面的代码 5-1 说明如何使用 onCreateContextMenu()函数初始化菜单项。

[代码 5-1]

```
final static int CONTEXT_MENU_1=Menu.FIRST;
final static int CONTEXT_MENU_2=Menu.FIRST+1;
final static int CONTEXT_MENU_3=Menu.FIRST+2;
```

图 5.31 ContextMenu 示例的用户界面

```
4  @Override
5  public void onCreateContextMenu(ContextMenu menu, View v,ContextMenuInfo
   menuInfo){
6      menu.setHeaderTitle("快捷菜单标题");
7      menu.add(0, CONTEXT_MENU_1, 0,"菜单子项 1");
8      menu.add(0, CONTEXT_MENU_2, 1,"菜单子项 2");
9      menu.add(0, CONTEXT_MENU_3, 2,"菜单子项 3");
10 }
```

代码 5-1 实现了一个具有 3 个菜单项的子菜单，子菜单的标题是“快捷菜单标题”。ContextMenu 类支持 add()函数(第 7 行代码)和 addSubMenu()函数，可以在快捷菜单中添加菜单子项和子菜单。onCreateContextMenu()函数(第 5 行代码)的第 1 个参数 menu 是需要显示的快捷菜单；第 2 个参数 v 是用户点击的界面元素；第 3 个参数 menuInfo 是所选择界面元素的额外信息。

重载 onContextItemSelected()函数响应菜单选择事件。该函数在用户选择快捷菜单中的菜单项后被调用，与 onOptionsItemSelected()函数的使用方法基本相同。

下面的代码 5-2 将说明如何重载 onContextItemSelected()函数响应子菜单事件。

[代码 5-2]

```
@Override
public boolean onContextItemSelected(MenuItem item){
    switch(item.getItemId()){
        case CONTEXT_MENU_1:
            LabelView.setText("菜单子项 1");
```

```
6               return true;
7           case CONTEXT_MENU_2:
8               LabelView.setText("菜单子项 2");
9               return true;
10          case CONTEXT_MENU_3:
11              LabelView.setText("菜单子项 3");
12      return true;
13      }
14      return false;
15  }
```

最后，还需要使用 registerForContextMenu()函数，将快捷菜单注册到界面中的某个控件上(代码 5-3 第 7 行)。在用户长时间点击该界面控件时，便会启动快捷菜单。同时，为了能够在界面上直接显示用户所选择快捷菜单的菜单项，在代码中引用了界面元素 TextView(代码 5-3 第 6 行)，通过更改 TextView 的显示内容(代码 5-2 第 5、8 和11 行)，显示用户所选择的菜单子项。

[代码 5-3]

```
1  TextView LabelView=null;
2  @Override
3  public void onCreate(Bundle savedInstanceState){
4      super.onCreate(savedInstanceState);
5      setContentView(R.layout.main);
6      LabelView=(TextView)findViewById(R.id.label);
7      registerForContextMenu(LabelView);
8  }
```

代码 5-4 是/src/layout/main.xml 文件的部分内容，第 1 行声明了 TextView 的 ID 为 label，在代码 5-3 的第 6 行中，通过 R.id.label 将 ID 传递给 findViewById()函数，这样用户便能够引用该界面元素，并能够修改该界面元素的显示内容。

[代码 5-4]

```
1  <TextView android:id="@+id/label"
2      android:layout_width="match_parent"
3      android:layout_height="match_parent"
4      android:text="@string/hello"
5   />
```

还有一点需要注意，代码 5-4 的第 2 行，将 android:layout_width 设置为 match_parent，这样，TextView 将充满父节点所有剩余屏幕空间，用户点击屏幕 TextView 下方任何位置都可以启动快捷菜单。如果将 android:layout_width 设置为 wrap_content，则用户必须准确点击 TextView 才能启动快捷菜单。

5.5 操作栏与 Fragment

5.5.1 操作栏

操作栏(Action Bar)是 Android 3.0 新引入的界面元素,代替传统的标题栏功能,图 5.32 所示是电子邮件程序的快捷栏。操作栏左侧的图标是应用程序的图标(Logo),图标旁边是应用程序当前 Activity 的标题,右侧的多个图标则是选项菜单中的菜单项。

图 5.32 电子邮件程序的快捷栏

操作栏可以提供如下多个实用的功能。

(1) 将选项菜单的菜单项显示在操作栏的右侧。

(2) 基于 Fragment 实现类似于 Tab 页的导航切换功能。

(3) 为导航提供可"拖曳放置"的下拉列表。

(4) 可在操作栏上实现类似于搜索框的功能。

默认情况下,在所有高于 Android 3.0 版本的系统中,基于 holographic 主题的 Activity 上方都存在操作栏。如果程序开发人员需要隐藏 Activity 的操作栏,可以在 AndroidManifest.xml 文件中添加如下代码:

```
<activity android:theme="@android:style/Theme.Holo.NoActionBar">
```

或者在代码中加入:

```
ActionBar actionBar=getActionBar();
actionBar.hide();
```

在操作栏被隐藏后,Android 系统会自动调整界面元素,填充隐藏操作栏所腾出的空间。

操作栏右侧用来显示选项菜单的菜单项,但所显示的内容,会根据操作栏所具有的空间不同而具有不同的显示方式。在屏幕尺寸较小的设备上,操作栏会自动隐藏菜单项的文字,而仅显示菜单项的图标;而在屏幕尺寸较大的设备上,操作栏会同时显示菜单项的文字和图标。

将选项菜单的菜单项标识为可在操作栏中显示的代码非常简单,只需要在 XML 菜单资源文件的 item 标签中添加下面的第 6 行代码即可。

```
1  <menu xmlns:android="http://schemas.android.com/apk/res/android"
2      xmlns:tools="http://schemas.android.com/tools">
3      <item android:id="@+id/main_menu_0"
4            android:icon="@drawable/pic0"
5            android:title="打印"
6            android:showAsAction="ifRoom|withText"
```

```
7            tools:ignore="AppCompatResource" />
8   </menu>
```

第 6 行代码中的 ifRoom 表示如果操作栏有剩余空间，则显示该菜单项的图标；withText 表示显示图标的同时显示文字标题。

首先以 ActionBar 示例说明如何在操作栏上显示选项菜单。ActionBar 示例的用户界面如图 5.33 所示，其中图 5.33(a)是 WXGA720 (1280×720)解析度下的显示效果，图 5.33(b)是 WVGA800(480×800)解析度下的显示效果。由此可见，解析度的大小和屏幕的方向，一定程度上决定了操作栏的显示内容和显示方式。

(a) WXGA720（1280×720）

(b) WVGA800（480×800）

图 5.33　ActionBar 示例的用户界面

ActionBar 示例与 OptionMenu 示例的代码基本相同，基本思想都是使用 XML 文件的菜单资源，然后在 Activity 中通过 onCreateOptionsMenu()函数加载选项菜单，并调用 onOptionsItemSelected()函数处理菜单选择事件。

不同之处在于，ActionBar 示例 main_menu.xml 文件中的所有菜单项都添加了 ifRoom 和 withText 标志位，可以在操作栏中显示图标和文字标题。

main_menu.xml 文件的完整代码如下。

```
<?xml version="1.0" encoding="utf-8"?>
<menu xmlns:android="http://schemas.android.com/apk/res/android"
    xmlns:tools="http://schemas.android.com/tools">
    <item android:id="@+id/main_menu_0"
           android:icon="@drawable/pic0"
           android:title="打印"
           android:showAsAction="ifRoom|withText"
           tools:ignore="AppCompatResource" />
    <item android:id="@+id/main_menu_1"
           android:icon="@drawable/pic1"
```

```
            android:title="新建"
            android:showAsAction="ifRoom|withText"
            tools:ignore="AppCompatResource" />
    <item android:id="@+id/main_menu_2"
            android:icon="@drawable/pic2"
            android:title="邮件"
            android:showAsAction="ifRoom|withText"
            tools:ignore="AppCompatResource" />
    <item android:id="@+id/main_menu_3"
            android:icon="@drawable/pic3"
            android:title="设置"
            android:showAsAction="ifRoom|withText"
            tools:ignore="AppCompatResource" />
    <item android:id="@+id/main_menu_4"
            android:icon="@drawable/pic4"
            android:title="订阅"
            android:showAsAction="ifRoom|withText"
            tools:ignore="AppCompatResource" />
</menu>
```

ActionView 示例是在 ActionBar 示例基础上做的修改，在操作栏上增加了文字输入功能。ActionView 示例的用户界面如图 5.34 所示，这是在 WXGA720 (1280×720)解析度下的显示效果。

图 5.34 ActionView 示例的用户界面

在菜单项中添加自定义显示内容，实现的方法是在 item 标签中添加 android:actionLayout 属性，并将属性值定义为需要显示的布局文件。ActionView 示例在 main_menu.xml 文件中添加了下面的第 6 行代码。

```
1     <item android:id="@+id/main_menu_0"
2           android:icon="@drawable/pic0"
3           android:title="打印"
4           android:showAsAction="ifRoom|withText"
5           tools:ignore="AppcompatResource"
6           android:actionLayout="@layout/printview" />
```

第 6 行代码表示显示该菜单项时，采用/layout/printview.xml 文件作为自定义布局。

printview.xml 文件的完整代码如下。

```
<?xml version="1.0" encoding="utf-8"?>
<LinearLayout xmlns:android="http://schemas.android.com/apk/res/android"
    android:layout_width="wrap_content"
    android:layout_height="wrap_content"
    android:orientation="horizontal" >

    <ImageView
        android:layout_width="wrap_content"
        android:layout_height="wrap_content"
        android:src="@drawable/pic0" />

    <EditText
        android:layout_width="wrap_content"
        android:layout_height="wrap_content"
        android:hint="输入需要打印的文件名称"
        android:ems="12" />

</LinearLayout>
```

5.5.2 Fragment

Fragment 是 Android 3.0 新引入的概念，主要为了在大屏幕设备上实现灵活、动态的界面设计。例如，在 Android 的平板电脑上，因为屏幕有更多的空间来放置更多的界面组件，并且这些组件之间还会产生一定的数据交互。

Fragment 支持这种设计理念，开发人员无须管理复杂的视图结构变化，而把这些动态的管理工作交给 Fragment 和回退堆栈(back stack)完成。在进行界面设计时，只需要将界面布局按照功能和区域划分为不同的模块，每个模块设计成一个 Fragment 即可。

例如，在新闻阅读程序中，可以将界面划分为左、右两部分，并分别使用 Fragment 实现。左侧用来展示新闻列表，右侧用来阅读新闻的具体内容。两个 Fragment 可以并排地放置在同一个 Activity 中，且这两个 Fragment 都具有自己的生命周期回调函数和界面输入事件。如果不使用 Fragment，开发人员就需要在一个 Activity 中实现展示新闻列表，而在另一个 Activity 中显示新闻的具体内容。使用 Fragment 就可以将两部分功能合并到同一个 Activity 中实现，如图 5.35 所示。

Fragment 是可以被设计成可重用模块的，这是因为每个 Fragment 都有自己的布局和生命周期回调函数，可以将同一个 Fragment 放置到多个不同的 Activity 中。这样，在设计时为了可重用 Fragment，开发人员应该避免直接从一个 Fragment 去操纵另一个 Fragment，这样就增加了两个 Fragment 之间的耦合度，不利于模块的重用。

Fragment 的另一个重要特性就是通过不同的 Fragment 组合，可以适应不同尺寸的屏幕。以前面介绍的新闻阅读程序为例，如果需要同时支持平板电脑和智能手机，则可以重用为平板电脑设计的两个 Fragment，在智能手机端将两个 Fragment 加载到两个 Activity 中。

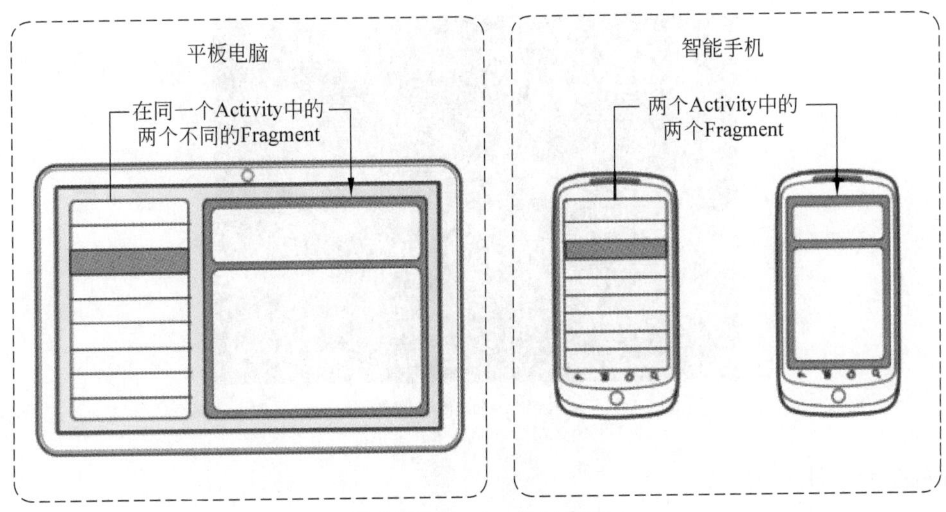

图 5.35 Fragment 示意图

Fragment 具有与 Activity 类似的生命周期，但比 Activity 支持更多的事件回调函数。Fragment 生命周期中的事件回调函数，以及之间的调用顺序可参考图 5.36。

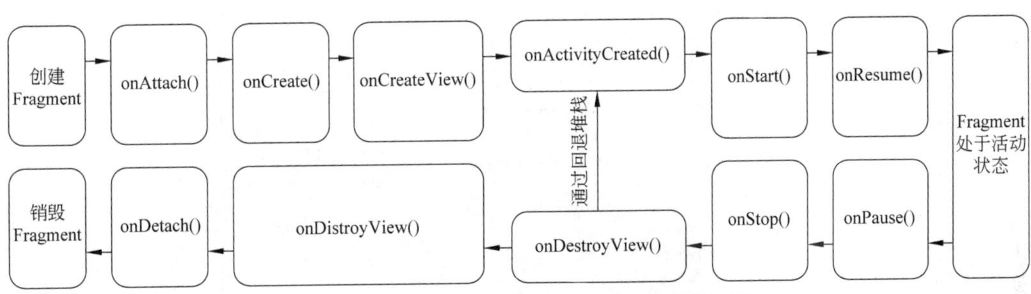

图 5.36 Fragment 生命周期中的事件回调函数

通常情况下，创建 Fragment 需要继承 Fragment 的基类，并至少应实现 onCreate()、onCreateView()和 onPause()三个生命周期的回调函数。当然，如果仅通过 Fragment 显示元素，而不进行任何的数据保存和界面事件处理，则仅实现 onCreateView()函数也可以创建 Fragment。

onCreate()函数是在 Fragment 创建时被调用，用来初始化 Fragment 中的必要组件。onCreateView()函数是 Fragment 在用户界面上第一次绘制时被调用，并返回 Fragment 的根布局视图。onPause()函数是在用户离开 Fragment 时被调用，用来保存 Fragment 中用户输入或修改的内容。

下面用 FragmentDemo 示例说明如何在一个 Activity 中同时加载两个 Fragment，FragmentDemo 示例的用户界面如图 5.37 所示。FragmentDemo 示例以屏幕的中心线为界，在一个 Activity 中并列加载了两个 Fragment，左侧是 AFragment，右侧是 BFragment。

图 5.38 是 FragmentDemo 示例的文件结构。在这个示例中，每个 Fragment 使用一个 Java 文件实现，并加载各自的布局文件，例如在 AFragment.java 文件中实现 AFragment，

图 5.37　FragmentDemo 示例的用户界面

并加载布局文件 frag_a.xml。

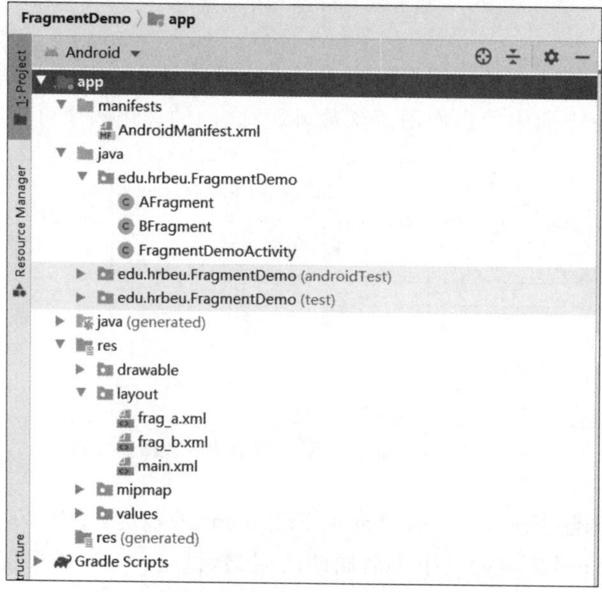

图 5.38　FragmentDemo 示例的文件结构

main.xml 文件是 FragmentDemo 示例中唯一的 Activity 的布局文件，两个 Fragment 在界面上的位置关系就在这个文件中进行定义。main.xml 文件的完整代码如下。

```
<LinearLayout xmlns:android="http://schemas.android.com/apk/res/android"
    android:orientation="horizontal"
    android:layout_width="match_parent"
    android:layout_height="match_parent">

    <fragment android:name="edu.hrbeu.FragmentDemo.AFragment"
            android:id="@+id/fragment_a"
            android:layout_weight="1"
```

```
9            android:layout_width="0px"
10           android:layout_height="match_parent" />
11
12      <fragment android:name="edu.hrbeu.FragmentDemo.BFragment"
13           android:id="@+id/fragment_b"
14           android:layout_weight="1"
15           android:layout_width="0px"
16           android:layout_height="match_parent" />
17
18  </LinearLayout>
```

第 6 行代码使用标签 fragment 声明了一个 Fragment，在 name 属性中用“包＋类”的方式定义了 AFragment 所在的类。第 12 行代码定义了 BFragment。第 8 行和第 14 行代码表明两个 Fragment 在界面上的布局权重是相同的，因此应在界面上各占 50％的界面空间。

FragmentDemoActivity 是该示例主界面的 Activity，加载了 main.xml 文件声明的界面布局。FragmentDemoActivity.java 文件的完整代码如下。

```
1  public class FragmentDemoActivity extends Activity {
2      @Override
3      public void onCreate(Bundle savedInstanceState) {
4          super.onCreate(savedInstanceState);
5          setContentView(R.layout.main);
6      }
7  }
```

Android 系统会根据第 5 行代码的内容加载界面布局文件 main.xml，然后通过 main.xml 文件中对 Fragment 所在的“包＋类”的描述，找到 Fragment 的实现类，并调用类中的 onCreateView()函数绘制界面元素。

AFragment.java 文件的核心代码如下。

```
1  public class AFragment extends Fragment{
2      @Override
3      public View onCreateView(LayoutInflater inflater, ViewGroup
                              container, Bundle savedInstanceState) {
4          return inflater.inflate(R.layout.frag_a, container, false);
5      }
6
7  }
```

AFragment 中只实现了 onCreateView()函数(第 3 行代码)，返回值是 AFragment 的视图。第 4 行代码使用 inflate()函数，通过指定资源文件 R.layout.frag_a，获取到 AFragment 的视图。

最后给出 frag_a.xml 文件的全部代码如下。

```
<?xml version="1.0" encoding="utf-8"?>
 <LinearLayout xmlns: android =" http://schemas. android. com/apk/res/android"
   android:layout_width="wrap_content"
   android:layout_height="wrap_content"
   android:orientation="vertical" >

   <TextView
       android:layout_width="wrap_content"
       android:layout_height="wrap_content"
       android:text="AFragment" />

   <TextView
       android:layout_width="wrap_content"
       android:layout_height="wrap_content"
       android:text="这是 AFragment 的显示区域,通过这行文字可以看到与 BFragment 的边界" />

   <CheckBox
       android:layout_width="wrap_content"
       android:layout_height="wrap_content"
       android:text="AF 选项" />

   <Button
       android:layout_width="wrap_content"
       android:layout_height="wrap_content"
       android:text="AF 按钮" />

</LinearLayout>
```

5.5.3 Tab 导航栏

在 5.2 节中介绍过使用 TabHost 和 TabActivity 实现 Tab 导航栏的功能，但因为 TabActivity 已经过期，所以这里介绍一种新方法，使用操作栏和 Fragment 实现 Tab 导航栏。

下面用 FragmentTab 示例说明如何使用操作栏和 Fragment 实现 Tab 导航栏，FragmentTab 示例的用户界面如图 5.39 所示。

第一个 Tab 页的标题为 FRAGMENT A，第二个 Tab 页的标题为 FRAGMENT B，两个 Tab 页分别加载了不同 Fragment，两个 Fragment 所显示的界面元素略有不同。从图 5.40 的文件结构可以看出，FragmentTab 示例和 FragmentDemo 示例中的一部分文

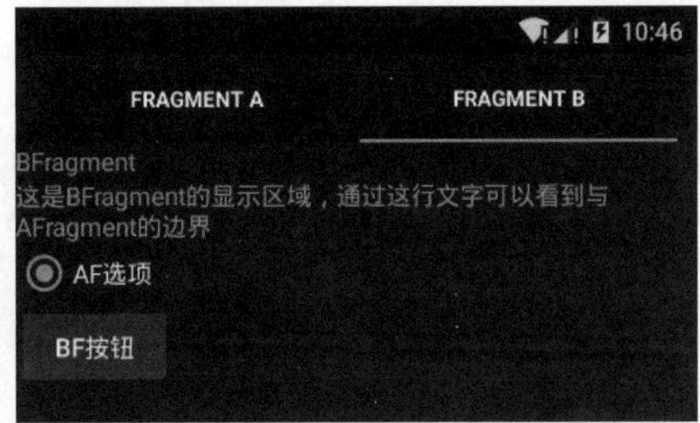

图 5.39　FragmentTab 示例的用户界面

件的文件名称是完全相同的，这些文件中的代码也是完全相同的。这些文件包括 AFragment.java、BFragment.java、frag_a.xml 和 frag_b.xml。这里就不再给出上述文件的源代码，读者可以参考 FragmentDemo 示例。

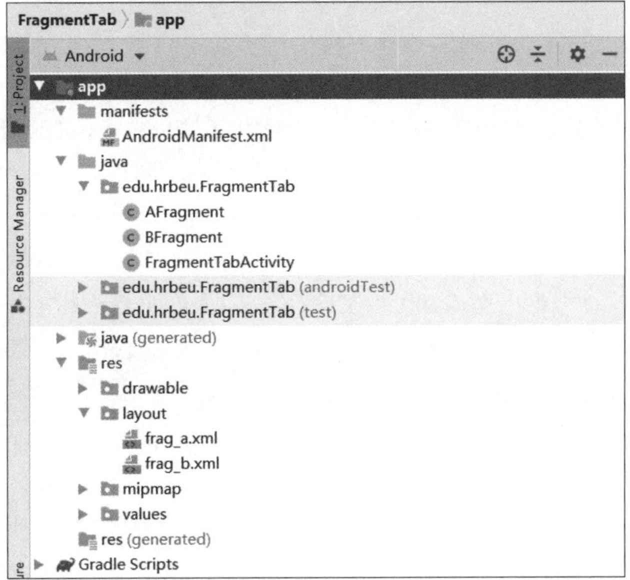

图 5.40　FragmentTab 示例的文件结构

建立 Tab 导航栏，以及将导航栏和 Fragment 关联起来的代码都在 FragmentTabActivity.java文件中。下面分别介绍 FragmentTabActivity.java 文件中的核心函数。

先给出 onCreate()函数的代码。

```
@Override
    public void onCreate(Bundle savedInstanceState) {
        super.onCreate(savedInstanceState);

        final ActionBar bar=getActionBar();
        bar.setNavigationMode(ActionBar.NAVIGATION_MODE_TABS);
        bar.setDisplayOptions(0, ActionBar.DISPLAY_SHOW_TITLE);
```

```
8
9          bar.addTab(bar.newTab()
10                 .setText("Fragment A")
11                 .setTabListener(new TabListener<AFragment>(this, "fa",
                   AFragment.class)));
12         bar.addTab(bar.newTab()
13                 .setText("Fragment B")
14                 .setTabListener(new TabListener<BFragment>(this, "fb",
                   BFragment.class)));
15
16         if(savedInstanceState!=null){
17            bar.setSelectedNavigationItem(savedInstanceState.getInt("tab",
              0));
18         }
19     }
```

第5行代码调用getActionBar()获取操作栏实例。

第6行代码将操作栏的导航模式设置为Tab导航栏模式，NAVIGATION_MODE_TABS常量的值为2。还支持的常量包括NAVIGATION_MODE_LIST（值为1）和NAVIGATION_MODE_STANDARD（值为0），分别表示列表导航栏和标准导航栏。

第7行代码用来设置操作栏的显示选项。setDisplayOptions(int options, int mask)函数表示options与mask取反。第7行代码的意思是关闭“显示标题文字（DISPLAY_SHOW_TITLE）”。setDisplayOptions()函数支持的常量如表5.4所示。

表5.4 setDisplayOptions()函数支持的常量

常　量	值	说　明
DISPLAY_HOME_AS_UP	4	在Home元素左侧显示回退按钮
DISPLAY_SHOW_CUSTOM	16	显示自定义视图
DISPLAY_SHOW_HOME	2	在操作栏中显示Home元素
DISPLAY_SHOW_TITLE	8	显示Activity的标题
DISPLAY_USE_LOGO	1	使用Logo代替程序图标

第9行代码使用add()函数添加Tab页，第10行代码设置Tab页的标题，第11行代码定义Tab页点击事件的监听函数。

第16行和第17行代码，表明如果Activity不是首次启动，则在savedInstanceState变量中获取当前Tab页的索引号。

onSaveInstanceState()函数在Activity临时退出时，将当前Tab页的索引号保存在Bundle中，代码如下。

```
@Override
protected void onSaveInstanceState(Bundle outState){
    super.onSaveInstanceState(outState);
```

```
    outState.putInt("tab", getActionBar().getSelectedNavigationIndex());
}
```

构造 Tab 导航栏的事件监听函数，必须实现 ActionBar.TabListener 接口，主要是实现接口中的 3 个函数，分别是 onTabSelected()、onTabUnselected() 和 onTabReselected()。onTabSelected()在当前 Tab 页被选中时调用，onTabUnselected()在其他 Tab 页被选中时调用，onTabReselected()在当前 Tab 页被再次选中时调用。

静态类 TabListener 的代码如下。

```
public static class TabListener<T extends Fragment> implements ActionBar.TabListener {
        private final Activity mActivity;
        private final String mTag;
        private final Class<T>mClass;
        private final Bundle mArgs;
        private Fragment mFragment;

        public TabListener(Activity activity, String tag, Class<T>clz){
            this(activity, tag, clz, null);
        }

        public TabListener(Activity activity, String tag, Class<T>clz, Bundle args){
            mActivity=activity;
            mTag=tag;
            mClass=clz;
            mArgs=args;

            mFragment=mActivity.getFragmentManager().findFragmentByTag(mTag);
            if(mFragment !=null && !mFragment.isDetached()){FragmentTransaction
                ft=mActivity.getFragmentManager().beginTransaction();
                ft.detach(mFragment);
                ft.commit();
            }
        }

        public void onTabSelected(Tab tab, FragmentTransaction ft){
            if(mFragment==null){
               mFragment=Fragment.instantiate(mActivity, mClass.getName(), mArgs);
               ft.add(android.R.id.content, mFragment, mTag);
            } else {
                ft.attach(mFragment);
            }
        }

        public void onTabUnselected(Tab tab, FragmentTransaction ft){
            if(mFragment!=null){
```

```
37                  ft.detach(mFragment);
38              }
39          }
40
41          public void onTabReselected(Tab tab, FragmentTransaction ft){
42              Toast.makeText(mActivity, "Reselected!", Toast.LENGTH_SHORT).show();
43          }
44      }
```

FragmentTransaction 是封装了 Fragment 变换所要用的函数，包括将 Fragment 加入 Activity 的 add()函数，将 Fragment 从当前界面分离的 Detach()函数，将被 Detach()函数分离的 Fragment 重新连接到界面的 attach()函数。

上面的代码具有一定的难度，部分内容涉及 Java 泛型编程的内容，例如第 1 行和第 12 行代码，读者可以参考 Java 语言的相关资料。

5.6 界面事件

在 Android 系统中，存在多种界面事件，如按键事件、触摸事件、焦点事件和菜单事件等，在这些事件发生时，Android 界面框架会调用界面控件的事件处理函数对事件进行处理。

5.6.1 按键事件

在 MVC 模型中，控制器根据界面事件(UI Event)类型不同，将事件传递给界面控件不同的事件处理函数。例如，按键事件(KeyEvent)将传递给 onKey()函数进行处理，触摸事件(TouchEvent)将传递给 onTouch()函数进行处理。

Android 系统界面事件的传递和处理遵循一定的规则。首先，如果界面控件设置了事件监听器，则事件将先传递给事件监听器；相反，如果界面控件没有设置事件监听器，界面事件则会直接传递给界面控件的其他事件处理函数。即使界面控件设置了事件监听器，界面事件也可以再次传递给其他事件处理函数，是否继续传递事件给其他处理函数是由事件监听器处理函数的返回值决定的。如果监听器处理函数的返回值为 true，则表示该事件已经完成处理过程，不需要其他处理函数参与处理过程，这样事件就不会再继续进行传递；反之，如果监听器处理函数的返回值为 false，则表示该事件没有完成处理过程，或需要其他处理函数捕获到该事件，事件会传递给其他的事件处理函数。

以 EditText 控件中的按键事件为例，说明 Android 系统界面事件传递和处理过程。假设 EditText 控件已经设置了按键事件监听器，当用户按下键盘上的某个按键时，控制器将产生 KeyEvent 按键事件。Android 系统会首先判断 EditText 控件是否设置了按键事件监听器，因为 EditText 控件已经设置按键事件监听器 OnKeyListener，所以按键事件先传递到监听器的事件处理函数 onKey()中。事件能否继续传递给 EditText 控件的其他事件处理函数，完全根据 onKey()函数的返回值来确定。如果 onKey()函数返回

false,则事件将继续传递,这样 EditText 控件就可以捕获到该事件,将按键的内容显示在 EditText 控件中。如果 onKey()函数返回 true,则将阻止按键事件的继续传递,这样 EditText 控件就不能够捕获按键事件,也就不能够将按键内容显示在 EditText 控件中。

Android 界面框架支持对按键事件的监听,并能够将按键事件的详细信息传递给处理函数。为了处理控件的按键事件,先需要设置按键事件的监听器,并重载 onKey()函数。示例代码如下。

```
1  entryText.setOnKeyListener(new OnKeyListener(){
2      @Override
3      public boolean onKey(View view, int keyCode, KeyEvent keyEvent){
4          //过程代码……
5          return true; //or false;
6      }
```

第 1 行代码是设置控件的按键事件监听器。在第 3 行代码的 onKey()函数中,第 1 个参数 view 表示产生按键事件的界面控件;第 2 个参数 keyCode 表示按键代码;第 3 个参数 keyEvent 则包含了事件的详细信息,如按键的重复次数、硬件编码和按键标志等。第 5 行是 onKey()函数的返回值,返回 true,阻止事件传递;返回 false,允许继续传递按键事件。

KeyEventDemo 是一个说明如何处理按键事件的示例。在这个示例中,用户界面如图 5.41 所示。

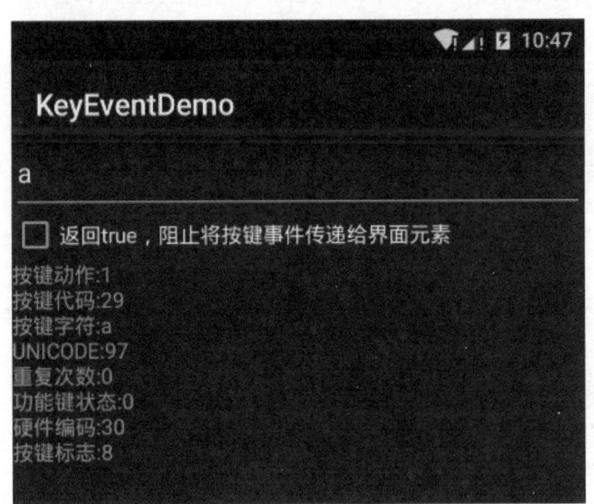

图 5.41　KeyEventDemo 示例的用户界面

在 KeyEventDemo 的用户界面中,最上方的 EditText 控件是输入字符的区域,中间的 CheckBox 控件用来控制 onKey()函数的返回值,最下方的 TextView 控件用来显示按键事件的详细信息,包括按键动作、按键代码、按键字符、UNICODE 编码、重复次数、功能键状态、硬件编码和按键标志。

界面的 XML 文件的代码如下。

```
<EditText android:id="@+id/entry"
```

```
    android:layout_width="match_parent"
    android:layout_height="wrap_content">
</EditText>
<CheckBox android:id="@+id/block"
    android:layout_width="wrap_content"
    android:layout_height="wrap_content"
    android:text="返回 true,阻止将按键事件传递给界面元素" >
</CheckBox>
<TextView android:id="@+id/label"
    android:layout_width="wrap_content"
    android:layout_height="wrap_content"
    android:text="按键事件信息" >
</TextView>
```

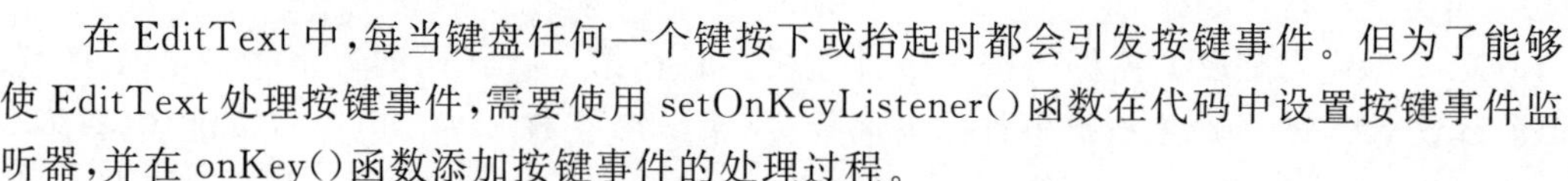
在 EditText 中，每当键盘任何一个键按下或抬起时都会引发按键事件。但为了能够使 EditText 处理按键事件，需要使用 setOnKeyListener()函数在代码中设置按键事件监听器，并在 onKey()函数添加按键事件的处理过程。

```
1  entryText.setOnKeyListener(new OnKeyListener(){
2      @Override
3      public boolean onKey(View view, int keyCode, KeyEvent keyEvent){
4          int metaState=keyEvent.getMetaState();
5          int unicodeChar=keyEvent.getUnicodeChar();
6          String msg="";
7          msg+="按键动作:"+String.valueOf(keyEvent.getAction())+"\n";
8          msg+="按键代码:"+String.valueOf(keyCode)+"\n";
9          msg+="按键字符:"+(char)unicodeChar+"\n";
10         msg+="UNICODE:"+String.valueOf(unicodeChar)+"\n";
11         msg+="重复次数:"+String.valueOf(keyEvent.getRepeatCount())+"\n";
12         msg+="功能键状态:"+String.valueOf(metaState)+"\n";
13         msg+="硬件编码:"+String.valueOf(keyEvent.getScanCode())+"\n";
14         msg+="按键标志:"+String.valueOf(keyEvent.getFlags())+"\n";
15         labelView.setText(msg);
16         if(checkBox.isChecked())
17             return true;
18         else
19             return false;
20         }
```

第 4 行代码用来获取功能键状态。功能键包括左 Alt 键、右 Alt 键和 Shift 键，当这 3 个功能键被按下时，功能键代码 metaState 值分别为 18、34 和 65；若没有功能键被按下时，则功能键代码 metaState 值为 0。第 5 行代码获取了按键的 Unicode 值，在第 9 行中，将 Unicode 转换为字符，显示在 TextView 中。第 7 行代码获取了按键动作，0 表示按下按键，1 表示抬起按键。第 7 行代码获取按键的重复次数，但按键被长时间按下时，会产生这个属性值。第 13 行代码获取了按键的硬件编码,不同硬件设备的按键硬件编码不相同,因此该值一般用于调试。第 14 行代码获取了按键事件的标志符。

5.6.2 触摸事件

伴随着触摸屏的普及,手机的操作方式也随之改变,用户已经不满足键盘的操作方式,而是更加倾心于使用手指在屏幕上进行操作。

Android 界面框架支持对触摸事件的监听,并能够将触摸事件的详细信息传递给处理函数。为了处理控件的触摸事件,首先需要设置触摸事件的监听器,并重载 onTouch()函数,示例代码如下。

```
1  touchView.setOnTouchListener(new View.OnTouchListener(){
2      @Override
3      public boolean onTouch(View v, MotionEvent event){
4          //过程代码……
5          return true/false;
6      }
```

第 1 行代码是设置控件的触摸事件监听器。在第 3 行代码的 onTouch()函数中,第 1 个参数 v 表示产生触摸事件的界面控件;第 2 个参数 event 是触摸事件的详细信息,如产生时间、坐标和触点压力等。第 5 行代码是 onTouch()函数的返回值。

TouchEventDemo 是一个说明如何处理触摸事件的示例。在这个示例中,用户界面如图 5.42 所示。

图 5.42 TouchEventDemo 示例的用户界面

在 TouchEventDemo 的用户界面中，上方浅色区域是可以接收触摸事件的区域，用户可以在 Android 模拟器中使用鼠标点击屏幕，用以模拟触摸手机屏幕。下方黑色区域是显示区域，用来显示触摸事件的类型、相对坐标、绝对坐标、触点压力、触点尺寸和历史数据量等信息。

在用户界面中使用了线性布局，并加入了 3 个 TextView 控件，第一个 TextView(ID 为 touch_area)用来标识触摸事件的测试区域，第二个 TextView(ID 为 history_label)用来显示触摸事件的历史数据量，第三个 TextView(ID 为 event_label)用来显示触摸事件的详细信息，包括类型、相对坐标、绝对坐标、触点压力和触点尺寸。XML 文件的代码如下。

```
1  <?xml version="1.0" encoding="utf-8"?>
2  <LinearLayout xmlns:android="http://schemas.android.com/apk/res/android"
3      android:orientation="vertical"
4      android:layout_width="match_parent"
5      android:layout_height="match_parent">
6      <TextView android:id="@+id/touch_area"
7          android:layout_width="match_parent"
8          android:layout_height="300dip"
9          android:background="#80A0FF"
10         android:textColor="#FFFFFF"
11         android:text="触摸事件测试区域">
12     </TextView>
13     <TextView android:id="@+id/history_label"
14         android:layout_width="wrap_content"
15         android:layout_height="wrap_content"
16         android:text="历史数据量:">
17     </TextView>
18     <TextView android:id="@+id/event_label"
19         android:layout_width="wrap_content"
20         android:layout_height="wrap_content"
21         android:text="触摸事件:">
22     </TextView>
23 </LinearLayout>
```

上面的代码中，第 9 行定义了 TextView 的背景颜色，#80A0FF 是颜色代码。第 10 行定义了 TextView 的字体颜色。

为了能够引用 XML 文件中声明的界面元素，使用了下面的代码。

```
TextView labelView=null;
labelView=(TextView)findViewById(R.id.event_label);
TextView touchView=(TextView)findViewById(R.id.touch_area);
final TextView historyView=(TextView)findViewById(R.id.history_label);
```

当手指接触到触摸屏、在触摸屏上移动或离开触摸屏时，分别会引发 ACTION_

DOWN、ACTION_UP 和 ACTION_MOVE 触摸事件，而无论是哪种触摸事件，都会调用 onTouch()函数进行处理。事件类型包含在 onTouch()函数的 MotionEvent 参数中，可以通过 getAction()函数获取到触摸事件的类型，然后根据触摸事件的不同类型进行不同的处理。但为了能够使屏幕最上方的 TextView 处理触摸事件，需要使用 setOnTouchListener()函数在代码中设置触摸事件监听器，并在 onTouch()函数添加触摸事件的处理过程。

```
1  touchView.setOnTouchListener(new View.OnTouchListener(){
2              @Override
3              public boolean onTouch(View v, MotionEvent event){
4                  int action=event.getAction();
5                  switch(action){
6                    case(MotionEvent.ACTION_DOWN):
7                        Display("ACTION_DOWN",event);
8                        break;
9                    case(MotionEvent.ACTION_UP):
10                       int historySize=ProcessHistory(event);
11                       historyView.setText("历史数据量:"+historySize);
12                       Display("ACTION_UP",event);
13                       break;
14                   case(MotionEvent.ACTION_MOVE):
15                       Display("ACTION_MOVE",event);
16                       break;
17               }
18               return true;
19           }
20       });
```

第 7 行代码的 Display()是一个自定义函数，主要用来显示触摸事件的详细信息，函数的代码和含义将在后面进行介绍。第 10 行代码的 ProcessHistory()也是一个自定义函数，用来处理触摸事件的历史数据，也会在后面进行介绍。第 11 行代码是使用 TextView 显示历史数据的数量。

MotionEvent 参数中不仅有触摸事件的类型信息，还有触点的坐标信息，获取方法是使用 getX()和 getY()函数，这两个函数获取的是触点相对于父界面元素的坐标信息。如果需要获取绝对坐标信息，则可以使用 getRawX()和 getRawY()函数。触点压力是一个 0～1 的浮点数，用来表示用户对触摸屏施加压力的大小，接近 0 表示压力较小，接近 1 表示压力较大，获取触摸事件触点压力的方式是调用 getPressure()函数。触点尺寸指用户接触触摸屏的接触点大小，也是一个 0～1 的浮点数，接近 0 表示尺寸较小，接近 1 表示尺寸较大，可以使用 getSize()函数获取。

Display()将 MotionEvent 参数中的事件信息提取出来，并显示在用户界面上。

```
private void Display(String eventType, MotionEvent event){
        int x=(int)event.getX();
        int y=(int)event.getY();
        float pressure=event.getPressure();
        float size=event.getSize();
        int RawX=(int)event.getRawX();
        int RawY=(int)event.getRawY();

        String msg="";
        msg+="事件类型:"+eventType+"\n";
        msg+="相对坐标:"+String.valueOf(x)+","+String.valueOf(y)+"\n";
        msg+="绝对坐标:"+String.valueOf(RawX)+","+String.valueOf(RawY)+"\n";
        msg+="触点压力:"+String.valueOf(pressure)+",";
        msg+="触点尺寸:"+String.valueOf(size)+"\n";
        labelView.setText(msg);
    }
```

一般情况下，如果用户将手指放在触摸屏上，但不移动，然后抬起手指，应先后产生ACTION_DOWN和ACTION_UP两个触摸事件。但如果用户在屏幕上移动手指，然后再抬起手指，则会产生这样的事件序列ACTION_DOWN→ACTION_MOVE→ACTION_MOVE→ACTION_MOVE→…→ACTION_UP。

在手机上运行的应用程序，效率是非常重要的。如果Android界面框架不能产生足够多的触摸事件，则应用程序就不能够很精确地描绘触摸屏上的触摸轨迹；相反，如果Android界面框架产生了过多的触摸事件，虽然能够满足精度的要求，但却降低了应用程序效率。Android界面框架使用了“打包”的解决方法。在触点移动速度较快时会产生大量的数据，每经过一定的时间间隔便会产生一个ACTION_MOVE事件，在这个事件中，除了有当前触点的相关信息外，还包含这段时间间隔内触点轨迹的历史数据信息，这样既能够保持精度，又不至于产生过多的触摸事件。通常情况下，在ACTION_MOVE的事件处理函数中，都先处理历史数据，然后再处理当前数据。

```
private int ProcessHistory(MotionEvent event)
    {
        int historySize=event.getHistorySize();
        for(int i=0; i<historySize; i++){
            long time=event.getHistoricalEventTime(i);
            float pressure=event.getHistoricalPressure(i);
            float x=event.getHistoricalX(i);
            float y=event.getHistoricalY(i);
            float size=event.getHistoricalSize(i);

            //处理过程……
        }
```

```
13          return historySize;
14      }
```

在 ProcessHistory()函数中，第 3 行代码获取历史数据的数量，然后在第 4～12 行代码中循环处理这些历史数据。第 5 行代码获取历史事件的发生时间，第 6 行代码获取历史事件的触点压力，第 7 行和第 8 行代码获取历史事件的相对坐标，第 9 行代码获取历史事件的触点尺寸。在第 13 行代码返回历史数据的数量，主要是用于界面显示。

Android 模拟器并不支持触点压力和触点尺寸的模拟，所有触点压力恒为 0.50390625。同时，在 Android 模拟器上也无法产生历史数据，因此历史数据量一直显示为 0。

习　题

1. 简述 6 种界面布局的特点。

2. 参考图 5.43 中界面控件的摆放位置，使用多种布局方法实现用户界面，并对比各种布局实现的复杂程度和对不同屏幕尺寸的适应能力。

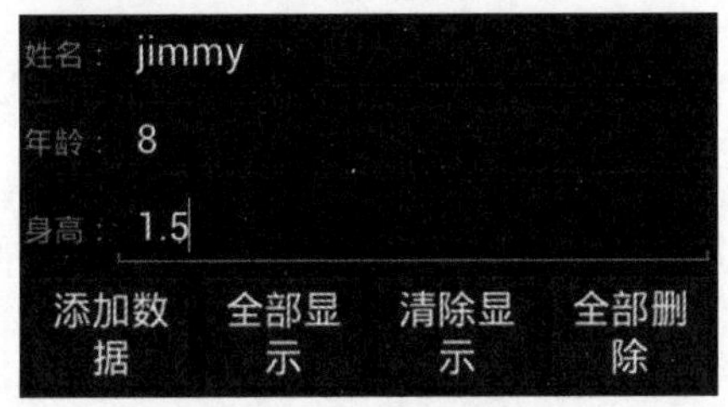

图 5.43　界面示例

3. 简述 Android 系统 3 种菜单的特点及其使用方式。

4. 说明使用操作栏为程序开发所带来的便利。

第 6 章 chapter 6

思政材料

组件通信与广播消息

Intent 是一种消息传递机制，用于组件之间数据交换和发送广播消息。通过本章的学习可以让读者了解 Android 系统的组件通信原理，掌握利用 Intent 启动其他组件，以及获取信息和发送广播消息的方法。

本章学习目标：

- 了解使用 Intent 进行组件通信的原理；
- 掌握使用 Intent 启动 Activity 的方法；
- 掌握获取 Activity 返回值的方法；
- 了解 Intent 过滤器的原理与匹配机制；
- 掌握发送和接收广播消息的方法。

6.1 Intent 简介

Intent 是一种轻量级的消息传递机制，可以在同一个应用程序内部的不同组件之间传递信息，也可以在不同应用程序的组件之间传递信息，还可以作为广播事件发布 Android 系统消息。由于 Intent 的存在，使得 Android 系统中互相独立的组件成为了一个可以互相通信的组件集合。因此，无论这些组件是否在同一个应用程序中，Intent 都可以将一个组件的数据或动作传递给另一个组件。

Intent 是一个动作的完整描述，包含了动作的产生组件、接收组件和传递的数据信息，接收组件在接收到 Intent 所传递的消息后，会执行响应的动作。因此，Intent 可以非常方便地启动其他组件，如启动 Activity 或 Service。Intent 支持显式或隐式启动组件，显式启动需要指明需要加载组件的类，隐式启动则无须指明具体的类，只要提供需要处理的数据或动作即可。隐式启动的好处是不必与某个具体的组件耦合，降低了 Android 系统中组件之间的耦合度，有利于组件分离，并允许无缝地替换应用程序中的元素。

Intent 的另一个用途是在 Android 系统上发布广播消息。广播消息可以是程序的内部消息，可以是第三方程序发出的消息，也可以是 Android 系统消息，如手机的信号变化或电池的电量过低等信息。任何程序都可以根据需要发布广播消息，其他程序也可以通过注册 Intent 过滤器获得这些广播消息。

6.1.1 启动 Activity

在 Android 系统中，应用程序一般都有多个 Activity，Intent 可以实现不同 Activity 之间的切换和数据传递。Intent 启动 Activity 的方式可以分为显式启动和隐式启动。显式启动必须在 Intent 中指明启动的 Activity 所在的类，而隐式启动则由 Android 系统，根据 Intent 的动作和数据来决定启动哪一个 Activity。也就是说在隐式启动时，Intent 中只包含需要执行的动作和所包含的数据，而无须指明具体启动哪一个 Activity，选择权由 Android 系统和最终用户来决定。

1. 显式启动

使用 Intent 来显式启动 Activity，首先需要创建一个 Intent，并为它指定当前的应用程序上下文以及要启动的 Activity，把创建好的 Intent 作为参数传递给 startActivity() 方法。

```
Intent intent=new Intent(IntentDemo.this, ActivityToStart.class);
startActivity(intent);
```

下面用 IntentDemo 示例说明如何使用 Intent 启动新的 Activity。IntentDemo 示例包含两个 Activity，分别是 IntentDemoActivity 和 NewActivity。程序默认启动的 Activity 是 IntentDemo，在用户点击“启动 ACTIVITY”按钮后，程序启动的 Activity 是 NewActivity，如图 6.1 所示。

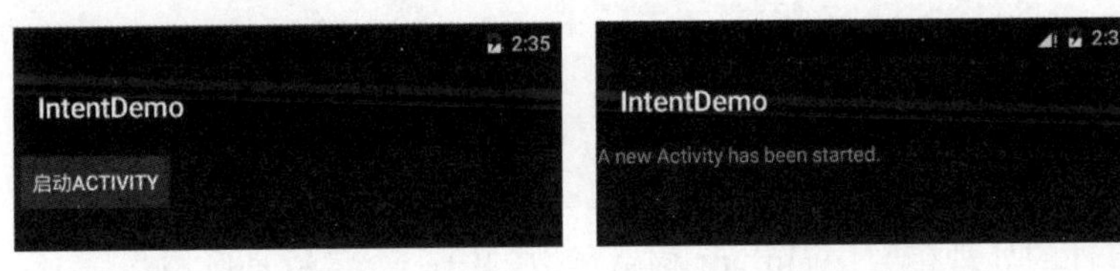

(a) IntentDemoActivity (b) NewActivity

图 6.1 IntentDemo 示例的用户界面

在 IntentDemo 示例中使用了两个 Activity，因此需要在 AndroidManifest.xml 文件中注册这两个 Activity。注册 Activity 应使用<activity>标签，嵌套在<application>标签内部。

AndroidManifest.xml 文件代码如下。

```
<?xml version="1.0" encoding="utf-8"?>
<manifest xmlns:android="http://schemas.android.com/apk/res/android"
    package="edu.hrbeu.IntentDemo"
    android:versionCode="1"
    android:versionName="1.0">
    <application android:icon="@drawable/icon" android:label=
    "@string/app_name">
        <activity android:name=".IntentDemo"
```

```
            android:label="@string/app_name">
            <intent-filter>
                <action android:name="android.intent.action.MAIN" />
                <category android:name="android.intent.category.LAUNCHER" />
            </intent-filter>
        </activity>
        <activity android:name=".NewActivity"
                android:label="@string/app_name">
        </activity>
    </application>
    <uses-sdk android:minSdkVersion="14" />
</manifest>
```

Android应用程序中，用户使用的每个组件都必须在AndroidManifest.xml文件中的<application>节点内定义。在上面的代码中，<application>节点下共有两个<activity>节点，分别代表应用程序中所使用的两个Activity：IntentDemoActivity和NewActivity。

在IntentDemoActivity.java文件中，包含了使用Intent启动Activity的核心代码。

```
Button button=(Button)findViewById(R.id.btn);
button.setOnClickListener(new OnClickListener(){
    public void onClick(View view){
        Intent intent=new Intent(IntentDemoActivity.this,
        NewActivity.class);
        startActivity(intent);
    }
});
```

在按键事件的处理函数中，Intent构造函数的第1个参数是应用程序上下文，在这里就是IntentDemoActivity；第2个参数是接收Intent的目标组件，这里使用的是显式启动方式，直接指明了需要启动的Activity。

2. 隐式启动

隐式启动的好处在于不需要指明需要启动哪一个Activity，而由Android系统来决定，这样有利于降低组件之间的耦合度。

选择隐式启动Activity，Android系统会在程序运行时解析Intent，并根据一定的规则对Intent和Activity进行匹配，使Intent上的动作、数据与Activity完全吻合。匹配的组件可以是程序本身的Activity，也可以是Android系统内置的Activity，还可以是第三方应用程序提供的Activity。因此，这种方式强调了Android组件的可复用性。

例如，如果程序开发人员希望启动一个浏览器，查看指定的网页内容，却不能确定具体应该启动哪一个Activity，此时则可以使用Intent的隐式启动方式，由Android系统在程序运行时决定具体启动哪一个应用程序的Activity来接收这个Intent。程序开发人员可以将浏览动作和 Web 地址作为参数传递给 Intent，Android 系统则通过匹配动作和数据格式，找到最适合此动作和数据格式的组件。

```
Intent intent=new Intent(Intent.ACTION_VIEW, Uri.parse("http://www.baidu.com"));
startActivity(intent);
```

Intent 的动作是 Intent.ACTION_VIEW，数据是 Web 地址，使用 Uri.parse(urlString)方法，可以简单地把一个字符串解释成 URI 对象。Android 系统在匹配 Intent 时，首先根据动作 Intent.ACTION_VIEW，得知需要启动具备浏览功能的 Activity，但具体是浏览电话号码还是浏览网页，还需要根据 URI 的数据类型来做最后判断。因为数据提供的是 Web 地址 http://www.baidu.com，所以最终可以判定 Intent 需要启动具有网页浏览功能的 Activity。在默认情况下，Android 系统会调用内置的 Web 浏览器。

Intent 的语法如下。

```
Intent intent=new Intent(Intent.ACTION_VIEW, Uri.parse(urlString));
```

Intent 构造函数的第 1 个参数是 Intent 需要执行的动作，Android 系统支持的常见动作字符串常量可以参考表 6.1。第 2 个参数是 Uri，表示需要传递的数据。

表 6.1　Intent 常见动作字符串常量

动　作	说　明
ACTION_ANSWER	打开接听电话的 Activity，默认为 Android 内置的拨号界面
ACTION_CALL	打开拨号盘界面并拨打电话，使用 URI 中的数字部分作为电话号码
ACTION_DELETE	打开一个 Activity，对所提供的数据进行删除操作
ACTION_DIAL	打开内置拨号界面，显示 URI 中提供的电话号码
ACTION_EDIT	打开一个 Activity，对所提供的数据进行编辑操作
ACTION_INSERT	打开一个 Activity，在提供数据的当前位置插入新项
ACTION_PICK	启动一个子 Activity，从提供的数据列表中选取一项
ACTION_SEARCH	启动一个 Activity，执行搜索动作
ACTION_SENDTO	启动一个 Activity，向数据提供的联系人发送信息
ACTION_SEND	启动一个可以发送数据的 Activity
ACTION_VIEW	最常用的动作，对以 URI 方式传送的数据，根据 URI 协议部分以最佳方式启动相应的 Activity 进行处理。对于 http:address 将打开浏览器查看；对于 tel:address 将打开拨号界面并呼叫指定的电话号码
ACTION_WEB_SEARCH	打开一个 Activity，对提供的数据进行 Web 搜索

WebViewIntentDemo 示例演示如何隐式启动 Activity，用户界面如图 6.2(a)所示。

当用户在文本框中输入 Web 地址后，通过点击“浏览此 URL”按钮，程序根据用户输入的 Web 地址生成一个 Intent，并以隐式启动的方式调用 Android 内置的 Web 浏览器，并打开指定的 Web 页面。本例输入的 Web 地址为 http://www.baidu.com，打开页面后的效果如图 6.2(b)所示。

(a) 输入网址界面

(b) 打开Web后的界面

图 6.2　WebViewIntentDemo 用户界面

6.1.2　获取 Activity 返回值

在 6.1.1 节的 IntentDemo 示例中，通过 startActivity(Intent)方法启动 Activity，启动后的两个 Activity 之间相互独立，没有任何的关联。在很多情况下，后启动的 Activity 是为了让用户对特定信息进行选择，在后启动的 Activity 关闭时，这些信息是需要返回给先前启动的 Activity。后启动的 Activity 称为“子 Activity”，先启动的 Activity 称为“父 Activity”。如果需要将子 Activity 的信息返回给父 Activity，则可以使用 Sub-Activity 的方式去启动子 Activity。

获取子 Activity 的返回值，一般可以分为以下 3 个步骤：

(1) 以 Sub-Activity 的方式启动子 Activity；

(2) 设置子 Activity 的返回值；

(3) 在父 Activity 中获取返回值。

下面详细介绍每个步骤的过程和代码实现。

1. 以 Sub-Activity 的方式启动子 Activity

以 Sub-Activity 方式启动子 Activity，需要调用 startActivityForResult(Intent, requestCode)函数，参数 Intent 用于决定启动哪个 Activity，参数 requestCode 是请求码。因为所有子 Activity 返回时，父 Activity 都调用相同的处理函数，因此，父 Activity 使用 requestCode 来确定数据是哪一个子 Activity 返回的。

显式启动子 Activity 的代码如下。

```
int SUBACTIVITY1=1;
Intent intent=new Intent(this, SubActivity1.class);
startActivityForResult(intent, SUBACTIVITY1);
```

隐式启动子 Activity 的代码如下。

```
int SUBACTIVITY2=2;
```

```
Uri uri=Uri.parse("content://contacts/people");
Intent intent=new Intent(Intent.ACTION_PICK, uri);
startActivityForResult(intent, SUBACTIVITY2);
```

2. 设置子 Activity 的返回值

在子 Activity 调用 finish()函数关闭前，调用 setResult()函数设定需要返回给父 Activity 的数据。setResult()函数有两个参数，一个是结果码，一个是返回值。结果码表明子 Activity 的返回状态，通常为 Activity.RESULT_OK(正常返回数据)或者 Activity.RESULT_CANCELED(取消返回数据)，也可以是自定义的结果码，结果码均为整数类型。返回值封装在 Intent 中，也就是说，子 Activity 通过 Intent 将需要返回的数据传递给父 Activity。数据主要以 URI 形式返回给父 Activity，此外还可以附加一些额外信息，这些额外信息用 Extra 的集合表示。

以下代码说明如何在子 Activity 中设置返回值。

```
Uri data=Uri.parse("tel:"+tel_number);
Intent result=new Intent(null, data);
result.putExtra("address", "JD Street");
setResult(RESULT_OK, result);
finish();
```

3. 在父 Activity 中获取返回值

当子 Activity 关闭后，父 Activity 会调用 onActivityResult()函数，用来获取子 Activity 的返回值。如果需要在父 Activity 中处理子 Activity 的返回值，则重载此函数即可。onActivityResult()函数的语法如下。

```
public void onActivityResult (int requestCode, int resultCode, Intent data);
```

其中第 1 个参数 requestCode 是请求码，用来判断第 3 个参数是哪一个子 Activity 的返回值；resultCode 用于表示子 Activity 的数据返回状态；data 是子 Activity 的返回数据，返回数据类型是 Intent。根据返回数据的用途不同，URI 数据的协议则不同，也可以使用 Extra 方法返回一些原始类型的数据。

以下代码说明如何在父 Activity 中处理子 Activity 的返回值。

```
private static final int SUBACTIVITY1=1;
private static final int SUBACTIVITY2=2;

@Override
public void onActivityResult(int requestCode, int resultCode, Intent data){
    Super.onActivityResult(requestCode, resultCode, data);
    switch(requestCode){
        case SUBACTIVITY1:
```

```
9              if(resultCode==Activity.RESULT_OK){
10                 Uri uriData=data.getData();
11             }else if(resultCode==Activity.RESULT_CANCEL){
12             }
13         break;
14         case SUBACTIVITY2:
15             if(resultCode==Activity.RESULT_OK){
16                 Uri uriData=data.getData();
17             }
18         break;
19     }
20 }
```

第1行和第2行代码是两个子Activity的请求码，在第7行对请求码进行匹配。第9行和第11行代码对结果码进行判断，如果返回的结果码是Activity.RESULT_OK，则在代码的第10行使用getData()函数获取Intent中的URI数据；如果返回的结果码是Activity.RESULT_CANCELED，则放弃所有操作。

ActivityCommunication示例演示了如何以Sub-Activity方式启动子Activity，以及如何使用Intent进行组件间通信。

该示例的主界面如图6.3所示。当用户点击“启动ACTIVITY1”和“启动ACTIVITY2”按钮时，程序将分别启动子SubActivity1和SubActivity2，如图6.4所示。SubActivity1

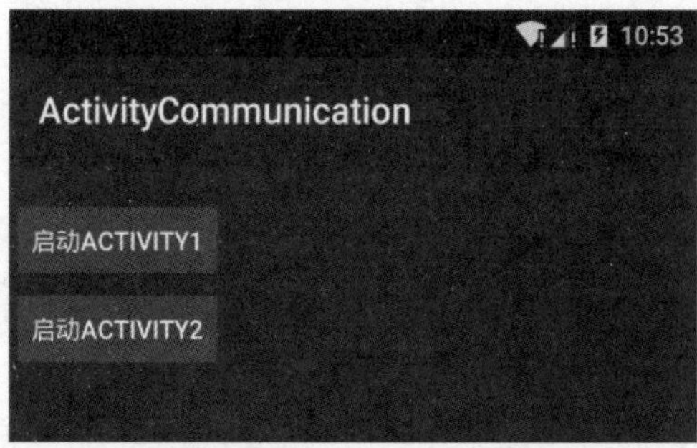

图6.3 ActivityCommunication用户界面

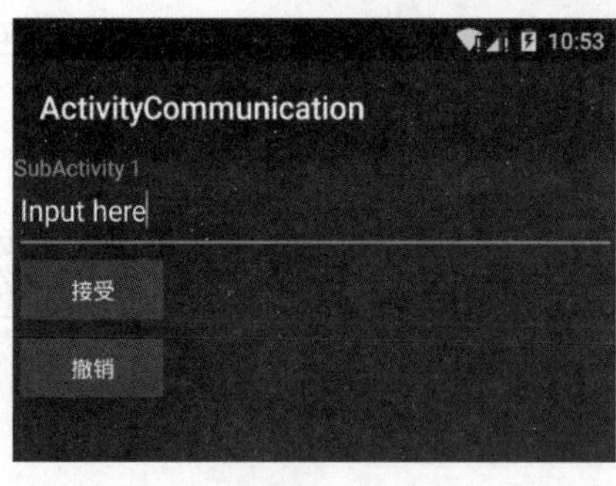

(a) SubActivity1

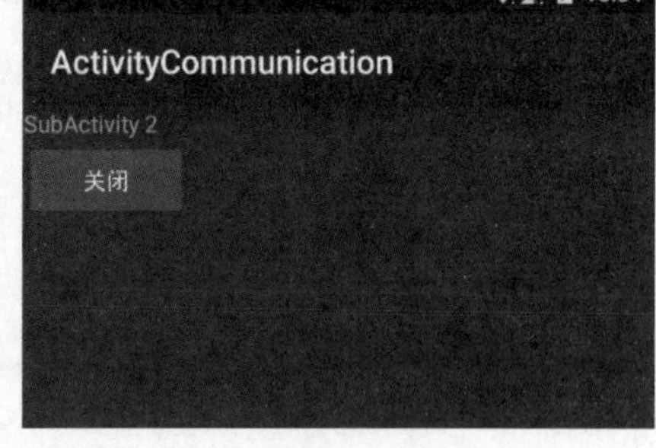

(b) SubActivity2

图6.4 ActivityCommunication的两个子Activity

提供了一个输入框，以及“接受”和“撤销”两个按钮。如果在输入框中输入信息后点击“接受”按钮，程序会把输入框中的信息传递给其父 Activity，并在父 Activity 的界面上显示。而如果用户点击“撤销”按钮，则程序不会向父 Activity 传递任何信息。SubActivity2 主要是为了说明如何在父 Activity 中处理多个子 Activity，因此仅提供了用于关闭 SubActivity2 的“关闭”按钮。

ActivityCommunication 示例的文件结构如图 6.5 所示，父 Activity 的代码在 ActivityCommunication.java 文件中，界面布局在 main.xml 中；两个子 Activity 的代码分别在 SubActivity1.java 和 SubActivity2.java 文件中，界面布局分别在 subactivity1 .xml 和 subactivity2.xml 中。

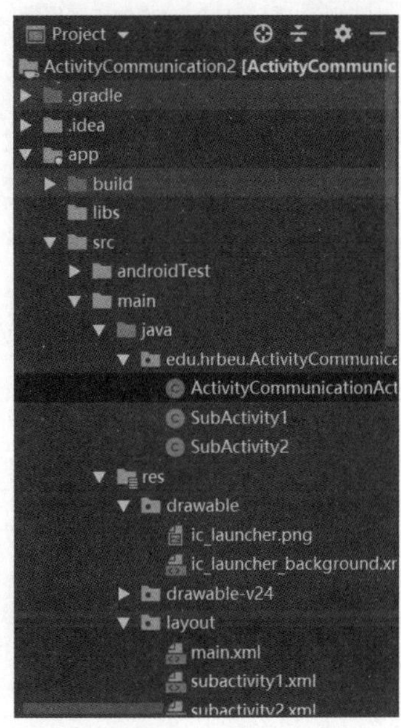

图 6.5 ActivityCommunication 示例的文件结构

ActivityCommunicationActivity.java 文件的核心代码如下。

```
public class ActivityCommunicationActivity extends Activity {
    private static final int SUBACTIVITY1=1;
    private static final int SUBACTIVITY2=2;
    TextView textView;
    @Override
    public void onCreate(Bundle savedInstanceState){
        super.onCreate(savedInstanceState);
        setContentView(R.layout.main);
        textView=(TextView)findViewById(R.id.textShow);
        final Button btn1=(Button)findViewById(R.id.btn1);
        final Button btn2=(Button)findViewById(R.id.btn2);

        btn1.setOnClickListener(new OnClickListener(){
```

```
14            public void onClick(View view){
15            Intent intent=new Intent(ActivityCommunication.this,
              SubActivity1.class);
16            startActivityForResult(intent, SUBACTIVITY1);
17            }
18        });
19
20        btn2.setOnClickListener(new OnClickListener(){
21            public void onClick(View view){
22            Intent intent=new Intent(ActivityCommunication.this,
              SubActivity2.class);
23            startActivityForResult(intent, SUBACTIVITY2);
24            }
25        });
26    }
27
28    @Override
29    protected void onActivityResult(int requestCode, int resultCode,
      Intent data){
30        super.onActivityResult(requestCode, resultCode, data);
31
32        switch(requestCode){
33        case SUBACTIVITY1:
34            if(resultCode==RESULT_OK){
35                Uri uriData=data.getData();
36                textView.setText(uriData.toString());
37            }
38            break;
39        case SUBACTIVITY2:
40            break;
41        }
42    }
43 }
```

第2行和第3行代码分别定义了两个子Activity的请求码。第16行和第23行代码以Sub-Activity的方式分别启动两个子Activity。第29行代码是子Activity关闭后的返回值处理函数，其中，requestCode是子Activity返回的请求码，与第2行和第3行代码定义的两个请求码相匹配；resultCode是结果码，第32行代码对结果码进行判断，如果等于RESULT_OK，在第35行代码获取子Activity返回值中的数据；data是返回值，子Activity需要返回的数据就保存在data中。

SubActivity1.java的核心代码如下。

```
public class SubActivity1 extends Activity {
    @Override
    public void onCreate(Bundle savedInstanceState){
```

```
4          super.onCreate(savedInstanceState);
5          setContentView(R.layout.subactivity1);
6          final EditText editText=(EditText)findViewById(R.id.edit);
7          Button btnOK=(Button)findViewById(R.id.btn_ok);
8          Button btnCancel=(Button)findViewById(R.id.btn_cancel);
9
10         btnOK.setOnClickListener(new OnClickListener(){
11             public void onClick(View view){
12                 String uriString=editText.getText().toString();
13                 Uri data=Uri.parse(uriString);
14                 Intent result=new Intent(null, data);
15                 setResult(RESULT_OK, result);
16                 finish();
17             }
18         });
19
20         btnCancel.setOnClickListener(new OnClickListener(){
21             public void onClick(View view){
22                 setResult(RESULT_CANCELED, null);
23                 finish();
24             }
25         });
26     }
27 }
```

第13行代码将EditText控件的内容作为数据保存在URI中，并在第14行代码中构造Intent。在第15行代码中，RESUIT_OK作为结果码，通过调用setResult()函数，将result设定为返回值。最后在第16行代码调用finish()函数关闭当前的子Activity。

SubActivity2.java的核心代码如下。

```
1  public class SubActivity2 extends Activity {
2      @Override
3      public void onCreate(Bundle savedInstanceState){
4          super.onCreate(savedInstanceState);
5          setContentView(R.layout.subactivity2);
6
7          Button btnReturn=(Button)findViewById(R.id.btn_return);
8          btnReturn.setOnClickListener(new OnClickListener(){
9              public void onClick(View view){
10                 setResult(RESULT_CANCELED, null);
11                 finish();
12             }
13         });
14     }
15 }
```

在SubActivity2的代码中，第10行的setResult()函数仅设置了结果码，第2个参数为null，表示没有数据需要传递给父Activity。

6.2 Intent 过滤器

隐式启动 Activity 时，并没有在 Intent 中指明 Activity 所在的类，因此，Android 系统一定存在某种匹配机制，使 Android 系统能够根据 Intent 中的数据信息，找到需要启动的 Activity。这种匹配机制是依靠 Android 系统中的 Intent 过滤器(Intent Filter)来实现的。

Intent 过滤器是一种根据 Intent 中的动作(action)、类别(category)和数据(data)等内容，对适合接收该 Intent 的组件进行匹配和筛选的机制。Intent 过滤器可以匹配数据类型、路径和协议，还可以确定多个匹配项顺序的优先级(Priority)。应用程序的 Activity、Service 和 BroadcastReceiver 组件都可以注册 Intent 过滤器。这样，这些组件在特定的数据格式上就可以产生相应的动作。

为了使组件能够注册 Intent 过滤器，通常在 AndroidManifest.xml 文件的各个组件下定义<intent-filter>节点，然后在<intent-filter>节点中声明该组件所支持的动作、执行的环境和数据格式等信息。当然，也可以在程序代码中动态地为组件设置 Intent 过滤器。<intent-filter>节点支持<action>标签、<category>标签和<data>标签，分别用来定义 Intent 过滤器的“动作”“类别”和“数据”。<intent-filter>节点支持的标签和属性说明参考表 6.2。

表 6.2 <intent-filter>节点属性

标签	属性	说明
<action>	android:name	指定组件所能响应的动作，用字符串表示，通常由 Java 类名和包的完全限定名构成
<category>	android:category	指定以何种方式去服务 Intent 请求的动作
<data>	android:host	指定一个有效的主机名
	android:mimetype	指定组件能处理的数据类型
	android:path	有效的 URI 路径名
	android:port	主机的有效端口号
	android:scheme	所需要的特定协议

<category>标签用来指定 Intent 过滤器的服务方式，每个 Intent 过滤器可以定义多个<category>标签，程序开发人员可以使用自定义的类别，或使用 Android 系统提供的类别。Android 系统提供的类别可以参考表 6.3。

表 6.3 Android 系统提供的类别

值	说明
ALTERNATIVE	Intent 数据默认动作的一个可替换的执行方法

续表

值	说明
SELECTED_ALTERNATIVE	和 ALTERNATIVE 类似，但替换的执行方法不是指定的，而是被解析出来的
BROWSABLE	声明 Activity 可以由浏览器启动
DEFAULT	为 Intent 过滤器中定义的数据提供默认动作
HOME	设备启动后显示的第一个 Activity
LAUNCHER	在应用程序启动时首先被显示

AndroidManifest.xml 文件中每个组件的<intent-filter>都被解析成一个 Intent 过滤器对象。当应用程序安装到 Android 系统时，所有的组件和 Intent 过滤器都会注册到 Android 系统中。这样，Android 系统便可以将任何一个 Intent 请求通过 Intent 过滤器映射到相应的组件上。

这种 Intent 到 Intent 过滤器的映射过程称为“Intent 解析”。Intent 解析可以在所有的组件中找到一个可以与请求的 Intent 达成最佳匹配的 Intent 过滤器。Android 系统中 Intent 解析的匹配规则如下。

(1) Android 系统把所有应用程序包中的 Intent 过滤器集合在一起，形成一个完整的 Intent 过滤器列表。

(2) 在 Intent 与 Intent 过滤器进行匹配时，Android 系统会将列表中所有 Intent 过滤器的“动作”和“类别”与 Intent 进行匹配，任何不匹配的 Intent 过滤器都将被过滤掉。没有指定“动作”的 Intent 过滤器可以匹配任何的 Intent，但是没有指定“类别”的 Intent 过滤器只能匹配没有“类别”的 Intent。

(3) 把 Intent 数据 URI 的每个子部与 Intent 过滤器的<data>标签中的属性进行匹配，如果<data>标签指定了协议、主机名、路径名或 MIME 类型，那么这些属性都要与 Intent 的 URI 数据部分进行匹配，任何不匹配的 Intent 过滤器均被过滤掉。

(4) 如果 Intent 过滤器的匹配结果多于一个，则可以根据在<intent-filter>标签中定义的优先级标签来对 Intent 过滤器进行排序，优先级最高的 Intent 过滤器将被选择。

IntentResolutionDemo 示例演示如何在 AndroidManifest.xml 文件中注册 Intent 过滤器，以及如何设置<intent-filter>节点属性来捕获指定的 Intent。

AndroidManifest.xml 的完整代码如下。

```
<?xml version="1.0" encoding="utf-8"?>
<manifest xmlns:android="http://schemas.android.com/apk/res/android"
    package="edu.hrbeu.IntentResolutionDemo"
    android:versionCode="1"
    android:versionName="1.0">
    <application android:icon="@drawable/icon" android:label=
    "@string/app_name">
        <activity android:name=".IntentResolutionDemo"
                android:label="@string/app_name">
```

```
9           <intent-filter>
10              <action android:name="android.intent.action.MAIN" />
11              <category android:name="android.intent.category.LAUNCHER" />
12          </intent-filter>
13      </activity>
14      <activity android:name=".ActivityToStart"
15              android:label="@string/app_name">
16          <intent-filter>
17              <action android:name="android.intent.action.VIEW" />
18              <category android:name="android.intent.category.DEFAULT" />
19              <data android:scheme="schemodemo" android:host="edu.hrbeu" />
20          </intent-filter>
21      </activity>
22  </application>
23  <uses-sdk android:minSdkVersion="14" />
24 </manifest>
```

第7行和第14行代码分别定义了两个Activity。第9～12行代码是第1个Activity的Intent过滤器，动作是android.intent.action.MAIN，类别是android.intent .category.LAUNCHER，由此可知，这个Activity是应用程序启动后显示的默认用户界面。

第16～20行代码是第2个Activity的Intent过滤器，过滤器的动作是android.intent.action.VIEW，表示根据URI协议，以浏览的方式启动相应的Activity；类别是android.intent.category.DEFAULT，表示数据的默认动作；数据的协议部分是android:scheme="schemodemo"，数据的主机名称部分是android:host="edu.hrbeu"。

在IntentResolutionDemo.java文件中，定义了一个Intent来启动另一个Activity，这个Intent与Activity设置的Intent过滤器是完全匹配的。IntentResolutionDemo.java文件中Intent实例化和启动Activity的代码如下：

```
1  Intent intent=new Intent(Intent.ACTION_VIEW, Uri.parse("schemodemo://
   edu.hrbeu/path"));
2  startActivity(intent);
```

第1行代码所定义的Intent，动作为Intent.ACTION_VIEW，与Intent过滤器的动作android.intent.action.VIEW匹配；Uri是schemodemo://edu.hrbeu/path，其中的协议部分为schemodemo，主机名部分为edu.hrbeu，也与Intent过滤器定义的数据要求完全匹配。因此，第1行代码定义的Intent，在Android系统与Intent过滤器列表进行匹配时，会与AndroidManifest.xml文件中ActivityToStart定义的Intent过滤器完全匹配。

6.3 广播消息

Intent的另一种用途是发送广播消息，应用程序和Android系统都可以使用Intent发送广播消息。广播消息的内容可以是应用程序密切相关的数据信息，也可以是

Android的系统信息，例如网络连接变化、电池电量变化、接收到短信或系统设置变化等。如果应用程序注册了BroadcastReceiver，则可以接收指定的广播消息。

使用Intent发送广播消息非常简单，只需创建一个Intent，并调用sendBroadcast()函数就可以把Intent携带的信息广播出去。但需要注意的是，在构造Intent时必须定义一个全局唯一的字符串，用来标识其要执行的动作，通常使用应用程序包的名称。如果要在Intent传递额外数据，可以用Intent的putExtra()方法。下面的代码构造用于广播消息的Intent，并添加了额外的数据，然后调用sendBroadcast()发送广播消息。

```
String UNIQUE_STRING="edu.hrbeu.BroadcastReceiverDemo";
Intent intent=new Intent(UNIQUE_STRING);
intent.putExtra("key1", "value1");
intent.putExtra("key2", "value2");
sendBroadcast(intent);
```

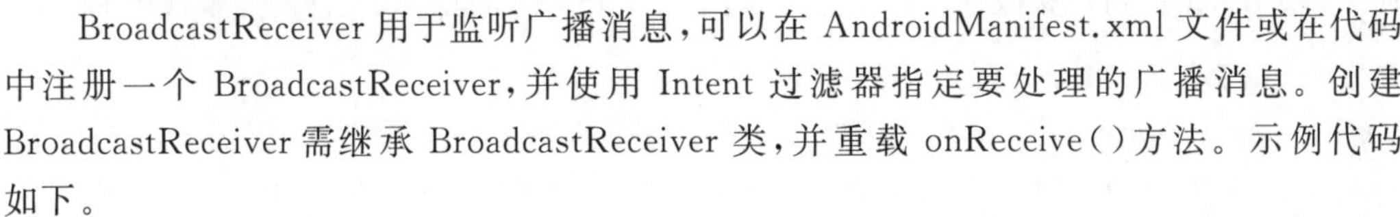

BroadcastReceiver用于监听广播消息，可以在AndroidManifest.xml文件或在代码中注册一个BroadcastReceiver，并使用Intent过滤器指定要处理的广播消息。创建BroadcastReceiver需继承BroadcastReceiver类，并重载onReceive()方法。示例代码如下。

```
public class MyBroadcastReceiver extends BroadcastReceiver {
    @Override
    public void onReceive(Context context, Intent intent){
        //TODO: React to the Intent received.
    }
}
```

当Android系统接收到与注册BroadcastReceiver匹配的广播消息时，Android系统会自动调用这个BroadcastReceiver接收广播消息。在BroadcastReceiver接收到与之匹配的广播消息后，onReceive()方法会被调用，但onReceive()方法必须要在5秒钟内执行完毕，否则Android系统会认为该组件失去响应，并提示用户强行关闭该组件。

图 6.6 BroadcastReceiverDemo示例的主界面

BroadcastReceiverDemo示例说明了如何在应用程序中注册BroadcastReceiver组件，并指定接收广播消息的类型。BroadcastReceiverDemo示例的主界面如图6.6所示，在点击“发送广播消息”按钮后，EditText控件中的内容将以广播消息的形式发送出去，示例内部的BroadcastReceiver将接收这个广播消息，并显示在用户界面的下方。

BroadcastReceiverDemo.java文件中包含发送广播消息的代码，其关键代码如下。

```
1 button.setOnClickListener(new OnClickListener(){
2     public void onClick(View view){
3         Intent intent=new Intent("edu.hrbeu.BroadcastReceiverDemo");
4         intent.putExtra("message", entryText.getText().toString());
5         sendBroadcast(intent);
6     }
7 });
```

第 3 行代码创建 Intent 时，将 edu.hrbeu.BroadcastReceiverDemo 作为识别广播消息的字符串标识，并在第 4 行代码添加了额外信息，最后在第 5 行代码调用 sendBroadcast()函数发送广播消息。

为了能够使应用程序中的 BroadcastReceiver 接收指定的广播消息，首先要在 AndroidManifest.xml 文件中 BroadcastReceiver 节点下添加 Intent 过滤器，声明 BroadcastReceiver 可以接收的广播消息类型。AndroidManifest.xml 文件的完整代码如下。

```
1 <?xml version="1.0" encoding="utf-8"?>
2 <manifest xmlns:android="http://schemas.android.com/apk/res/android"
3     package="edu.hrbeu.BroadcastReceiverDemo"
4     android:versionCode="1"
5     android:versionName="1.0">
6     <application android:icon="@drawable/icon" android:label="@string/
      app_name">
7         <activity android:name=".BroadcastReceiverDemo"
8                 android:label="@string/app_name">
9             <intent-filter>
10                <action android:name="android.intent.action.MAIN" />
11                <category android:name="android.intent.category.LAUNCHER" />
12            </intent-filter>
13        </activity>
14        <receiver android:name=".MyBroadcastReceiver">
15            <intent-filter>
16                <action android:name="edu.hrbeu.BroadcastReceiverDemo" />
17            </intent-filter>
18        </receiver>
19    </application>
20    <uses-sdk android:minSdkVersion="14" />
21 </manifest>
```

在第 14 行代码中创建了一个<receiver>节点，在第 15 行代码中声明了 Intent 过滤器的动作为 edu.hrbeu.BroadcastReceiverDemo，这与 BroadcastReceiverDemo.java 文件中 Intent 的动作相一致，表明这个 BroadcastReceiver 可以接收动作为 edu.hrbeu.BroadcastReceiverDemo的广播消息。

MyBroadcastReceiver.java 文件创建了一个自定义的 BroadcastReceiver，其核心代码如下。

```
1 public class MyBroadcastReceiver extends BroadcastReceiver {
2     @Override
3     public void onReceive(Context context, Intent intent) {
4         String msg=intent.getStringExtra("message");
5         Toast.makeText(context, msg, Toast.LENGTH_SHORT).show();
6     }
7 }
```

第 1 行代码首先继承了 BroadcastReceiver 类，并在第 3 行重载了 onReveive()函数。当接收到 AndroidManifest.xml 文件定义的广播消息后，程序将自动调用 onReveive()函数进行消息处理。第 4 行代码通过调用 getStringExtra()函数，从 Intent 中获取标识为 message 的字符串数据，并使用 Toast()函数将信息显示在界面上。

习　　题

1. 简述 Intent 的定义和用途。
2. 简述 Intent 过滤器的定义和功能。
3. 简述 Intent 解析的匹配规则。
4. 编程实现具有“登录”按钮的主界面，点击“登录”按钮后打开一个新的 Activity。新打开的 Activity 上面有输入用户名和密码的控件。在用户关闭这个 Activity 后，将用户名和密码传递到主界面的 Activity 中。

第 7 章 chapter 7

思政材料

后台服务

Service 是 Android 系统的服务组件，适用于开发没有用户界面且长时间在后台运行的应用功能。通过本章的学习可以让读者了解后台服务的基本原理，掌握本地服务与远程服务的使用方法，有助于深入理解 Android 系统的进程间通信机制。

本章学习目标：

- 了解 Service 的原理和用途；
- 掌握本地服务的管理方法；
- 掌握服务的显式启动方法；
- 了解线程的启动、挂起和停止方法；
- 了解跨线程的界面更新方法；
- 掌握远程服务的绑定和调用方法；
- 了解 AIDL 的用途和语法。

7.1 Service 简介

因为手机硬件性能和屏幕尺寸的限制，Android 系统通常仅允许一个应用程序处于激活状态并显示在手机屏幕上，而暂停其他处于未激活状态的程序。因此，Android 系统需要一种后台服务机制，允许在没有用户界面的情况下，使程序能够长时间在后台运行，实现应用程序的后台服务功能，并能够处理事件或数据更新。

Android 系统提供的 Service(服务)组件不直接与用户进行交互，能够长期在后台运行。在实际应用中，有很多应用需要使用 Service。经常提到的例子就是 MP3 播放器，软件需要在关闭播放器界面后，仍能够保持音乐持续播放，这就需要在 Service 组件中实现音乐回放功能。

Service 适用于无须用户干预，且规则或长期运行的后台功能。首先，因为 Service 没有用户界面，更加有利于降低系统资源的消耗，而且 Service 比 Activity 具有更高的优先级，因此在系统资源紧张时，Service 不会被 Android 系统优先终止。即使 Service 被系统终止，在系统资源恢复后，Service 也将自动恢复运行状态，因此，可以认为 Service 是在系统中永久运行的组件。Service 除了可以实现后台服务功能，还可以用于进程间通信(Inter Process Communication，IPC)，解决不同 Android 应用程序进程之间的调用和通信问题。

Service的生命周期比较简单，仅包括完全生命周期和活动生命周期，还有3个事件回调函数，分别是onCreate()、onStart()和onDestroy()，如图7.1所示。

图7.1 Service生命周期

完整生命周期从onCreate()开始到onDestroy()结束，在onCreate()中完成Service的初始化工作，在onDestroy()中释放所有占用的资源。活动生命周期从onStart()开始，但没有与之对应的“停止”函数，因此可以粗略地认为活动生命周期是以onDestroy()标志结束。

Service的使用方式一般有两种，一种是启动方式，另一种是绑定方式。在启动方式中，通过调用Context.startService()启动Service，通过调用Context.stopService()或Service.stopSelf()停止Service。因此，Service一定是由其他的组件启动的，但停止过程可以通过其他组件或自身完成。

在启动方式中，启动Service的组件不能够获取Service的对象实例，因此无法调用Service中的任何函数，也不能够获取Service中的任何状态和数据信息。能够以启动方式使用的Service，需要具备自管理的能力，而且不需要通过函数调用获取Service的功能和数据。

在绑定方式中，Service的使用是通过服务链接(Connection)实现的，服务链接能够获取Service的对象实例，因此绑定Service的组件可以调用Service中实现的函数，或直接获取Service中状态和数据信息。使用Service的组件通过Context.bindService()建立服务链接，通过Context.unbindService()停止服务链接。如果在绑定过程中Service没有启动，Context.bindService()会自动启动Service，而且同一个Service可以绑定多个服务链接，这样可以同时为多个不同的组件提供服务。

当然，这两种使用方法并不是完全独立的，某些情况下可以混合使用启动方式和绑定方式。还是以MP3播放器为例，在后台工作的Service通过Context.startService()启动某个音乐播放，但在播放过程中如果用户需要暂停音乐播放，则要通过Context.bindService()获取服务链接和Service对象实例，进而通过调用Service对象实例中的函数，暂停音乐播放过程，并保存相关信息。在这种情况下，如果调用Context.stopService()并不能够停止Service，需要在所有的服务链接关闭后，Service才能够真正停止。

7.2 本地服务

7.2.1 服务管理

服务管理主要指服务的启动和停止。在介绍如何启动和停止服务前，首先说明如何在代码中实现 Service。Service 是一段在后台运行、没有用户界面的代码，其最小代码集如下。

```
1  import android.app.Service;
2  import android.content.Intent;
3  import android.os.IBinder;
4
5  public class RandomService extends Service{
6      @Override
7      public IBinder onBind(Intent intent){
8          return null;
9      }
10 }
```

在上面的代码中，除了在第 1～3 行引入必要包外，仅在第 5 行声明了 RandomService 继承 android.app.Service 类，在第 7～9 行重载了 onBind()函数。onBind()函数是在 Service 被绑定后调用的函数，能够返回 Service 的对象实例，在后面的内容中会有详细的介绍。

这个 Service 最小代码集并没有任何实际的功能。为了使 Service 具有实际意义，一般需要重载 onCreate()、onStart()和 onDestroy()。Android 系统在创建 Service 时，会自动调用 onCreate()，用户一般在 onCreate()完成必要的初始化工作，例如创建线程、建立数据库链接等。在 Service 关闭前，系统会自动调用 onDestroy()函数释放所有占用的资源。通过 Context.startService(Intent)启动 Service，onStart()则会被调用，重要的参数通过参数 Intent 传递给 Service。当然，不是所有的 Service 都需要重载这 3 个函数，可以根据实际情况选择需要重载的函数。

```
1  public class RandomService extends Service{
2      @Override
3      public void onCreate(){
4          super.onCreate();
5      }
6      @Override
7      public void onStart(Intent intent, int startId){
8           super.onStart(intent, startId);
9      }
10     @Override
11     public void onDestroy(){
12             super.onDestroy();
13     }
14 }
```

重载 onCreate()、onStart()和 onDestroy() 3 个函数时，应该在代码中调用父函数，如代码的第 4 行、第 8 行和第 12 行。

完成 Service 类后，需要在 AndroidManifest.xml 文件中注册这个 Service。注册

Service 非常重要，如果开发人员不对 Service 进行注册，则 Service 根本无法启动。AndroidManifest.xml 文件中注册 Service 的代码如下。

```
<service android:name=".RandomService"/>
```

使用<service>标签声明服务，其中的 android:name 表示 Service 类的名称，一定要与建立的 Service 类名称一致。

在完成 Service 代码和在 AndroidManifest.xml 文件中注册后，下面来说明如何启动和停止 Service。在 Android 5.0 版本之前，有两种方法启动 Service：显式启动和隐式启动。为了确保应用安全性，从 Android 5.0(API 级别 21)之后，在启动 Service 时，必须使用显式启动，否则系统可能会抛出异常。后续内容将只介绍显式启动 Service。

显式启动需要在 Intent 中指明 Service 所在的类，并调用 startService(Intent)启动 Service，示例代码如下。

```
final Intent serviceIntent=new Intent(this, RandomService.class);
startService(serviceIntent);
```

在上面的代码中，Intent 指明了启动的 Service 所在的类为 RandomService。

停止 Service 的方法是将启动 Service 的 Intent 传递给 stopService(Intent)函数即可，示例代码如下。

```
stopService(serviceIntent);
```

在首次调用 startService(Intent)函数启动 Service 后，系统会先后调用 onCreate()和 onStart()。如果是第二次调用 startService(Intent)函数，系统则仅调用 onStart()，而不再调用 onCreate()。在调用 stopService(Intent)函数停止 Service 时，系统会调用 onDestroy()。无论调用过多少次 startService(Intent)，在调用 stopService(Intent)函数时，系统仅调用一次 onDestroy()。

SimpleRandomServiceDemo 是在应用程序中使用 Service 的示例，这个示例使用显式启动的方式启动 Service。在工程中创建了 RandomService 服务，该服务启动后会产生一个随机数，并使用 Toast 显示在屏幕上，如图 7.2 所示。

通过界面上的"启动 SERVICE"按钮调用 startService(Intent)函数，启动 RandomService 服务。"停止 SERVICE"按钮调用 stopService(Intent)函数，停止 RandomService 服务。为了能够清晰地观察 Service 中 onCreate()、onStart()和 onDestroy() 3 个函数的调用顺序，在每个函数中都使用 Toast 在界面上产生提示信息。

RandomService.java 文件的代码如下。

```
package edu.hrbeu.SimpleRandomServiceDemo;

import android.app.Service;
import android.content.Intent;
import android.os.IBinder;
import android.widget.Toast;
```

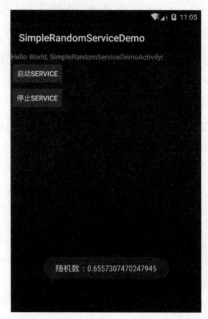

图 7.2　SimpleRandomServiceDemo 用户界面

```

public class RandomService extends Service{

    @Override
    public void onCreate(){
        super.onCreate();
        Toast.makeText(this, "(1)调用 onCreate()",
                Toast.LENGTH_LONG).show();
    }

    @Override
    public void onStart(Intent intent, int startId){
        super.onStart(intent, startId);
        Toast.makeText(this, "(2)调用 onStart()",
                Toast.LENGTH_SHORT).show();

        double randomDouble=Math.random();
        String msg="随机数:"+String.valueOf(randomDouble);
        Toast.makeText(this,msg, Toast.LENGTH_SHORT).show();
    }

    @Override
    public void onDestroy(){
        super.onDestroy();
        Toast.makeText(this, "(3)调用 onDestroy()",
```

```
32                  Toast.LENGTH_SHORT).show();
33      }
34
35      @Override
36      public IBinder onBind(Intent intent){
37          return null;
38      }
39  }
```

在 onStart()函数中添加生产随机数的代码，第 23 行产生一个 0～1 的随机数，并在第 24 行构造供 Toast 显示的消息。

AndroidManifest.xml 文件的代码如下。

```
<?xml version="1.0" encoding="utf-8"?>
<manifest xmlns:android="http://schemas.android.com/apk/res/android"
      package="edu.hrbeu.SimpleRandomServiceDemo"
      android:versionCode="1"
      android:versionName="1.0">
    <application android:icon="@drawable/icon"
                                 android:label="@string/app_name">
        <activity android:name=".SimpleRandomServiceDemo"
                      android:label="@string/app_name">
            <intent-filter>
                <action android:name="android.intent.action.MAIN" />
                <category android:name="android.intent.category.LAUNCHER" />
            </intent-filter>
        </activity>
        <service android:name=".RandomService"/>
    </application>
    <uses-sdk android:minSdkVersion="14" />
</manifest>
```

在调用 AndroidManifest.xml 文件中，在<application>标签下，包含一个<activity>标签和一个<service>标签，在<service>标签中声明 RandomService 所在的类。

SimpleRandomServiceDemoActivity.java 文件的代码如下。

```
package edu.hrbeu.SimpleRandomServiceDemo;

import android.app.Activity;
import android.content.Intent;
import android.os.Bundle;
import android.view.View;
import android.widget.Button;

public class SimpleRandomServiceDemoActivity extends Activity {
```

```
10     @Override
11     public void onCreate(Bundle savedInstanceState) {
12         super.onCreate(savedInstanceState);
13         setContentView(R.layout.main);
14 
15         Button startButton= (Button) findViewById(R.id.start);
16         Button stopButton= (Button) findViewById(R.id.stop);
17         final Intent serviceIntent=new Intent(this, RandomService.class);
18         startButton.setOnClickListener(new Button.OnClickListener() {
19             public void onClick(View view) {
20                 startService(serviceIntent);
21             }
22         });
23         stopButton.setOnClickListener(new Button.OnClickListener() {
24             public void onClick(View view) {
25                 stopService(serviceIntent);
26             }
27         });
28     }
29 }
```

SimpleRandomServiceDemoActivity.java 文件是应用程序中的 Activity 代码，第 20 行和第 25 行分别是启动和停止 Service 的代码。

7.2.2 使用线程

在 Android 系统中，Activity、Service 和 BroadcastReceiver 都工作在主线程上，因此，任何耗时的处理过程都会降低用户界面的响应速度，甚至导致用户界面失去响应。当用户界面失去响应超过 5 秒后，Android 系统会允许用户强行关闭应用程序，提示如图 7.3 所示。因此，较好的解决方法是将耗时的处理过程转移到子线程上，这样可以缩短主线程的事件处理时间，从而避免用户界面长时间失去响应。“耗时的处理过程”一般指复杂运算过程、大量的文件操作、存在延时的网络通信和数据库操作等。

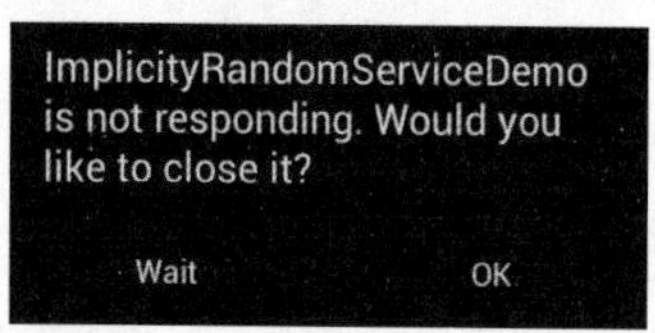

图 7.3 失去响应时的提示信息

线程是独立的程序单元，多个线程可以并行工作。在多处理器系统中，每个中央处理器(CPU)单独运行一个线程，因此线程是并行工作的。但在单处理器系统中，处理器会给每个线程一小段时间，在这个时间内执行该线程，然后处理器执行下一个线程，这样就产生了线程并行运行的假象。无论线程是否真的并行工作，在宏观上可以认为子线程是独立于主线程，且能与主线程并行工作的程序单元。

在 Java 语言中，建立和使用线程比较简单，首先需要实现 Java 的 Runnable 接口，并重载 run()函数，在 run()中放置代码的主体部分。

```
private Runnable backgroundWork=new Runnable(){
        @Override
        public void run(){
            //过程代码
        }
    };
```

然后创建 Thread 对象，并将 Runnable 对象作为参数传递给 Thread 对象。在 Thread 的构造函数中，第 1 个参数用来表示线程组，第 2 个参数是需要执行的 Runnable 对象，第 3 个参数是线程的名称。

```
private Thread workThread;
workThread=new Thread(null,backgroundWork,"WorkThread");
```

最后，调用 start()方法启动线程。

```
workThread.start();
```

当线程在 run()方法返回后，线程就自动终止。当然，也可以调用 stop()在外部终止线程，但不推荐使用这种方法，因为该方法并不安全，有可能产生异常。最好的方法是通知线程自行终止，一般调用 interrupt()方法通告线程准备终止，线程会释放它正在使用的资源，在完成所有的清理工作后自行关闭。

```
workThread.interrupt();
```

其实 interrupt()方法并不能直接终止线程，仅是改变了线程内部的一个布尔值，run()方法能够检测到这个布尔值的改变，从而在适当的时候释放资源和终止线程。在 run()中的代码一般通过 Thread.interrupted()方法查询线程是否被中断。一般情况下，子线程需要无限运行，除非外部调用 interrupt()方法中断线程，所以通常会将程序主体放置在 while()函数内，并调用 Thread.interrupted()方法判断线程是否应被中断。下面的代码中，以 1 秒为间隔循环检测线程是否应被中断。

```
public void run(){
    while(!Thread.interrupted()){
        //过程代码
        Thread.sleep(1000);
    }
}
```

以下代码的第 5 行使线程休眠 1000 毫秒。当线程在休眠过程中被中断，则会产生 InterruptedException 异常。在中断的线程上调用sleep()方法，同样会产生 InterruptedException 异常。因此代码中需要捕获 InterruptedException 异常，保证安全地终止线程。

```
1  public void run(){
2      try {
3          while(true){
```

```
                //过程代码
                Thread.sleep(1000);
            }
        } catch(InterruptedException e){
            e.printStackTrace();
        }
}
```

到这里，读者已经可以设计自己的线程，但还存在一个不可回避的问题，如何使用线程中的数据更新用户界面。Android 系统提供了多种方法解决这个问题，这里仅介绍使用 Handler 更新用户界面的方法。

Handler 允许将 Runnable 对象发送到线程的消息队列中，每个 Handler 实例绑定到一个单独的线程和消息队列上。当用户建立一个新的 Handler 实例，通过 post()方法将 Runnable 对象从后台线程发送给 GUI 线程的消息队列，当 Runnable 对象通过消息队列后，这个 Runnable 对象将被运行。

```
1  private static Handler handler=new Handler();
2
3  public static void UpdateGUI(double refreshDouble){
4      handler.post(RefreshLable);
5  }
6  private static Runnable RefreshLable=new Runnable(){
7      @Override
8      public void run(){
9          //过程代码
10     }
11 };
```

在上面的代码中，第 1 行建立了一个静态的 Handler 实例，但这个实例是私有的，因此外部代码并不能直接调用这个 Handler 实例。第 3 行 UpdateGUI()是公有的界面更新函数，后台线程通过调用该函数，将后台产生的数据 refreshDouble 传递到 UpdateGUI()函数内部，然后直接调用 post()方法，将第 6 行创建的 Runnable 对象传递给界面线程（主线程）的消息队列中。第 8～10 行代码是 Runnable 对象中需要重载的 run()函数，界面更新代码就在这里。

ThreadRandomServiceDemo 是使用线程持续产生随机数的示例。点击“启动 SERVICE”后将启动后台线程，点击“停止 SERVICE”将关闭后台线程。后台线程每 1 秒产生一个 0～1 的随机数，并通过 Handler 将产生的随机数显示在用户界面上。ThreadRandomServiceDemo 的用户界面如图 7.4 所示。

在 ThreadRandomServiceDemo 示例中，RandomService.java 文件是定义 Service 的文件，用来创建线程、产生随机数和调用界面更新函数。ThreadRandomServiceDemoActivity.java 文件是用户界面的 Activity 文件，封装 Handler 界面更新的函数就在这个文件中。下面给出 RandomService.java 和 ThreadRandomServiceDemoActivity.java 文件的完整代码。

图 7.4 ThreadRandomServiceDemo 用户的界面

RandomService.java 文件的完整代码如下。

```
package edu.hrbeu.ThreadRandomServiceDemo;

import android.app.Service;
import android.content.Intent;
import android.os.IBinder;
import android.widget.Toast;

public class RandomService extends Service{

    private Thread workThread;

    @Override
    public void onCreate(){
        super.onCreate();
        Toast.makeText(this, "(1)调用 onCreate()",
                Toast.LENGTH_LONG).show();
        workThread=new Thread(null,backgroundWork,"WorkThread");
    }

    @Override
    public void onStart(Intent intent, int startId){
          super.onStart(intent, startId);
          Toast.makeText(this, "(2)调用 onStart()",
                  Toast.LENGTH_SHORT).show();
          if(!workThread.isAlive()){
              workThread.start();
          }
    }

    @Override
    public void onDestroy(){
```

```
        super.onDestroy();
        Toast.makeText(this, "(3)调用 onDestroy()",
                Toast.LENGTH_SHORT).show();
        workThread.interrupt();
    }

    @Override
    public IBinder onBind(Intent intent){
        return null;
    }

    private Runnable backgroundWork=new Runnable(){
        @Override
        public void run(){
            try {
                while(!Thread.interrupted()){
                    double randomDouble=Math.random();
                    ThreadRandomServiceDemoActivity.UpdateGUI(randomDouble);
                    Thread.sleep(1000);
                }
            } catch(InterruptedException e){
                e.printStackTrace();
            }
        }
    };
}
```

ThreadRandomServiceDemoActivity.java 文件的完整代码如下。

```
package edu.hrbeu.ThreadRandomServiceDemo;

import android.app.Activity;
import android.content.Intent;
import android.os.Bundle;
import android.os.Handler;
import android.view.View;
import android.widget.Button;
import android.widget.TextView;

public class ThreadRandomServiceDemoActivity extends Activity {

    private static Handler handler=new Handler();
    private static TextView labelView=null;
    private static double randomDouble;

```

```
    public static void UpdateGUI(double refreshDouble){
        randomDouble=refreshDouble;
        handler.post(RefreshLable);
    }

    private static Runnable RefreshLable=new Runnable(){
        @Override
        public void run(){
            labelView.setText(String.valueOf(randomDouble));
        }
    };

    @Override
    public void onCreate(Bundle savedInstanceState){
        super.onCreate(savedInstanceState);
        setContentView(R.layout.main);
        labelView=(TextView)findViewById(R.id.label);
        Button startButton=(Button)findViewById(R.id.start);
        Button stopButton=(Button)findViewById(R.id.stop);
        final Intent serviceIntent=new Intent(this, RandomService.class);

        startButton.setOnClickListener(new Button.OnClickListener(){
            public void onClick(View view){
                startService(serviceIntent);
            }
        });

        stopButton.setOnClickListener(new Button.OnClickListener(){
            public void onClick(View view){
                stopService(serviceIntent);
            }
        });
    }
}
```

7.2.3 服务绑定

以绑定方式使用 Service，能够获取 Service 实例，不仅能够正常启动 Service，还能够调用 Service 中的公有方法和属性。为了使 Service 支持绑定，需要在 Service 类中重载 onBind()方法，并在 onBind()方法中返回 Service 实例，示例代码如下。

```
public class MathService extends Service{
    private final IBinder mBinder=new LocalBinder();
```

```
3
4       public class LocalBinder extends Binder{
5           MathService getService(){
6               return MathService.this;
7           }
8       }
9
10      @Override
11      public IBinder onBind(Intent intent){
12          return mBinder;
13      }
14  }
```

当 Service 被绑定时，系统会调用 onBind()函数，通过 onBind()函数的返回值，将 Service 实例返回给调用者。从第 11 行代码中可以看出，onBind()函数的返回值必须符合 IBinder 接口，因此在代码的第 2 行声明一个接口变量 mBinder。mBinder 符合 onBind()函数返回值的要求，因此可以将 mBinder 传递给调用者。IBinder 是用于进程内部和进程间过程调用的轻量级接口，定义了与远程对象交互的抽象协议，使用时通过继承 Binder 的方法实现。继承 Binder 的代码在第 4 行，LocalBinder 是继承 Binder 的一个内部类，并在第 5 行代码实现了 getService()函数，当调用者获取 mBinder 后，通过调用 getService()即可获取 Service 实例。

调用者通过 bindService()函数绑定服务，并在第 1 个参数中将 Intent 传递给 bindService()函数，声明需要启动的 Service。第 3 个参数 Context.BIND_AUTO_CREATE 表明只要绑定存在，就自动建立 Service；同时也告知 Android 系统，这个 Service 的重要程度与调用者相同，除非考虑终止调用者，否则不要关闭这个 Service。

```
final Intent serviceIntent=new Intent(this,MathService.class);
bindService(serviceIntent,mConnection,Context.BIND_AUTO_CREATE);
```

bindService()函数的第 2 个参数是 ServiceConnnection。当绑定成功后，系统将调用 ServiceConnnection 的 onServiceConnected()方法；而当绑定意外断开后，系统将调用 ServiceConnnection 中的 onServiceDisconnected()方法。因此，以绑定方式使用 Service，调用者需要声明一个 ServiceConnnection，并重载内部的 onServiceConnected()方法和 onServiceDisconnected()方法，两个方法的重载代码如下。

```
private ServiceConnection mConnection=new ServiceConnection(){
    @Override
    public void onServiceConnected(ComponentName name, IBinder service){
        mathService=((MathService.LocalBinder)service).getService();
    }
    @Override
    public void onServiceDisconnected(ComponentName name){
        mathService=null;
```

```
9        }
10       };
```

在第 4 行代码中，绑定成功后通过 getService()获取 Service 实例，这样便可以调用 Service 中的方法和属性。第 8 行代码将 Service 实例设置为 null，在绑定意外失效时，Service 实例不再可用。

取消绑定仅需要使用 unbindService()方法，并将 ServiceConnnection 传递给 unbindService()方法。但需要注意的是，unbindService()方法成功后，系统并不会调用 onServiceConnected()，因为 onServiceConnected()仅在意外断开绑定时才被调用。

```
unbindService(mConnection);
```

绑定方式中，当调用者通过 bindService()函数绑定 Service 时，onCreate()函数和 onBinde()函数将被先后调用。当调用者通过 unbindService()函数取消绑定 Service 时，onUnbind()函数将被调用。如果 onUnbind()函数返回 true，则表示重新绑定服务时，onRebind()函数将被调用。绑定方式的函数调用顺序如图 7.5 所示。

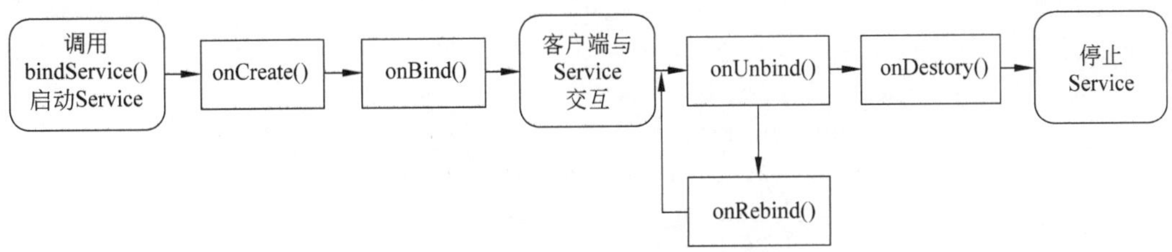

图 7.5　绑定方式的函数调用顺序

SimpleMathServiceDemo 是绑定方式使用 Service 的示例。在示例中创建了 MathService 服务，用来完成简单的数学运算。这里的数学运算仅指加法运算，虽然没有实际意义，但可以说明如何使用绑定方式调用 Service 中的公有方法。在服务绑定后，用户可以点击“加法运算”按钮，将两个随机产生的数值传递给 MathService 服务，并从 MathService 实例中获取加法运算的结果，然后显示在屏幕的上方。“取消绑定”按钮可以解除与 MathService 的绑定关系，在取消绑定后，点击“加法运算”按钮将无法获取运算结果。SimpleMathServiceDemo 的用户界面如图 7.6 所示。

图 7.6　SimpleMathServiceDemo 的用户界面

在 SimpleMathServiceDemo 示例中，MathService.java 文件是 Service 的定义文件。SimpleMathServiceDemoActivity.java 文件是界面的 Activity 文件，绑定服务和取消绑定服务的代码在这个文件中。下面给出 MathService.java 和 SimpleMathServiceDemoActivity.java 文件的完整代码。

MathService.java 文件的完整代码如下。

```
package edu.hrbeu.SimpleMathServiceDemo;

import android.app.Service;
import android.content.Intent;
import android.os.Binder;
import android.os.IBinder;
import android.widget.Toast;

public class MathService extends Service{

    private final IBinder mBinder=new LocalBinder();

    public class LocalBinder extends Binder{
        MathService getService(){
            return MathService.this;
        }
    }

    @Override
    public IBinder onBind(Intent intent){
        Toast.makeText(this, "本地绑定:MathService",
                Toast.LENGTH_SHORT).show();
        return mBinder;
    }

    @Override
    public boolean onUnbind(Intent intent){
        Toast.makeText(this, "取消本地绑定:MathService",
                Toast.LENGTH_SHORT).show();
        return false;
    }


    public long Add(long a, long b){
        return a+b;
    }

}
```

SimpleMathServiceDemoActivity.java 文件的完整代码如下。

```
package edu.hrbeu.SimpleMathServiceDemo;

import android.app.Activity;
import android.content.ComponentName;
```

```
import android.content.Context;
import android.content.Intent;
import android.content.ServiceConnection;
import android.os.Bundle;
import android.os.IBinder;
import android.view.View;
import android.widget.Button;
import android.widget.TextView;

public class SimpleMathServiceDemoActivity extends Activity {
    private MathService mathService;
    private boolean isBound=false;
    TextView labelView;
    @Override
    public void onCreate(Bundle savedInstanceState) {
        super.onCreate(savedInstanceState);
        setContentView(R.layout.main);

        labelView=(TextView)findViewById(R.id.label);
        Button bindButton=(Button)findViewById(R.id.bind);
        Button unbindButton=(Button)findViewById(R.id.unbind);
        Button computButton=(Button)findViewById(R.id.compute);

        bindButton.setOnClickListener(new View.OnClickListener(){
            @Override
            public void onClick(View v) {
                if(!isBound){
                    final Intent serviceIntent=new Intent
                    (SimpleMathServiceDemoActivity.this,
                    MathService.class);
        bindService(serviceIntent,mConnection,Context.BIND_AUTO_CREATE);
                    isBound=true;
                }
            }
        });

        unbindButton.setOnClickListener(new View.OnClickListener(){
            @Override
            public void onClick(View v) {
                if(isBound){
                    isBound=false;
                    unbindService(mConnection);
                    mathService=null;
                }
```

```
            }
        });

        computButton.setOnClickListener(new View.OnClickListener(){
            @Override
            public void onClick(View v){
                    if(mathService==null){
                        labelView.setText("未绑定服务");
                        return;
                    }
                    long a=Math.round(Math.random() * 100);
                    long b=Math.round(Math.random() * 100);
                    long result=mathService.Add(a, b);
                    String msg=String.valueOf(a)+"+"+String.valueOf(b)+
                                "="+String.valueOf(result);
                    labelView.setText(msg);
            }
        });
    }

    private ServiceConnection mConnection=new ServiceConnection(){
        @Override
        public void onServiceConnected(ComponentName name, IBinder service){
            mathService=((MathService.LocalBinder)service).getService();
        }

        @Override
        public void onServiceDisconnected(ComponentName name){
            mathService=null;
        }
    };
}
```

7.3 远程服务

7.3.1 进程间通信

在Android系统中，每个应用程序在各自的进程中运行，而且出于安全的考虑，这些进程之间彼此是隔离的。进程之间传递数据和对象，需要使用Android支持的进程间通信(Inter-Process Communication，IPC)机制。在UNIX/Linux系统中，传统的IPC机制包括共享内存、管道、消息队列和socket等，虽然这些IPC机制被广泛使用，但仍然存在着固有的缺陷，如容易产生错误、难于维护等。在Android系统中，没有使用传统的IPC

机制，而是采用 Intent 和远程服务的方式实现 IPC，使应用程序具有更好的独立性和鲁棒性。

Android 系统允许应用程序使用 Intent 与其他 Activity 和 Service 通信，同时 Intent 可以承载数据，这是一种极为简单、高效，且易于使用的 IPC 机制。Android 系统的另一种 IPC 机制就是远程服务，服务和调用者在不同的两个进程中，调用过程需要跨越进程才能实现。

在 Android 系统中使用远程服务，一般按照以下 3 个步骤实现。首先，使用 AIDL 语言定义远程服务的接口。然后根据 AIDL 语言定义的接口，在具体的 Service 类中实现接口中定义的方法和属性。最后在需要调用远程服务的组件中，通过相同的 AIDL 接口文件调用远程服务。

7.3.2 服务创建与调用

在 Android 系统中，进程之间不能直接访问对方的内存空间，因此为了使数据能够在不同进程间传递，数据必须转换成能够穿越进程边界的系统级原语，同时，在数据完成进程边界穿越后，还需要转换回原有的格式。

AIDL(Android Interface Definition Language)是 Android 系统自定义的接口描述语言，可以简化进程间数据格式转换和数据交换的代码，通过定义 Service 内部的公共方法，允许在不同进程间的调用者和 Service 之间相互传递数据。AIDL 的 IPC 机制、COM 和 CORBA 都是基于接口的轻量级进程通信机制。

AIDL 的语法与 Java 语言的接口定义非常相似，唯一不同之处在于，AIDL 允许定义函数参数的传递方向。AIDL 支持 3 种方向：in、out 和 inout，标识为 in 的参数将从调用者传递到远程服务中，标识为 out 的参数将从远程服务传递到调用者中，标识为 inout 的参数将先从调用者传递到远程服务中，再从远程服务返回给调用者。如果不标识参数的传递方向，默认所有函数的传递方向为 in。出于性能方面的考虑，不要在参数中标识不需要的传递方向。

远程服务的创建和调用需要使用 AIDL，一般分为以下 3 个过程：

(1) 使用 AIDL 定义远程服务的接口；

(2) 通过继承 Service 类实现远程服务；

(3) 绑定和使用远程服务。

下面以 RemoteMathServiceDemo 示例为参考，说明如何创建远程服务。在这个示例中定义了 MathService 服务，可以为远程调用者提供加法服务。

1. 使用 AIDL 定义远程服务的接口

首先使用 AIDL 定义 MathService 的服务接口，服务接口文件的扩展名为 aidl，使用的包名称与 Android 项目所使用的相同。在 src 目录下建立 IMathService.aidl 文件，代码如下。

```
package edu.hrbeu.RemoteMathServiceDemo;
interface IMathService {
    long Add(long a, long b);
}
```

从上面的代码中可以看出，IMathService 接口仅包含一个 add()方法，传入的参数是两个长型整数，返回值也是长型整数。

使用 Android Studio 编辑 IMathService.aidl 文件，当保存文件后选择 Android Studio 菜单栏上的 Build→Make Project 命令，根据 AIDL 文件在 java(generated)目录下生成 java 接口文件 IMathService.java。

IMathService.java 文件根据 IMathService.aidl 的定义，生成了两个内部静态抽象类 Default 和 Stub，如图 7.7 所示。Default 和 Stub 都继承了 Binder 类，并实现 IMathService 接口。Default 类是接口 IMathService 的默认实现，Default 类的默认实现方法基本都是空方法，一般用不到。在 Stub 类中，还包含一个重要的静态类 Proxy。可以认为 Stub 类用来实现本地服务调用，Proxy 类用来实现远程服务调用，将 Proxy 作为 Stub 的内部类完全是出于使用方便的目的。Stub 类和 Proxy 类关系如图 7.8 所示。

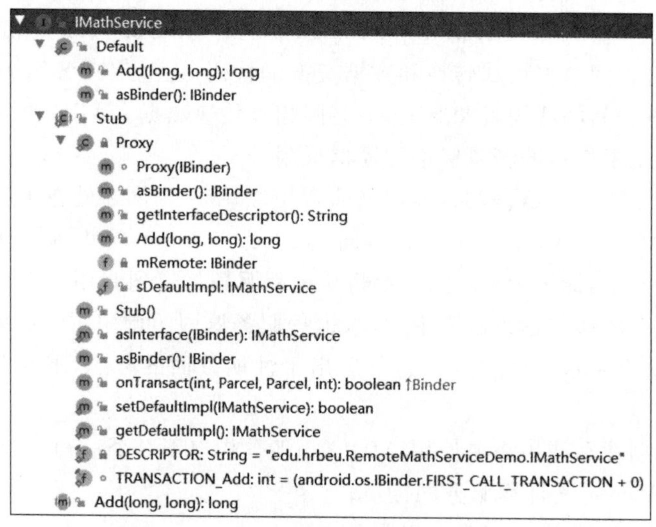

图 7.7 IMathService.java 文件结构

下面给出 IMathService.java 的完整代码。

```
/*
  * This file is auto-generated.  DO NOT MODIFY.
  */
package edu.hrbeu.RemoteMathServiceDemo;
public interface IMathService extends android.os.IInterface
{
  /**Default implementation for IMathService. */
  public static class Default implements edu.hrbeu.RemoteMathServiceDemo.
```

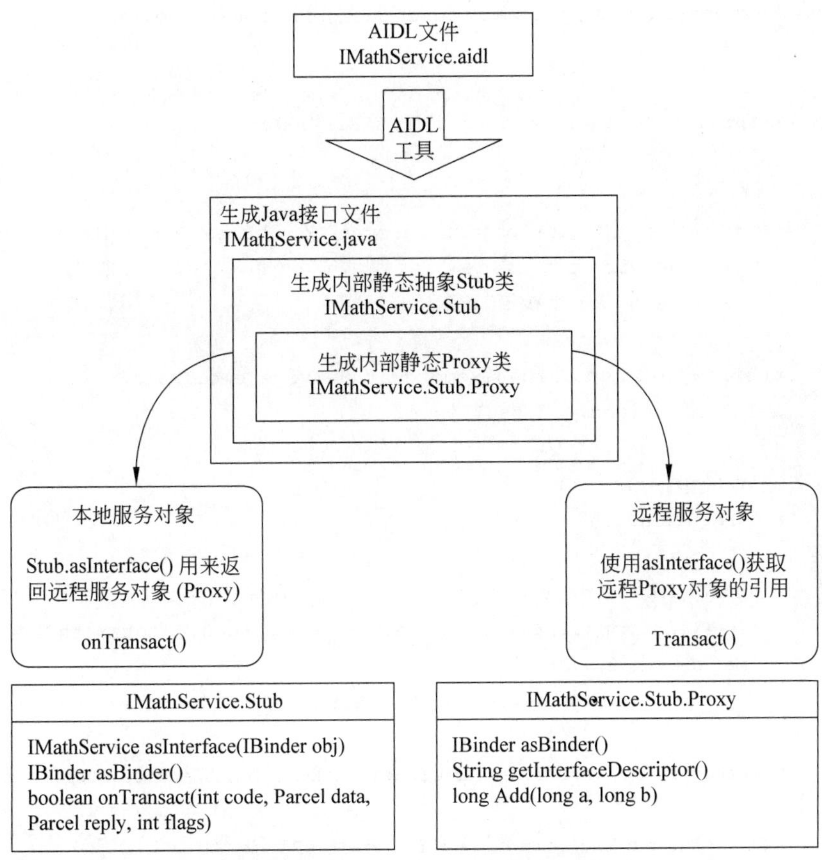

图 7.8　Stub 类和 Proxy 类的关系图

```
IMathService
{
  @Override public long Add(long a, long b) throws android.os.RemoteEx-
  ception
  {
    return 0L;
  }
  @Override
  public android.os.IBinder asBinder() {
    return null;
  }
}
/**Local-side IPC implementation stub class. */
public static abstract class Stub extends android.os.Binder implements
edu.hrbeu.RemoteMathServiceDemo.IMathService
{
    private static final java.lang.String DESCRIPTOR = "edu.hrbeu.
    RemoteMathServiceDemo.IMathService";
```

```
/**Construct the stub at attach it to the interface. */
public Stub()
{
  this.attachInterface(this, DESCRIPTOR);
}
/**
   *Cast an IBinder object into an edu.hrbeu.RemoteMathServiceDemo.
   IMathService interface,
  *generating a proxy if needed.
  */
public static edu.hrbeu.RemoteMathServiceDemo.IMathService
asInterface(android.os.IBinder obj)
{
  if ((obj==null)) {
    return null;
  }
  android.os.IInterface iin =obj.queryLocalInterface(DESCRIPTOR);
  if (((iin! =null)&&(iin instanceof edu.hrbeu.RemoteMathServiceDemo.
  IMathService))) {
    return ((edu.hrbeu.RemoteMathServiceDemo.IMathService)iin);
  }
  return new edu.hrbeu.RemoteMathServiceDemo.IMathService.Stub.Proxy(obj);
}
@Override public android.os.IBinder asBinder()
{
  return this;
}
@Override public boolean onTransact(int code, android.os.Parcel data,
android.os.Parcel reply, int flags) throws android.os.RemoteException
{
  java.lang.String descriptor =DESCRIPTOR;
  switch (code)
  {
    case INTERFACE_TRANSACTION:
    {
      reply.writeString(descriptor);
      return true;
    }
    case TRANSACTION_Add:
    {
      data.enforceInterface(descriptor);
      long _arg0;
      _arg0 =data.readLong();
      long _arg1;
```

```
          _arg1 = data.readLong();
          long _result = this.Add(_arg0, _arg1);
          reply.writeNoException();
          reply.writeLong(_result);
          return true;
        }
        default:
        {
          return super.onTransact(code, data, reply, flags);
        }
      }
    }
    private static class Proxy implements edu.hrbeu.RemoteMathServiceDemo.IMathService
    {
      private android.os.IBinder mRemote;
      Proxy(android.os.IBinder remote)
      {
        mRemote = remote;
      }
      @Override public android.os.IBinder asBinder()
      {
        return mRemote;
      }
      public java.lang.String getInterfaceDescriptor()
      {
        return DESCRIPTOR;
      }
      @Override public long Add(long a, long b) throws android.os.RemoteException
      {
        android.os.Parcel _data = android.os.Parcel.obtain();
        android.os.Parcel _reply = android.os.Parcel.obtain();
        long _result;
        try {
          _data.writeInterfaceToken(DESCRIPTOR);
          _data.writeLong(a);
          _data.writeLong(b);
          boolean _status = mRemote.transact(Stub.TRANSACTION_Add, _data, _reply, 0);
          if (!_status && getDefaultImpl() != null) {
            return getDefaultImpl().Add(a, b);
          }
          _reply.readException();
          _result = _reply.readLong();
        }
```

```
106          finally {
107            _reply.recycle();
108            _data.recycle();
109          }
110          return _result;
111        }
112        public static edu.hrbeu.RemoteMathServiceDemo.IMathService sDefaultImpl;
113      }
114      static final int TRANSACTION _ Add = (android. os. IBinder. FIRST _ CALL _
         TRANSACTION +0);
115      public static boolean setDefaultImpl(edu.hrbeu.RemoteMathServiceDemo.
         IMathService impl) {
116        // Only one user of this interface can use this function
117        // at a time. This is a heuristic to detect if two different
118        // users in the same process use this function.
119        if (Stub.Proxy.sDefaultImpl ! =null) {
120          throw new IllegalStateException("setDefaultImpl() called twice");
121        }
122        if (impl ! =null) {
123          Stub.Proxy.sDefaultImpl =impl;
124          return true;
125        }
126        return false;
127      }
128      public static edu.hrbeu.RemoteMathServiceDemo.IMathService
         getDefaultImpl() {
129        return Stub.Proxy.sDefaultImpl;
130      }
131    }
132    public long Add(long a, long b) throws android.os.RemoteException;
133    }
```

IMathService继承了android.os.IInterface（第5行），这是所有使用AIDL建立的接口都必须继承基类的接口。这个基类接口中定义了asBinder()方法，用来获取Binder对象。在代码的第43～46行，实现了android.os.IInterface接口所定义的asBinder()方法。在IMathService中，绝大多数的代码是用来实现Stub这个抽象类的。每个远程接口都包含Stub类，因为是内部类，所以并不会产生命名冲突。

asInterface(IBinder)是Stub内部的远程服务接口，调用者可以通过该方法获取远程服务的实例。仔细观察asInterface(IBinder)实现方法，首先判断IBinder对象obj是否为null（第34行），如果是则立即返回。然后使用DESCRIPTOR构造android.os .IInterface实例（第37行），并判断android.os.IInterface实例是否为本地服务。如果是本地服务，则无须进行进程间通信，返回android.os.IInterface实例（第39行）；如果不是本地服务，则构造并返回Proxy对象（第41行）。

Proxy 内部包含与 IMathService.aidl 相同签名的函数(第 90 行),并且在该函数中以一定的顺序将所有参数写入 Parcel 对象(第 96～104 行),以便 Stub 内部的 onTransact()方法能够正确获取参数。

当数据以 Parcel 对象的形式传递到远程服务的内部时,onTransact()方法(第 47 行)将从 Parcel 对象中逐一地读取每个参数,然后调用 Service 内部制定的方法,并再将结果写入另一个 Parcel 对象,准备将这个 Parcel 对象返回给远程的调用者。

Parcel 是 Android 系统中应用程序进程间数据传递的容器,能够在两个进程中完成数据的打包和拆包工作。但 Parcel 不同于通用意义上的序列化,Parcel 的设计目的是用于高性能 IPC 传输,因此不能够将 Parcel 对象保存在任何持久存储设备上。

2. 通过继承 Service 类实现远程服务

IMathService.aidl 是对远程服务接口的定义,自动生成的 IMathService.java 内部实现了远程服务数据传递的相关方法,下一步介绍如何实现远程服务。实现远程服务需要建立一个继承 android.app.Service 的类,并在该类中通过 onBind()方法返回 IBinder 对象,调用者使用返回的 IBinder 对象访问远程服务。IBinder 对象的建立通过使用 IMathService.java 内部的 Stub 类实现,并逐一实现在 IMathService.aidl 接口文件定义的函数。在 RemoteMathServiceDemo 示例中,远程服务的实现类是 MathService.java,下面是 MathService.java 的完整代码。

```
package edu.hrbeu.RemoteMathServiceDemo;

import android.app.Service;
import android.content.Intent;
import android.os.IBinder;
import android.widget.Toast;

public class MathService extends Service{
    private final IMathService.Stub mBinder=new IMathService.Stub(){
        public long Add(long a, long b){
            return a+b;
        }
    };
    @Override
    public IBinder onBind(Intent intent){
        Toast.makeText(this, "远程绑定:MathService",
                Toast.LENGTH_SHORT).show();
        return mBinder;
    }
    @Override
    public boolean onUnbind (Intent intent){
```

```
22         Toast.makeText(this, "取消远程绑定:MathService",
23                 Toast.LENGTH_SHORT).show();
24         return false;
25     }
26 }
```

第 8 行代码表明 MathService 继承于 android. app. Service。第 9 行代码建立 IMathService.Stub 的实例 mBinder,并在第 10 行实现了 AIDL 文件定义的远程服务接口。第 18 行在 onBind()方法中,将 mBinder 返回给远程调用者。第 16 行和第 22 行代码分别是在绑定和取消绑定时为用户生成提示信息。

RemoteMathServiceDemo 示例的文件结构如图 7.9 所示。示例中只有远程服务的类文件 MathService. java 和接口文件 IMathService. aidl,没有任何显示用户界面的 Activity 文件。因此,在调试 RemoteMathServiceDemo 示例时,模拟器上不会有任何用户界面出现,但在控制台会有"安装在 4 秒 160 毫秒间成功完成,无法识别启动 activity:找不到默认 Activity"的提示信息(见图 7.10),表明.apk 文件已经上传到模拟器中。

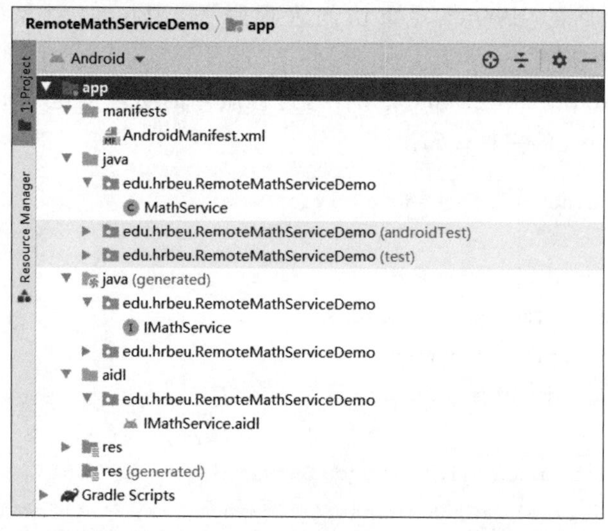

图 7.9 RemoteMathServiceDemo 示例的文件结构

```
04/18 14:34:02: Launching 'app' on No Devices.
Install successfully finished in 4 s 160 ms.
Could not identify launch activity: Default Activity not found
Error while Launching activity
```

图 7.10 RemoteMathServiceDemo 调试信息

为了进一步确认编译好的.apk 文件是否正确上传到模拟器中,可以使用 Device File Explorer 查看模拟器的文件系统。如果能在/data/data/下找到 edu. hrbeu. RemoteMathServiceDemo .apk文件,则说明提供远程服务的.apk 文件已经正确上传。RemoteMathServiceDemo 示例无法在 Android 模拟器的程序启动栏中找到,只能通过其他应用程序调用该示例中的远程服务。图 7.11 显示了 edu.hrbeu.RemoteMathServiceDemo.apk 文件的保存位置。

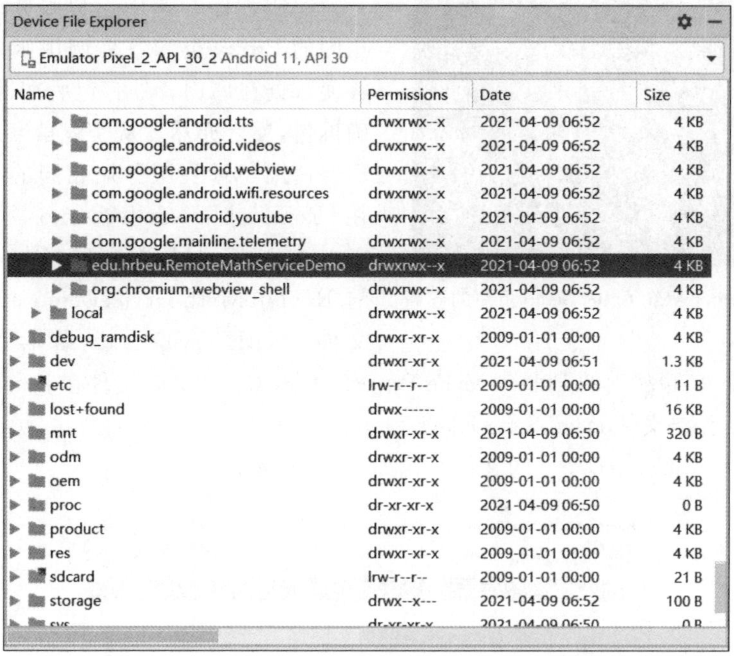

图 7.11 edu.hrbeu.RemoteMathServiceDemo.apk 文件的保存位置

RemoteMathServiceDemo 是本书中第一个没有 Activity 的示例，在 AndroidManifest.xml 文件中，在<application>标签下只有一个<service>标签。

AndroidManifest.xml 文件的完整代码如下。

```
<?xml version="1.0" encoding="utf-8"?>
<manifest xmlns:android="http://schemas.android.com/apk/res/android"
    package="edu.hrbeu.RemoteMathServiceDemo"
    android:versionCode="1"
    android:versionName="1.0">
    <application android:icon="@drawable/icon" android:label="@string/app_name">
        <service android:name=".MathService"/>
    </application>
    <uses-sdk android:minSdkVersion="14" />
</manifest>
```

3. 绑定和使用远程服务

RemoteMathCallerDemo 示例说明如何调用 RemoteMathServiceDemo 示例中的远程服务。RemoteMathCallerDemo 的界面如图 7.12 所示，用户可以绑定远程服务，也可以取消服务绑定。在绑定远程服务后，调用 RemoteMathServiceDemo 中的 MathService

服务进行加法运算，运算的输入由 RemoteMathCallerDemo 随机产生，运算的输入和结果显示在屏幕的上方。

图 7.12 RemoteMathCallerDemo 用户的界面

应用程序在调用远程服务时，需要具有相同的 Proxy 类和签名调用函数，这样才能够使数据在调用者处打包后在远程服务处正确拆包，反之亦然。从实践角度来讲，调用者需要使用与远程服务端相同的 AIDL 文件。在 RemoteMathCallerDemo 示例中，edu.hrbeu.RemoteMathServiceDemo 包下引入与 RemoteMathServiceDemo 相同的 AIDL 文件 IMathService.aidl，保存文件后选择 Android Studio 菜单栏上的 Build→Make Project 命令，根据 AIDL 文件在 java(generated) 目录下生成 java 接口文件 IMathService.java。

RemoteMathCallerDemo 的文件结构如图 7.13 所示。

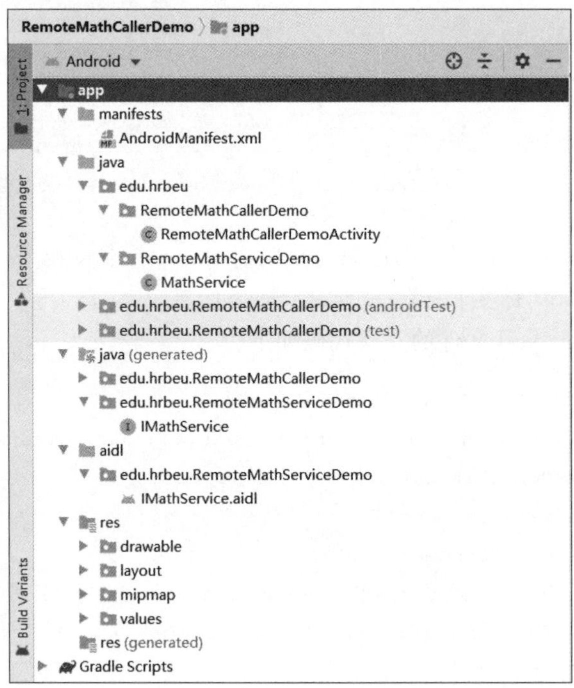

图 7.13 RemoteMathCallerDemo 的文件结构

RemoteMathCallerDemoActivity.java 是 Activity 的文件，远程服务的绑定和使用方法与 7.2.3 节的本地服务绑定示例 SimpleMathServiceDemo 相似。不同之处主要包括以下两处，一是使用 IMathService 声明远程服务实例（第 1 行代码）；二是通过 IMathService.Stub 的 asInterface()方法实现获取服务实例（第 6 行代码）。

```
1  private IMathService mathService;
```

```
private ServiceConnection mConnection=new ServiceConnection(){
    @Override
    public void onServiceConnected(ComponentName name, IBinder service){
        mathService=IMathService.Stub.asInterface(service);
    }
    @Override
    public void onServiceDisconnected(ComponentName name){
        mathService=null;
    }
}
```

绑定服务时，首先在 Intent 中指明 Service 所在的类，然后调用 bindService()绑定服务。

```
final Intent serviceIntent =new Intent(RemoteMathCallerDemoActivity.this,
        edu.hrbeu.RemoteMathServiceDemo.MathService.class)
bindService(serviceIntent,mConnection,Context.BIND_AUTO_CREATE);
```

下面给出 RemoteMathCallerDemoActivity.java 文件的完整代码。

```
package edu.hrbeu.RemoteMathCallerDemo;

import edu.hrbeu.RemoteMathServiceDemo.IMathService;

import android.app.Activity;
import android.content.ComponentName;
import android.content.Context;
import android.content.Intent;
import android.content.ServiceConnection;
import android.os.Bundle;
import android.os.IBinder;
import android.os.RemoteException;
import android.view.View;
import android.widget.Button;
import android.widget.TextView;

public class RemoteMathCallerDemoActivity extends Activity {
    private IMathService mathService;

    private ServiceConnection mConnection=new ServiceConnection(){
        @Override
        public void onServiceConnected(ComponentName name, IBinder service){
            mathService=IMathService.Stub.asInterface(service);
        }
        @Override
```

```
        public void onServiceDisconnected(ComponentName name) {
            mathService=null;
        }
    };

    private boolean isBound=false;
    TextView labelView;
    @Override
    public void onCreate(Bundle savedInstanceState) {
        super.onCreate(savedInstanceState);
        setContentView(R.layout.main);

        labelView=(TextView)findViewById(R.id.label);
        Button bindButton=(Button)findViewById(R.id.bind);
        Button unbindButton=(Button)findViewById(R.id.unbind);
        Button computButton=(Button)findViewById(R.id.compute_add);

        bindButton.setOnClickListener(new View.OnClickListener(){
            @Override
            public void onClick(View v) {
                if(!isBound){
                    final Intent serviceIntent=new
                        Intent(RemoteMathCallerDemoActivity.this,
                  edu.hrbeu.RemoteMathServiceDemo.MathService.class);

                    bindService(serviceIntent,mConnection,Context.BIND_
                    AUTO_CREATE);
                    isBound=true;
                }
            }
        });

        unbindButton.setOnClickListener(new View.OnClickListener(){
            @Override
            public void onClick(View v) {
                if(isBound){
                    isBound=false;
                    unbindService(mConnection);
                    mathService=null;
                }
            }
        });

        computButton.setOnClickListener(new View.OnClickListener(){
```

```
            @Override
            public void onClick(View v) {
                if(mathService==null) {
                    labelView.setText("未绑定远程服务");
                    return;
                }
                long a=Math.round(Math.random() *100);
                long b=Math.round(Math.random() *100);
                long result=0;
                try {
                    result=mathService.Add(a, b);
                } catch(RemoteException e) {
                    e.printStackTrace();
                }
                String msg=String.valueOf(a) +"+"+String.valueOf(b) +
                        "="+String.valueOf(result);
                labelView.setText(msg);
            }
        });
    }
}
```

7.3.3 数据传递

在 Android 系统中，进程间传递的数据包括 Java 语言支持的基本数据类型和用户自定义的数据类型。为了使数据能够穿越进程边界，所有数据都必须是“可打包”的。对于 Java 语言的基本数据类型，打包过程是自动完成的。但对于自定义的数据类型，用户则需要实现 Parcelable 接口，使自定义的数据类型能够转换为系统级原语保存在 Parcel 对象中，穿越进程边界后可再转换为初始格式。AIDL 支持的数据类型见表 7.1。

表 7.1 AIDL 支持的数据类型

类　型	说　明	需要引入
Java 语言的基本类型	包括 boolean、byte、short、int、float 和 double 等	否
String	java.lang.String	否
CharSequence	java.lang.CharSequence	否
List	其中所有的元素都必须是 AIDL 支持的数据类型	否
Map	其中所有的键和元素都必须是 AIDL 支持的数据类型	否
其他 AIDL 接口	任何其他使用 AIDL 语言生成的接口类型	是
Parcelable 对象	实现 Parcelable 接口的对象	是

下面以 ParcelMathServiceDemo 示例为参考，说明如何在远程服务中使用自定义数据类型。这个示例是 RemoteMathServiceDemo 示例的延续，也定义了 MathService 服务，同样可以为远程调用者提供加法服务。而且同样也是没有启动界面，因此在模拟器

的调试过程与 RemoteMathServiceDemo 示例相同。

不同之处在于，MathService 服务增加了“全运算”功能，在接收到输入参数后，将向调用者返回一个包含“加、减、乘、除”全部运算结果的对象。这个对象是一个自定义的类，为了能够使其他 AIDL 文件可以使用这个自定义类，需要使用 AIDL 声明这个类。

ParcelMathServiceDemo 示例的文件结构如图 7.14 所示。

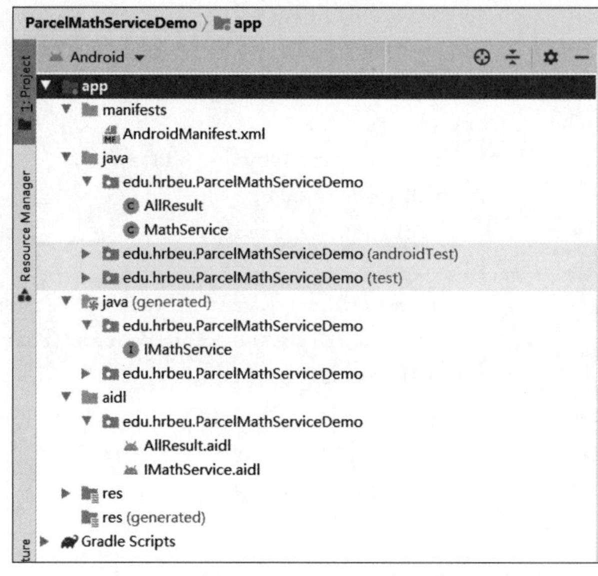

图 7.14　ParcelMathServiceDemo 示例的文件结构

首先建立 AllResult.aidl 文件，声明 AllResult 类。在第 2 行代码中使用 parcelable 声明自定义类，这样其他的 AIDL 文件就可以使用这个自定义的类。AllResult.aidl 文件的代码如下。

```
1   package edu.hrbeu.ParcelMathServiceDemo;
2   parcelable AllResult;
```

在 IMathService.aidl 文件中，第 6 行代码为全运算增加了新的函数 ComputeAll()，该函数的返回值就是在 AllResult.aidl 文件中定义 AllResult。同时，为了能够使用自定义数据结构 AllResult，在代码中须引入 edu.hrbeu.ParcelMathServiceDemo.AllResult 包。第 2 行和第 6 行是新增的代码，其他的代码与 RemoteMathServiceDemo 示例相同。

```
1   package edu.hrbeu.ParcelMathServiceDemo;
2   import edu.hrbeu.ParcelMathServiceDemo.AllResult;
3
4   interface IMathService {
5       long Add(long a, long b);
6       AllResult ComputeAll(long a, long b);
7   }
```

在 AIDL 文件定义完毕后，下一步介绍如何构造 AllResult 类。AllResult 类除了基本的构造函数以外，还需要有以 Parcel 对象为输入的构造函数，并且需要重载打包函数 writeToParcel()。

AllResult.java 文件的完整代码如下。

```
package edu.hrbeu.ParcelMathServiceDemo;

import android.os.Parcel;
import android.os.Parcelable;

public class AllResult implements Parcelable {
    public long AddResult;
    public long SubResult;
    public long MulResult;
    public double DivResult;

    public AllResult (long addRusult, long subResult, long mulResult, double divResult) {
        AddResult=addRusult;
        SubResult=subResult;
        MulResult=mulResult;
        DivResult=divResult;
    }

    public AllResult(Parcel parcel) {
        AddResult=parcel.readLong();
        SubResult=parcel.readLong();
        MulResult=parcel.readLong();
        DivResult=parcel.readDouble();
    }

    @Override
    public int describeContents() {
        return 0;
    }

    @Override
    public void writeToParcel(Parcel dest, int flags) {
        dest.writeLong(AddResult);
        dest.writeLong(SubResult);
        dest.writeLong(MulResult);
        dest.writeDouble(DivResult);
    }

    public static final Parcelable.Creator<AllResult>CREATOR=
```

```
40          new Parcelable.Creator<AllResult>(){
41          public AllResult createFromParcel(Parcel parcel){
42              return new AllResult(parcel);
43          }
44          public AllResult[] newArray(int size){
45              return new AllResult[size];
46          }
47      };
48  }
```

第 6 行代码说明了 AllResult 类继承于 Parcelable。第 7～10 行代码用来保存全运算的运算结果。第 12 行代码是 AllResult 类的基本构造函数。第 19 行代码也是类的构造函数，支持 Parcel 对象实例化 AllResult。第 32 行代码的 writeToParcel()是"打包"函数，将 AllResult 类内部的数据，按照特定的顺序写入 Parcel 对象，写入的顺序必须与构造函数的读取顺序一致(第 20～23 行代码)。第 39 行代码实现了静态公共字段 Creator，用来使用 Parcel 对象构造 AllResult 对象。

在 MathService.java 文件中，增加了用来进行全运算的 ComputAll()函数，并将运算结果保存在 AllResult 对象中。

MathService.java 文件中的 ComputAll()函数的实现代码如下。

```
@Override
public AllResult ComputeAll(long a, long b) throws RemoteException {
    long addRusult=a+b;
    long subResult=a-b;
    long mulResult=a * b;
    double divResult=(double)a /(double)b;
    AllResult allResult = new AllResult (addRusult, subResult, mulResult,
    divResult);
    return allResult;
}
```

ParcelMathCallerDemo 示例是 ParcelMathServiceDemo 示例中 MathService 服务的调用者，文件结构如图 7.15 所示。其中，AllResult.aidl、AllResult.java 和 IMathService.aidl 文件必须与 ParcelMathServiceDemo 示例的 3 个文件完全一致，否则会出现错误。

在图 7.16 的 ParcelMathCallerDemo 界面中可以发现，原来的"加法运算"按钮改为了"全运算"按钮，运算结果显示在界面的上方。

下面也仅给出 ParcelMathCallerDemo.java 文件与 RemoteMathCallerDemo 示例 RemoteMathCallerDemoActivity.java 文件不同的代码段。定义了"全运算"按钮的监听函数，随机产生输入值，调用远程服务，获取运算结果，并将运算结果显示在用户界面上。

```
computAllButton.setOnClickListener(new View.OnClickListener(){
    @Override
    public void onClick(View v){
```

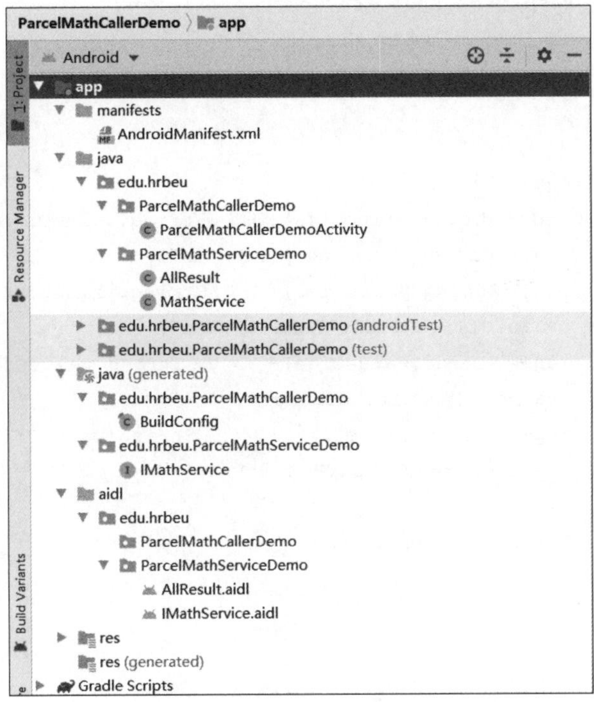

图 7.15 ParcelMathCallerDemo 的文件结构

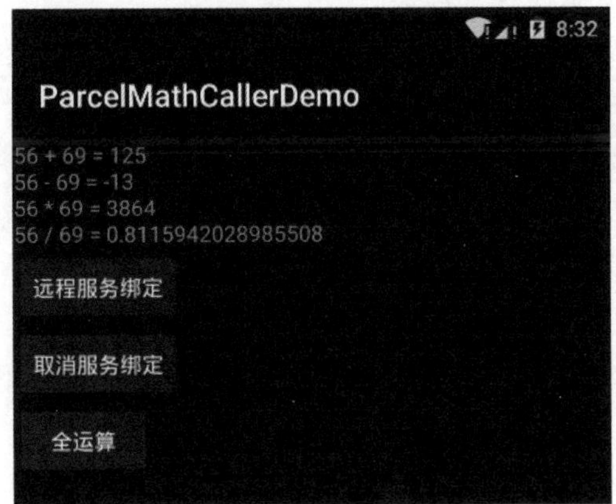

图 7.16 ParcelMathCallerDemo 的用户界面

```
        if(mathService==null){
            labelView.setText("未绑定远程服务");
            return;
        }
        long a=Math.round(Math.random() * 100);
        long b=Math.round(Math.random() * 100);
        AllResult result=null;
        try {
```

```
            result=mathService.ComputeAll(a, b);
        } catch(RemoteException e){
            e.printStackTrace();
        }
        String msg="";
        if(result !=null){
            msg+=String.valueOf(a)+"+"+String.valueOf(b)+"="+String
            .valueOf(result.AddResult)+"\n";
            msg+=String.valueOf(a)+"-"+String.valueOf(b)+"="+String
            .valueOf(result.SubResult)+"\n";
            msg+=String.valueOf(a)+" * "+String.valueOf(b)+"="+String
            .valueOf(result.MulResult)+"\n";
            msg+=String.valueOf(a)+" / "+String.valueOf(b)+"="+String
            .valueOf(result.DivResult);
        }
        labelView.setText(msg);
    }
});
```

习　题

1. 简述 Service 的基本原理和用途。

2. 编程建立一个简单的进程内服务，实现比较两个整数大小的功能。服务提供 IntCompare(Int, Int)函数，输入两个整数，输出较大的整数。

3. 使用 AIDL 实现功能与第 2 题相同的跨进程服务。

第 8 章 chapter 8

数据存储与访问

Android 系统提供多种数据存储方法，包括易于使用的 SharedPreferences、经典的文件存储和轻量级的 SQLite 数据库，不同的数据存储方法有着不同的适用领域。通过本章的学习，可以让读者了解 Android 系统各种数据存储方法的特点和使用方法，掌握跨进程的数据共享方法。

本章学习目标：

- 掌握 SharedPreferences 的使用方法；
- 掌握各种文件存储的区别与适用情况；
- 了解 SQLite 数据库的特点和体系结构；
- 掌握 SQLite 数据库的建立和操作方法；
- 理解 ContentProvider 的用途和原理；
- 掌握 ContentProvider 的创建与使用方法。

8.1 简单存储

8.1.1 SharedPreferences

在应用程序的使用过程中，用户经常会根据自己的习惯更改应用程序的设置，或者根据自己的喜好设定个性化内容。为了能保存配置信息和个性化内容，应用程序一般在文件系统中保存一个配置文件，并在每次程序启动时读取配置文件的内容。

在文件系统中使用配置文件，需要注意配置文件的格式，一般使用 INI 文件或 XML 文件，当然也可以自定义文件格式。INI 文件格式简单，容易读懂，但须使用代码实现文件的读取和写入。XML 文件有成熟的类支持，在代码方面更容易实现，但可读性比 INI 文件差。无论使用 INI 文件还是使用 XML 文件保存配置信息和个性化内容，程序开发人员都需要进行烦琐的编码来实现文件读写操作。

Android 为开发人员提供了更为简单的数据存储方法——SharedPreferences。这是一种轻量级的数据保存方式，通过 SharedPreferences 可以将 NVP(Name/Value Pair，名称/值对)保存在 Android 的文件系统中，而且 SharedPreferences 完全屏蔽了对文件系统的操作过程，仅通过调用 SharedPreferences 中的函数就可以实现对 NVP 的保存和读取。

SharedPreferences不仅能够保存数据，还能够实现不同应用程序间的数据共享。SharedPreferences支持3种访问模式：私有（MODE_PRIVATE）、全局读（MODE_WORLD_READABLE）和全局写（MODE_WORLD_WRITEABLE）。如果将SharedPreferences定义为私有模式，仅创建SharedPreferences的程序有权限对其进行读取或写入；如果将SharedPreferences定义为全局读模式，则不仅创建程序可以对其进行读取或写入，其他应用程序也具有读取操作的权限，但没有写入操作的权限；如果将SharedPreferences定义为全局写模式，则所有程序都可以对其进行写入操作，但没有读取操作的权限。

在使用SharedPreferences前，先定义SharedPreferences的访问模式。下面的代码将访问模式定义为私有模式。

```
public static int MODE=Context.MODE_PRIVATE;
```

有时需要将SharedPreferences的访问模式设定为既可以全局读，也可以全局写，这就需要将两种模式写成下面的方式：

```
public static int MODE=Context.MODE_PRIVATE+Context.MODE_PRIVATE;
```

除了定义SharedPreferences的访问模式，还要定义SharedPreferences的名称，这个名称也是SharedPreferences在Android文件系统中保存的文件名称。一般将SharedPreferences名称声明为字符串常量，这样可以在代码中多次使用：

```
public static final String PREFERENCE_NAME="SaveSetting";
```

使用SharedPreferences时需要将访问模式和SharedPreferences名称作为参数传递到getSharedPreferences()函数，则可获取SharedPreferences实例。

```
SharedPreferences sharedPreferences = getSharedPreferences (PREFERENCE_
NAME, MODE);
```

在获取SharedPreferences实例后，可以通过SharedPreferences.Editor类对SharedPreferences进行修改，最后调用commit()函数保存修改内容。SharedPreferences广泛支持各种基本数据类型，包括整型、布尔型、浮点型和长型等。

```
SharedPreferences.Editor editor=sharedPreferences.edit();
editor.putString("Name", "Tom");
editor.putInt("Age", 20);
editor.putFloat("Height", 1.81f);
editor.commit();
```

如果需要从已经保存的SharedPreferences中读取数据，同样是调用getSharedPreferences()函数，并在函数第1个参数中指明需要访问的SharedPreferences名称，最后通过get<Type>()函数获取保存在SharedPreferences中的NVP。get<Type>()函数的第1个参数是NVP的名称，第2个参数是默认值，在无法获取数值时使用。

```
SharedPreferences sharedPreferences=getSharedPreferences(PREFERENCE_NAME, MODE);
String name=sharedPreferences.getString("Name","Default Name");
int age=sharedPreferences.getInt("Age", 20);
float height=sharedPreferences.getFloat("Height",1.81f);
```

8.1.2 示例

到这里已经介绍了 SharedPreferences 的使用方法，下面将通过 SimplePreferenceDemo 示例介绍 SharedPreferences 的文件保存位置和保存格式。SimplePreferenceDemo 示例的用户界面如图 8.1 所示，用户在界面上的输入信息，在 Activity 关闭时通过 SharedPreferences 进行保存。当应用程序重新开启时，再通过 SharedPreferences 将信息读取出来，并重新呈现在用户界面上。

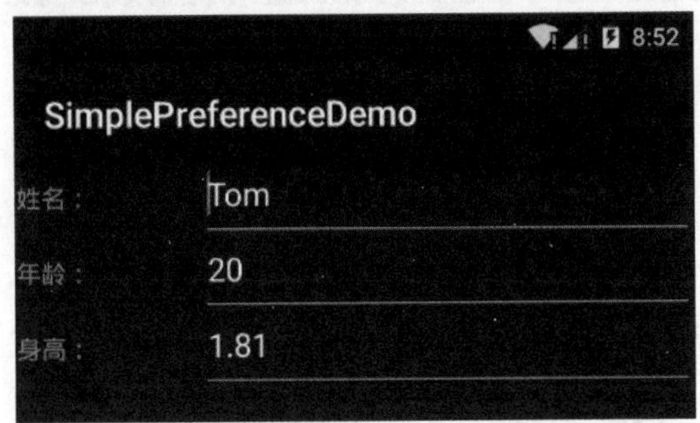

图 8.1 SimplePreferenceDemo 的用户界面

SimplePreferenceDemo 示例运行并通过回退键退出后，通过 FileExplorer 查看/data/data 下的数据，Android 系统为每个应用程序建立了与包同名的目录，用来保存应用程序产生的数据文件，包括普通文件、SharedPreferences 文件和数据库文件等。SharedPreferences 产生的文件就保存在/data/data/＜package name＞/shared_prefs 目录下。

在本示例中，shared_prefs 目录中生成了一个名为 SaveSetting.xml 的文件（见图 8.2），保存在/data/data/edu.hrbeu.SimplePreferenceDemo/shared_prefs 目录下。这个文件就是保存 SharedPreferences 的文件，文件大小为 170B，在 Linux 下的权限为-rw-rw-rw。

在 Linux 系统中，文件权限分别描述了创建者、同组用户和其他用户对文件的操作限制。x 表示可执行，r 表示可读，w 表示可写，d 表示目录，-表示普通文件。因此，-rw-rw-rw 表示 SaveSetting.xml 可以被创建者、同组用户和其他用户进行读取和写入操作，但不可执行。产生这样的文件权限与程序人员设定的 SharedPreferences 的访问模式有关，-rw-rw-rw 的权限是“全局读＋全局写”的结果。如果将 SharedPreferences 的访问模式设置为私有，则文件权限将成为-rw-rw ---，表示仅有创建者和同组用户具有读写文件的权限。

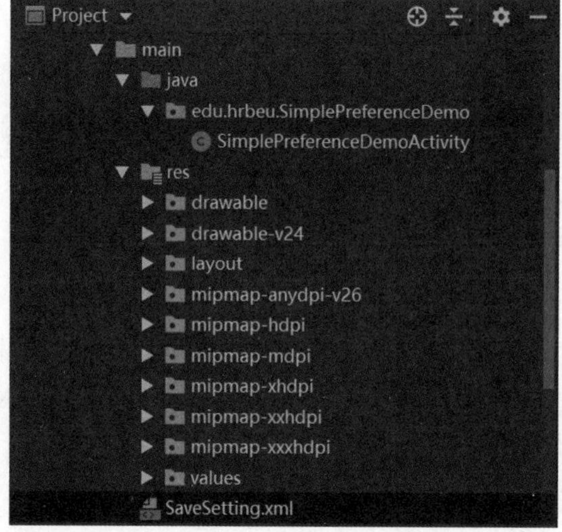

图 8.2 SaveSetting.xml 文件

SaveSetting.xml 文件是以 XML 格式保存的信息，内容如下。

```
<?xml version='1.0' encoding='utf-8' standalone='yes' ?>
<map>
    <float name="Height" value="1.81" />
    <string name="Name">Tom</string>
    <int name="Age" value="20" />
</map>
```

SimplePreferenceDemo 示例在 onStart()函数中调用 loadSharedPreferences()函数，读取保存在 SharedPreferences 中的姓名、年龄和身高信息，并显示在用户界面上。当 Activity 关闭时，在 onStop()函数调用 saveSharedPreferences()，保存界面上的信息。下面给出 SimplePreferenceDemoActivity.java 的完整代码。

```
package edu.hrbeu.SimplePreferenceDemo;

import android.app.Activity;
import android.content.Context;
import android.content.SharedPreferences;
import android.os.Bundle;
import android.widget.EditText;

public class SimplePreferenceDemoActivity extends Activity {

    private EditText nameText;
    private EditText ageText;
    private EditText heightText;
    public static final String PREFERENCE_NAME="SaveSetting";
```

```
    public static int MODE = Context.MODE_WORLD_READABLE + Context.MODE_WORLD_WRITEABLE;

    @Override
    public void onCreate(Bundle savedInstanceState) {
        super.onCreate(savedInstanceState);
        setContentView(R.layout.main);
        nameText= (EditText) findViewById(R.id.name);
        ageText= (EditText) findViewById(R.id.age);
        heightText= (EditText) findViewById(R.id.height);
    }

    @Override
    public void onStart() {
        super.onStart();
        loadSharedPreferences();
    }
    @Override
    public void onStop() {
        super.onStop();
        saveSharedPreferences();
    }

    private void loadSharedPreferences() {
        SharedPreferences sharedPreferences=getSharedPreferences(PREFERENCE_NAME, MODE);
        String name=sharedPreferences.getString("Name","Tom");
        int age=sharedPreferences.getInt("Age", 20);
        float height=sharedPreferences.getFloat("Height",1.81f);

        nameText.setText(name);
        ageText.setText(String.valueOf(age));
        heightText.setText(String.valueOf(height));
    }

    private void saveSharedPreferences() {
        SharedPreferences sharedPreferences=getSharedPreferences(PREFERENCE_NAME, MODE);
        SharedPreferences.Editor editor=sharedPreferences.edit();

        editor.putString("Name", nameText.getText().toString());
        editor.putInt("Age", Integer.parseInt(ageText.getText().toString()));
        editor.putFloat("Height", Float.parseFloat(heightText.getText().toString()));
```

```
        editor.commit();
    }
}
```

8.2 文件存储

虽然 SharedPreferences 能够为开发人员简化数据存储和访问过程，但直接使用文件系统保存数据仍然是 Android 数据存储中不可或缺的组成部分。Android 使用 Linux 的文件系统，开发人员可以建立和访问程序自身建立的私有文件，也可以访问保存在资源目录中的原始文件和 XML 文件，还可以将文件保存在 TF 卡等外部存储设备中。

8.2.1 内部存储

Android 系统允许应用程序创建仅能够被自身访问的私有文件，文件保存在设备的内部存储器上，在 Android 系统下的/data/data/< package name >/files 目录中。Android 系统不仅支持标准 Java 的 IO 类和方法，还提供了能够简化读写流式文件过程的函数。这里主要介绍两个函数：openFileOutput()和 openFileInput()。

openFileOutput()函数为写入数据做准备而打开文件。如果指定的文件存在，直接打开文件准备写入数据；如果指定的文件不存在，则创建一个新的文件。

openFileOutput()函数的语法格式如下。

```
public FileOutputStream openFileOutput(String name, int mode)
```

第 1 个参数是文件名称，这个参数不可以包含描述路径的斜杠。第 2 个参数是操作模式，Android 系统支持两种文件操作模式，文件操作模式说明参考表 8.1。函数的返回值是 FileOutputStream 类型。

表 8.1 两种文件操作模式

模　式	说　明
MODE_PRIVATE	私有模式，缺陷模式，文件仅能够被创建文件的程序访问，或具有相同 UID 的程序访问
MODE_APPEND	追加模式，如果文件已经存在，则在文件的结尾处添加新数据

使用 openFileOutput()函数建立新文件的示例代码如下。

```
String FILE_NAME="fileDemo.txt";
FileOutputStream fos=openFileOutput(FILE_NAME,Context.MODE_PRIVATE)
String text="Some data";
fos.write(text.getBytes());
fos.flush();
fos.close();
```

代码首先定义文件的名称为 fileDemo.txt，然后使用 openFileOutput()函数以私有

模式建立文件，并调用 write()函数将数据写入文件，调用 flush()函数将缓冲数据写入文件，最后调用 close()函数关闭 FileOutputStream。

为了提高文件系统的性能，一般调用 write()函数时，如果写入的数据量较小，系统会把数据保存在数据缓冲区中，等数据量积攒到一定程度时再将数据一次性写入文件。因此，在调用 close()函数关闭文件前，务必要调用 flush()函数，将缓冲区内所有的数据写入文件。如果开发人员在调用 close()函数前没有调用 flush()，则可能导致部分数据丢失。

openFileInput()函数为读取数据做准备而打开文件。openFileInput()函数的语法格式如下。

```
public FileInputStream openFileInput(String name)
```

参数也是文件名称，同样不允许包含描述路径的斜杠。使用 openFileInput()函数打开已有文件，并以二进制方式读取数据的示例代码如下。

```
String FILE_NAME="fileDemo.txt";
FileInputStream fis=openFileInput(FILE_NAME);

byte[] readBytes=new byte[fis.available()];
while(fis.read(readBytes)!=-1){
}
```

上面的两部分代码在实际使用过程中会遇到错误提示，这是因为文件操作可能会遇到各种问题而最终导致操作失败，因此在代码中应使用 try/catch 捕获可能产生的异常。

InternalFileDemo 示例用来演示在内部存储器上进行文件写入和读取的示例，其用户界面如图 8.3 所示。用户将需要写入的数据添加在 EditText 中，点击“写入文件”按钮将数据写入/data/data/edu.hrbeu.InternalFileDemo/files/fileDemo.txt 文件中。如果用户选择“追加模式”，数据将会添加到 fileDemo.txt 文件的结尾处。点击“读取文件”按钮，程序会读取 fileDemo.txt 文件的内容，并显示在界面下方的白色区域中。

下面给出 InternalFileDemo 示例的核心代码。

```
OnClickListener writeButtonListener=new OnClickListener(){
    @Override
    public void onClick(View v){
        FileOutputStream fos=null;
        try {
            if(appendBox.isChecked()){
                fos=openFileOutput(FILE_NAME,Context.MODE_APPEND);
            }else {
                fos=openFileOutput(FILE_NAME,Context.MODE_PRIVATE);
            }
        String text=entryText.getText().toString();
        fos.write(text.getBytes());
        labelView.setText("文件写入成功,写入长度:"+text.length());
```

图 8.3 InternalFileDemo 的用户界面

```
            entryText.setText("");
            } catch(FileNotFoundException e){
                e.printStackTrace();
            }
            catch(IOException e){
                e.printStackTrace();
            }
            finally{
                if(fos!=null){
                    try {
                        fos.flush();
                        fos.close();
                    } catch(IOException e){
                        e.printStackTrace();
                    }
                }
            }
        }
};
OnClickListener readButtonListener=new OnClickListener(){
    @Override
    public void onClick(View v){
        displayView.setText("");
        FileInputStream fis=null;
        try {
            fis=openFileInput(FILE_NAME);
```

```
            if(fis.available()==0){
                return;
            }
            byte[] readBytes=new byte[fis.available()];
            while(fis.read(readBytes)!=-1){
            }
            String text=new String(readBytes);
            displayView.setText(text);
            labelView.setText("文件读取成功,文件长度:"+text.length());
        } catch(FileNotFoundException e){
            e.printStackTrace();
        }
        catch(IOException e){
            e.printStackTrace();
        }
    }
};
```

程序运行后,在/data/data/edu.hrbeu.InternalFileDemo/files/目录下找到了新建立的 fileDemo.txt 文件,如图 8.4 所示。从文件权限上分析 fileDemo.txt 文件,-rw-rw---表明文件仅允许文件创建者和同组用户读写,其他用户无权使用。文件的大小为 9B,保存的数据为 Some data。

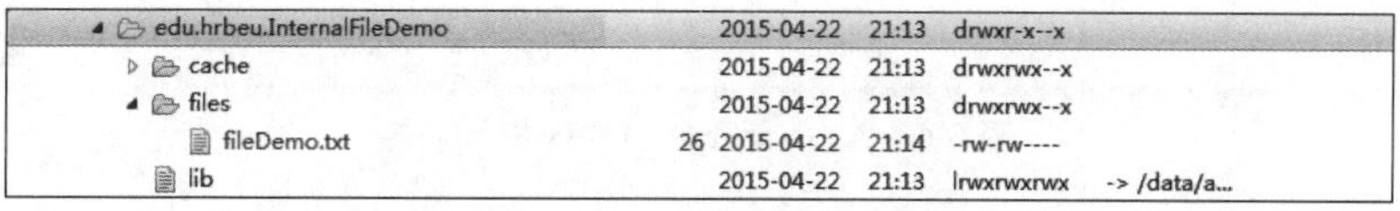

Name	Size	Date	Time	Permissions	Info
edu.hrbeu.InternalFileDemo		2015-04-22	21:13	drwxr-x--x	
cache		2015-04-22	21:13	drwxrwx--x	
files		2015-04-22	21:13	drwxrwx--x	
fileDemo.txt	26	2015-04-22	21:14	-rw-rw----	
lib		2015-04-22	21:13	lrwxrwxrwx	-> /data/a...

图 8.4　fileDemo.txt 文件

8.2.2　外部存储

Android 的外部存储设备一般指 Micro SD 卡,又称为 T-Flash,是一种广泛使用于数码设备的超小型记忆卡。图 8.5 是东芝公司出品的 32GB Micro SD 卡。

Micro SD 卡适用于保存较大的文件或者一些无须设置访问权限的文件。如果用户希望保存录制的视频文件和音频文件,则使用 Micro SD 卡是非常合适的选择,因为 Android 设备的内部存储空间有限。如果需要设置文件的访问权限,则不能够使用 Micro SD 卡,因为 Micro SD 卡使用 FAT(File Allocation Table)文件系统,不支持访问模式和权限控制。Android 的内部存储器使用的是 Linux 文件系统,这可以通过文件访问权限的控制保证文件的私密性。

图 8.5　Micro SD 卡

Android模拟器支持SD卡的模拟，在模拟器建立时可以选择SD卡的容量，如图8.6所示，在模拟器启动时会自动加载SD卡。正确加载SD卡后，SD卡中的目录和文件被映射到/mnt/sdcard目录下。因为用户可以加载或卸载SD卡，所以在编程访问SD卡前首先需要检测/mnt/sdcard目录是否可用。如果不可用，说明设备中的SD卡已经被卸载。如果可用，则直接通过使用标准的java.io.File类进行访问。

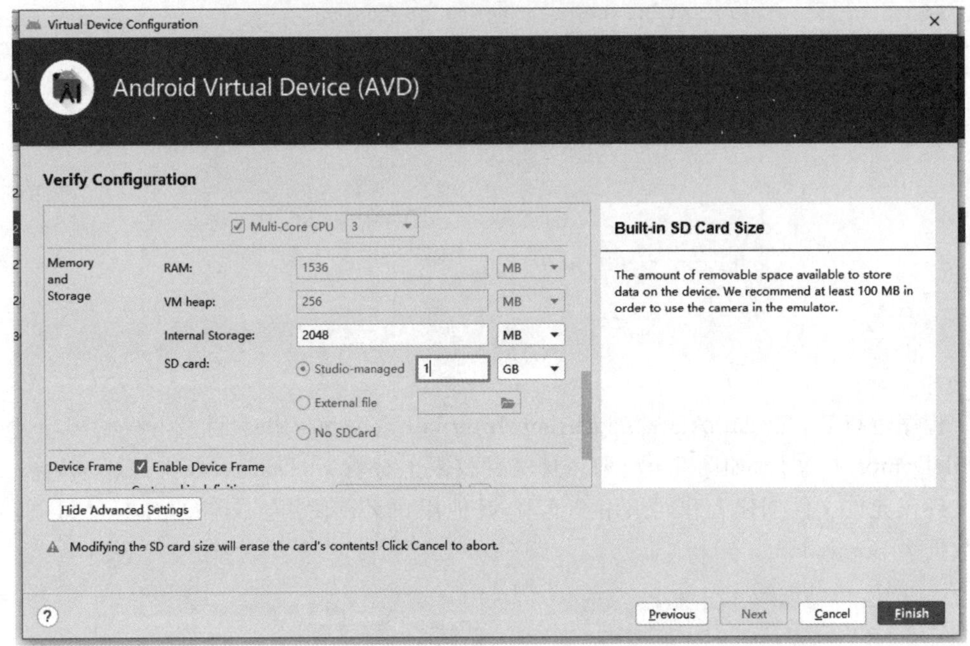

图8.6　AVD管理器中的模拟SD卡

SDcardFileDemo示例说明如何将数据保存在SD卡中。首先通过“生产随机数列”按钮生成10个随机小数，然后通过“写入SD卡”按钮将生成的数据保存在SD卡的根目录下，也就是Android系统的/mnt/sdcard目录下。

SDcardFileDemo示例的用户界面如图8.7所示。

SDcardFileDemo示例运行后，在每次点击“写入SD卡”按钮后都会在SD卡中生成一个新文件，文件名各不相同，如图8.8所示。

SDcardFileDemo示例与InternalFileDemo示例的核心代码比较相似，不同之处在于代码中添加了/mnt/sdcard目录的存在性检查（第7行代码），并使用“绝对目录＋文件名”的形式表示新建立的文件（第8行代码），并在写入文件前对文件的存在性和可写入性进行检查（第12行代码）。为了保证在SD卡中多次写入时文件名不会重复，在文件名中使用了唯一且不重复的标识（第5行代码），这个标识通过调用System.currentTimeMillis()函数获得，表示从1970年00:00:00到当前所经过的毫秒数。SDcardFileDemo示例的核心代码如下。

```
1  private static String randomNumbersString="";
2  OnClickListener writeButtonListener=new OnClickListener(){
```

图 8.7 SDcardFileDemo 示例的用户界面

« 第一颗松子 (C:) › 用户 › ZLynn › .android › avd › Pixel_2_API_24.avd 搜索"Pixel_2_A...

名称	修改日期	类型	大小
data	2021/3/26 14:31	文件夹	
hardware-qemu.ini.lock	2021/4/11 21:02	文件夹	
snapshots	2021/3/26 14:31	文件夹	
AVD.conf	2021/4/11 21:03	CONF 文件	1 KB
cache	2021/3/26 14:32	光盘映像文件	67,584 KB
cache.img.qcow2	2021/4/11 21:00	QCOW2 文件	9,984 KB
config	2021/3/26 14:31	配置设置	2 KB
emulator-user	2021/4/11 21:00	配置设置	1 KB
emu-launch-params	2021/4/11 21:02	文本文档	1 KB
hardware-qemu	2021/4/11 21:02	配置设置	4 KB
multiinstance.lock	2021/4/11 21:02	LOCK 文件	0 KB
quickbootChoice	2021/4/11 21:00	配置设置	1 KB
read-snapshot	2021/4/11 21:02	文本文档	0 KB
sdcard	2021/3/26 14:31	光盘映像文件	524,288 KB
sdcard.img.qcow2	2021/4/11 21:00	QCOW2 文件	577 KB
userdata	2021/3/26 14:26	光盘映像文件	563,200 KB
userdata-qemu	2021/3/26 14:32	光盘映像文件	819,200 KB
userdata-qemu.img.qcow2	2021/4/11 21:00	QCOW2 文件	90,624 KB
version_num.cache	2021/3/26 14:32	CACHE 文件	1 KB

图 8.8 SD 卡中生成的文件

```
    @Override
    public void onClick(View v){
        String fileName="SdcardFile-"+System.currentTimeMillis()+".txt";
        File dir=new File("/sdcard/");
        if(dir.exists()&& dir.canWrite()){
            File newFile=new File(dir.getAbsolutePath()+"/"+fileName);
            FileOutputStream fos=null;
            try {
                newFile.createNewFile();
```

```
                if(newFile.exists()&& newFile.canWrite()){
                    fos=new FileOutputStream(newFile);
                    fos.write(randomNumbersString.getBytes());
                    TextView labelView=(TextView)findViewById(R.id.label);
                    labelView.setText(fileName+"文件写入 SD 卡");
                }
            } catch(IOException e){
                e.printStackTrace();
            } finally {
                if(fos!=null){
                    try{
                        fos.flush();
                        fos.close();
                    }
                    catch(IOException e){ }
                }
            }
        }
    }
};
```

程序在模拟器中运行前，还必须在 AndroidManifest.xml 中注册两个用户权限，分别是加载卸载文件系统的权限和向外部存储器写入数据的权限。AndroidManifest.xml 的核心代码如下。

```
<uses-permission android:name="android.permission.MOUNT_UNMOUNT_
FILESYSTEMS"></uses-permission>
<uses-permission android:name="android.permission.WRITE_EXTERNAL_
STORAGE"></uses-permission>
```

8.2.3 资源文件

开发人员除了可以在内部和外部存储设备上读写文件以外，还可以访问在/res/raw 和/res/xml 目录中的原始格式文件和 XML 文件，这些文件是程序开发阶段在工程中保存的文件。

原始格式文件可以是任何格式的文件，例如视频格式文件、音频格式文件、图像文件或数据文件等。在应用程序编译和打包时，/res/raw 目录下的所有文件都会保留原有格式不变。而/res/xml 目录下一般用来保存格式化数据的 XML 文件，则会在编译和打包时将 XML 文件转换为二进制格式，用以降低存储器空间占用率和提高访问效率，在应用程序运行的时候会以特殊的方式进行访问。

ResourceFileDemo 示例演示了如何在程序运行时访问资源文件。当用户点击“读取原始文件”按钮时，程序将读取/res/raw/raw_file.txt 文件，并将内容显示在界面上，如图 8.9(a)所示。当用户点击“读取 XML 文件”按钮时，程序将读取/res/xml/people.xml

文件，将内容显示在界面上，如图 8.9(b)所示。

(a) 读取原始文件

(b) 读取XML文件

图 8.9 **ResourceFileDemo** 示例的用户界面

读取原始格式文件首先需要调用 getResource()函数获得资源实例，然后通过调用资源实例的 openRawResource()函数，以二进制流的形式打开指定的原始格式文件。在读取文件结束后，调用 close()函数关闭文件流。

ResourceFileDemo 示例中读取原始格式文件的核心代码如下。

```
1  Resources resources=this.getResources();
2  InputStream inputStream=null;
3  try {
4      inputStream=resources.openRawResource(R.raw.raw_file);
5      byte[] reader=new byte[inputStream.available()];
6      while(inputStream.read(reader)!=-1){
7      }
8      displayView.setText(new String(reader,"utf-8"));
9  } catch(IOException e){
10     Log.e("ResourceFileDemo", e.getMessage(), e);
11 } finally {
12     if(inputStream!=null){
13     try {
14         inputStream.close();
15     }
16     catch(IOException e){}
17     }
18 }
```

第 8 行代码的 new String(reader,"utf-8")表示以 UTF-8 的编码方式从字节数组中实例化一个字符串。如果程序开发人员需要新建/res/raw/raw_file.txt 文件，则需要选择使用 UTF-8 编码方式，否则程序运行时会产生乱码。由于在开发中编码格式的不同会出现许多问题，因此在开发之前推荐将 Android Studio 配置成 UTF-8 编码格式。更改配置路径 File→Settings→Editor→File Encodings，需要修改成 UTF-8 编码的地方如图 8.10 所示。

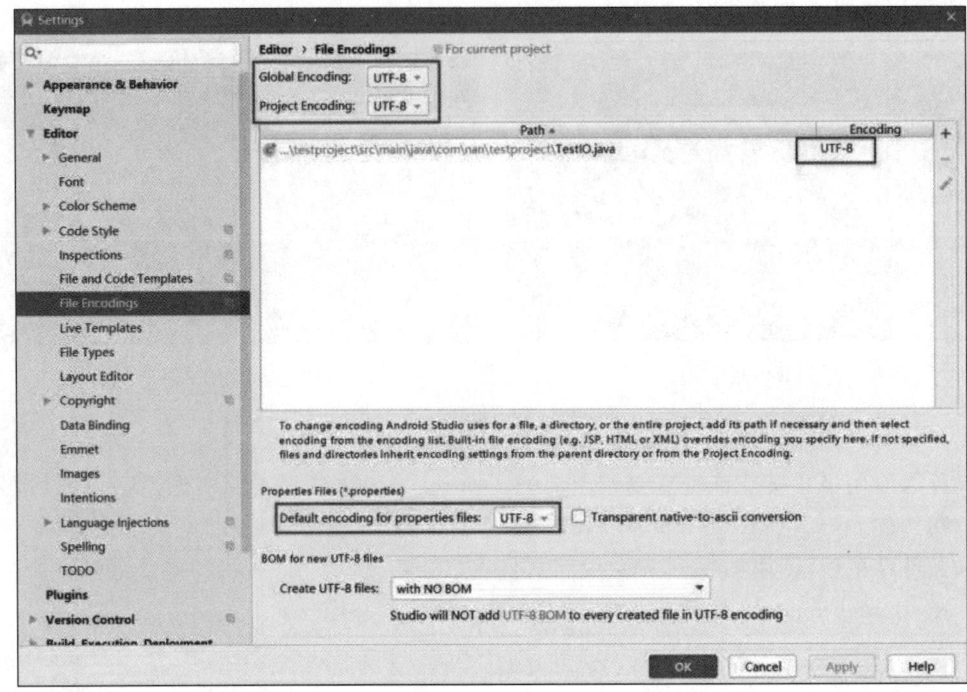

图 8.10 选择 raw_file.txt 文件编码方式

/res/xml 目录下的 XML 文件与其他资源文件有所不同，程序开发人员不能够以流的方式直接读取，其主要原因在于 Android 系统为了提高读取效率，减少占用的存储空间，将 XML 文件转换为一种高效的二进制格式。

为了说明如何在程序运行时读取/res/xml 目录下的 XML 文件，首先在/res/xml 目录下创建一个名为 people.xml 的文件。XML 文件定义了多个<person>元素，每个<person>元素都包含 name、age 和 height 3 个属性，分别表示姓名、年龄和身高。

/res/xml/people.xml 文件代码如下。

```
<people>
    <person name="李某某" age="21" height="1.81" />
    <person name="王某某" age="25" height="1.78" />
    <person name="张某某" age="20" height="1.69" />
</people>
```

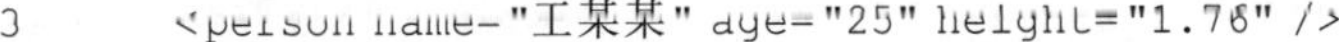

读取 XML 格式文件，首先通过调用资源实例的 getXml()函数，获取 XML 解析器 XmlPullParser。XmlPullParser 是 Android 平台标准的 XML 解析器，这项技术来自一个开源的 XML 解析 API 项目——XMLPULL。

ResourceFileDemo 示例中关于读取 XML 文件的核心代码如下。

```
XmlPullParser parser=resources.getXml(R.xml.people);
String msg="";
try {
```

```
4      while(parser.next()!=XmlPullParser.END_DOCUMENT){
5          String people=parser.getName();
6          String name=null;
7          String age=null;
8          String height=null;
9          if((people!=null)&& people.equals("person")){
10             int count=parser.getAttributeCount();
11             for(int i=0; i<count; i++){
12                 String attrName=parser.getAttributeName(i);
13                 String attrValue=parser.getAttributeValue(i);
14                     if((attrName!=null)&& attrName.equals("name")){
15                         name=attrValue;
16                     } else if((attrName!=null)&& attrName.equals("age")){
17                         age=attrValue;
18                     } else if((attrName!=null)&& attrName.equals("height")){
19                         height=attrValue;
20                         }
21             }
22             if((name!=null)&&(age!=null)&&(height!=null)){
23             msg+="姓名:"+name+",年龄:"+age+",身高:"+height+"\n";
24             }
25         }
26     }
27 } catch(Exception e){
28     Log.e("ResourceFileDemo", e.getMessage(), e);
29 }
30 displayView.setText(msg);
```

第1行代码通过资源实例的getXml()函数获取XML解析器。第4行代码的parser.next()方法可以获取高等级的解析事件，并通过对比确定事件类型，XML事件类型参考表8.2。

表8.2 XmlPullParser的XML事件类型

事件类型	说明
START_TAG	读取到标签开始标志
TEXT	读取文本内容
END_TAG	读取到标签结束标志
END_DOCUMENT	文档末尾

第5行代码使用getName()函数获取元素的名称，第10行代码使用getAttributeCount()函数获取元素的属性数量，第12行代码通过getAttributeName()函数得到属性名称。第14～19行代码通过分析属性名获取正确的属性值，并在第23行代码将属性值整理成需要显示的信息。

8.3 数据库存储

8.3.1 SQLite 数据库

SQLite 是 2000 年由 D.Richard Hipp 开发的开源嵌入式关系数据库。自从出现商业应用程序以来，数据库就一直是应用程序的主要组成部分，数据库的管理系统也比较庞大和复杂，且会占用较多的系统资源。随着嵌入式应用程序的大量出现，一种新型的轻量级数据库 SQLite 也随之产生。SQLite 数据库比传统数据库更适合用于嵌入式系统，因为它占用资源少，运行高效可靠，可移植性强，并且提供了零配置(zero-configuration)运行模式。

SQLite 数据库的优势在于其嵌入使用它的应用程序中。这样不仅提高了运行效率，而且屏蔽了数据库使用和管理的复杂性，应用程序仅做最基本的数据操作，其他操作则交给进程内部的数据库引擎完成。同时，因为客户端和服务器在同一进程空间运行，所以完全不需要进行网络配置和管理，减少了网络调用所造成的额外开销。以这样的方式简化的数据库管理过程，使应用程序更加易于部署和使用，程序开发人员仅需要把 SQLite 数据库正确编译到应用程序中即可。

SQLite 数据库采用了模块化设计，模块将复杂的查询过程分解为细小的工作进行处理。SQLite 数据库由 8 个独立的模块构成，这些独立模块又构成了 3 个主要的子系统。SQLite 数据库体系结构如图 8.11 所示。

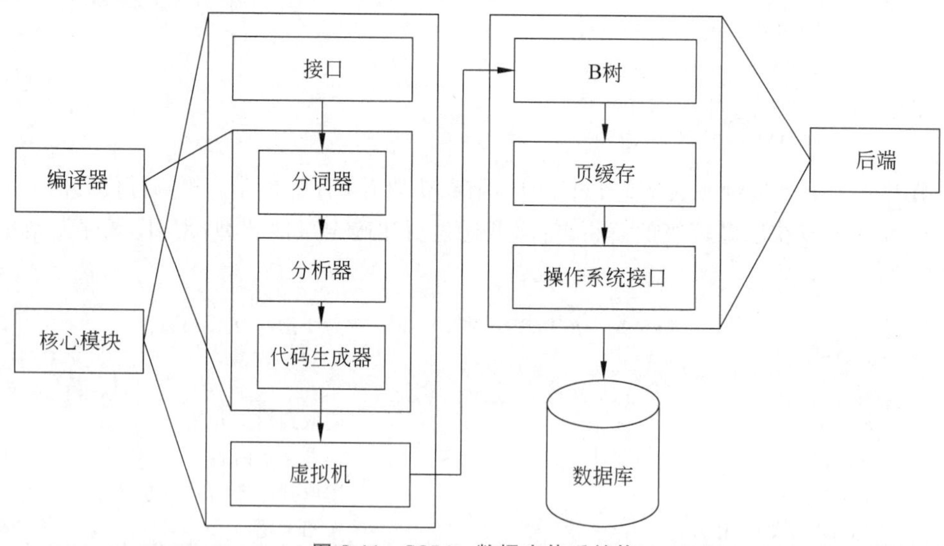

图 8.11 SQLite 数据库体系结构

接口由 SQLite C API 组成，因此无论是应用程序、脚本，还是库文件，最终都是通过接口与 SQLite 交互。

在编译器中，分词器和分析器对 SQL 语句进行语法检查，然后把 SQL 语句转换为便于底层处理的分层数据结构，这种分层的数据结构称为“语法树”。然后把语法树传给代码生成器进行处理，生成一种用于 SQLite 的汇编代码，最后由虚拟机执行。

SQLite 数据库体系结构中最核心的部分是虚拟机，也称为虚拟数据库引擎(Virtual Database Engine，VDBE)。与 Java 虚拟机相似，虚拟数据库引擎用来解释并执行字节代码。虚拟数据库引擎的字节代码由 128 个操作码构成，这些操作码主要用于对数据库进行操作，每一条指令都可以完成特定的数据库操作，或以特定的方式处理栈的内容。

后端由 B 树、页缓存和操作系统接口构成，B 树和页缓存共同对数据进行管理。B 树的主要功能就是索引，它维护着各个页面之间复杂的关系，便于快速找到所需数据。页缓存的主要作用是通过操作系统接口在 B 树和磁盘之间传递页面。

SQLite 数据库具有很强的移植性，可以运行在 Windows、Linux、BSD、Mac OS 和一些商用 UNIX 系统，如 Sun 的 Solaris 或 IBM 的 AIX。同样，也可以工作在许多嵌入式操作系统下，如 QNX、VxWorks、Palm OS、Symbin 和 Windows CE。SQLite 的核心大约有 3 万行标准 C 代码，因为模块化的设计使这些代码非常易于理解。

8.3.2 手动建库

在 Android 系统中，每个应用程序的 SQLite 数据库被保存在各自的/data/data/＜package name＞/databases 目录下。默认情况下，所有数据库都是私有的，仅允许创建数据库的应用程序访问，如果需要共享数据库则可以使用 ContentProvider。虽然应用程序完全可以在代码中动态建立 SQLite 数据库，但使用命令行手工建立和管理数据库仍然是非常重要的内容，对于调试使用数据库的应用程序非常有用。

手动建立数据库指的是使用 sqlite3 工具，通过手工输入命令行完成数据库的建立过程。sqlite3 是 SQLite 数据库自带的、基于命令行的 SQL 命令执行工具，并可以显示命令执行结果。Android SDK 的 tools 目录有 sqlite3 工具，同时，该工具也被集成在 Android 系统中。

下面的内容将介绍如何连接到模拟器中的 Linux 系统，并在 Linux 系统中启动 sqlite3 工具，在 Android 程序目录中建立数据库和数据表，并使用命令在数据表中添加、修改和删除数据。

开发人员可以使用 adb shell 命令连接到模拟器的 Linux 系统，在 Linux 命令提示符下输入 sqlite3 可以启动 sqlite3 工具。启动 sqlite3 后会显示 SQLite 的版本信息，显示内容如下。

```
#sqlite3
SQLite version 3.6.22
Enter ".help" for instructions
Enter SQL statements terminated with a ";"
sqlite>
```

在启动 sqlite3 工具后，提示符从＃变为 sqlite＞，表示用户进入 SQLite 数据库交互模式，此时可以输入命令建立、删除或修改数据库的内容。正确退出 sqlite3 工具的方法是使用.exit命令：

```
sqlite>.exit
#
```

原则上，每个应用程序的数据库都保存在各自的/data/data/＜package name＞/databases目录下。但如果使用手工方式建立数据库，则必须手工建立数据库目录，目前版本无须修改数据库目录的权限。

```
#mkdir databases
#ls -l
drwxrwxrwx root      root         2011-09-19 15:43 databases
drwxr-xr-x system    system       2011-09-19 15:31 lib
#
```

在SQLite数据库中，每个数据库保存在一个独立的文件中。使用“sqlite3＋文件名”的方式打开数据库文件，如果指定的文件不存在，sqlite3工具则自动创建新文件。下面的代码将创建名为people的数据库，在文件系统中将产生一个名为people.db的数据库文件。

```
#sqlite3 people.db
SQLite version 3.6.22
Enter ".help" for instructions
Enter SQL statements terminated with a ";"
sqlite>
```

下面的代码使用create table命令在数据库中构造了一个名为peopleinfo的表，关系模式为peopleinfo(_id, name, age, height)。表包含4个属性，_id是整型的主键；name表示姓名，字符型，not null表示属性值一定要填写，不可以为空值；age表示年龄，整数型；height表示身高，浮点型。

```
sqlite>create table peopleinfo
...>(_id integer primary key autoincrement,
...>name text not null,
...>age integer,
...>height float);
sqlite>
```

为了确认数据表是否创建成功，可以使用.tables命令，显示当前数据库中的所有表。从下面的代码中可以观察到，当前的数据库中仅有一个名为peopleinfo的表。

```
sqlite>.tables
peopleinfo
sqlite>
```

当然，也可以使用.schema命令查看建立表时使用的SQL命令。如果当前数据库中包含多个表，则可以使用[.schema 表名]的形式，显示指定表的建立命令。

```
sqlite>.schema
CREATE TABLE peopleinfo
(_id integer primary key autoincrement,
name text not null,
age integer,
height float);
sqlite>
```

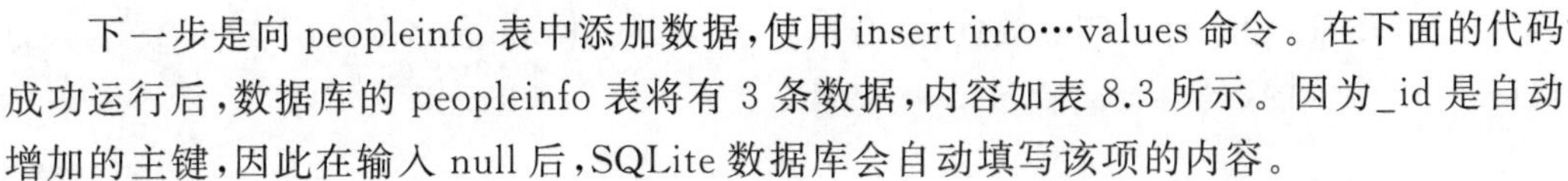

下一步是向 peopleinfo 表中添加数据，使用 insert into…values 命令。在下面的代码成功运行后，数据库的 peopleinfo 表将有 3 条数据，内容如表 8.3 所示。因为_id 是自动增加的主键，因此在输入 null 后，SQLite 数据库会自动填写该项的内容。

```
sqlite>insert into peopleinfo values(null,'Tom',21,1.81);
sqlite>insert into peopleinfo values(null,'Jim',22,1.78);
sqlite>insert into peopleinfo values(null,'Lily',19,1.68);
```

表 8.3 peopleinfo 表的内容

_id	name	age	height
1	Tom	21	1.81
2	Jim	22	1.78
3	Lily	19	1.68

在数据添加完毕后，使用 select 命令，显示 peopleinfo 数据表中的所有数据信息，命令格式为[select 属性 from 表名]。下面的代码用来显示 peopleinfo 表的所有数据。

```
select * from peopleinfo;
1|Tom|21|1.81
2|Jim|22|1.78
3|Lily|19|1.68
sqlite>
```

上面的查询结果看起来不是很直观，使用表格方式显示更符合习惯，因此可以使用 .mode 命令更改结果输出格式。.mode 命令除了支持常见的 column 格式外，还支持 csv 格式、html 格式、insert 格式、line 格式、list 格式、tabs 格式和 tcl 格式。下面使用 column 格式显示 peopleinfo 数据表中的数据信息。

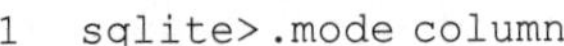

```
sqlite>.mode column
sqlite>select * from peopleinfo;
1          Tom        21          1.81
2          Jim        22          1.78
3          Lily       19          1.68
sqlite>
```

使用 update 命令可以更新数据，命令格式为[update 表名 set 属性="新值" where 条件]。更新数据后，同样使用 select 命令显示数据，确定数据是否正确更新。下面的代码将 Lily 的身高更新为 1.88。

```
sqlite>update peopleinfo set height=1.88 where name="Lily";
sqlite>select * from peopleinfo;
select * from peopleinfo;
1          Tom        21         1.81
2          Jim        22         1.78
3          Lily       19         1.88
sqlite>
```

使用 delete 命令可以删除数据，命令格式为[delete from 表名 where 条件]。下面的代码将_id 为 3 的数据从表 peopleinfo 中删除。

```
sqlite>delete from peopleinfo where _id=3;
sqlite>select * from peopleinfo;
select * from peopleinfo;
1          Tom        21         1.81
2          Jim        22         1.78
sqlite>
```

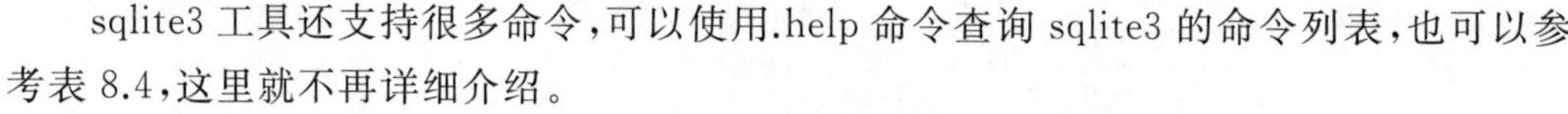

sqlite3 工具还支持很多命令，可以使用.help 命令查询 sqlite3 的命令列表，也可以参考表 8.4，这里就不再详细介绍。

表 8.4　sqlite3 的命令列表

编　号	命　　令	说　　明
1	.bail ON|OFF	遇到错误时停止，默认为 OFF
2	.databases	显示数据库名称和文件位置
3	.dump ?TABLE? …	将数据库以 SQL 文本形式导出
4	.echo ON|OFF	开启和关闭回显
5	.exit	退出
6	.explain ON|OFF	开启或关闭适当输出模式，如果开启模式更改为 column，并自动设置宽度
7	.header(s) ON|OFF	开启或关闭标题显示
8	.help	显示帮助信息
9	.import FILE TABLE	将数据从文件导入表
10	.indices TABLE	显示表中所有的列名
11	.load FILE ?ENTRY?	导入扩展库
12	.mode MODE ?TABLE?	设置输入格式
13	.null value STRING	打印时使用 STRING 代替 NULL
14	.output FILENAME	将输入保存到文件
15	.output stdout	将输入显示在屏幕上

续表

编　号	命　　令	说　　明
16	.prompt MAIN CONTINUE	替换标准提示符
17	.quit	退出
18	.read FILENAME	在文件中执行 SQL 语句
19	.schema ?TABLE?	显示表的创建语句
20	.separator STRING	更改输入和导入的分隔符
21	.show	显示当前设置变量值
22	.tables ?PATTERN?	显示符合匹配模式的表名
23	.timeout MS	尝试打开被锁定的表 MS 毫秒
24	.timer ON|OFF	开启或关闭 CPU 计时器
25	.width NUM NUM …	设置 column 模式的宽度

8.3.3 代码建库

在代码中动态建立数据库是比较常用的方法。例如，在程序运行过程中，当需要进行数据库操作时，应用程序会首先尝试打开数据库，此时如果数据库不存在，程序则会自动建立数据库，然后再打开数据库。

在编程实现时，一般将所有对数据库的操作都封装在一个类中，因此只要调用这个类，就可以完成对数据库的添加、更新、删除和查询等操作。下面的内容是 DBAdapter 类的部分代码，封装了数据库的建立、打开和关闭等操作。

```
public class DBAdapter {
    private static final String DB_NAME="people.db";
    private static final String DB_TABLE="peopleinfo";
    private static final int DB_VERSION=1;

    public static final String KEY_ID="_id";
    public static final String KEY_NAME="name";
    public static final String KEY_AGE="age";
    public static final String KEY_HEIGHT="height";

    private SQLiteDatabase db;
    private final Context context;
    private DBOpenHelper dbOpenHelper;

    private static class DBOpenHelper extends SQLiteOpenHelper {}

    public DBAdapter(Context _context){
```

```
18         context=_context;
19     }
20
21     public void open() throws SQLiteException {
22         dbOpenHelper=new DBOpenHelper(context, DB_NAME, null, DB_VERSION);
23         try {
24             db=dbOpenHelper.getWritableDatabase();
25         }catch(SQLiteException ex) {
26             db=dbOpenHelper.getReadableDatabase();
27         }
28     }
29
30     public void close() {
31         if(db!=null) {
32             db.close();
33             db=null;
34         }
35     }
36 }
```

从第 2～9 行代码可以看出，在 DBAdapter 类中首先声明了数据库的基本信息，包括数据库的文件名称、表名称和版本号，以及数据库表的属性名称。从这些基本信息上不难发现，这个数据库与 8.3.2 节手动建立的数据库是完全相同的。

第 11 行代码声明了 SQLiteDatabase 的实例。SQLiteDatabase 类封装了较多的方法，用于建立、删除数据库，执行 SQL 命令，对数据进行管理等工作。

第 13 行代码声明了一个非常重要的帮助类 SQLiteOpenHelper，这个帮助类可以辅助建立、更新和打开数据库。虽然在第 21 行代码定义了 open()函数用来打开数据库，但 open()函数中并没有任何对数据库进行实际操作的代码，而是调用了 SQLiteOpenHelper 类的 getWritableDatabase()函数和 getReadableDatabase()函数。这两个函数会根据数据库是否存在、版本号和是否可写等情况，决定在返回数据库实例前，是否需要建立数据库。

在第 30 行代码的 close()函数中，调用 SQLiteDatabase 实例的 close()方法关闭数据库。这是代码中唯一一处直接调用 SQLiteDatabase 实例的方法。SQLiteDatabase 中也封装了打开数据库的函数 openDatabases()和创建数据库函数 openOrCreateDatabases()，因为代码中使用了帮助类 SQLiteOpenHelper，从而避免直接调用 SQLiteDatabase 的打开和创建数据库的方法，简化了数据库打开过程中烦琐的逻辑判断过程。

DBOpenHelper 继承了帮助类 SQLiteOpenHelper，重载了 onCreate()函数和 onUpgrade()函数，代码如下。

```
private static class DBOpenHelper extends SQLiteOpenHelper {
    public DBOpenHelper(Context context, String name, CursorFactory
    factory, int version) {
```

```
3           super(context, name, factory, version);
4           }
5       private static final String DB_CREATE="create table "+
6           DB_TABLE+"("+KEY_ID+" integer primary key autoincrement, "+
7           KEY_NAME+" text not null, "+KEY_AGE+" integer,"+KEY_HEIGHT+
            " float);";
8
9       @Override
10      public void onCreate(SQLiteDatabase _db){
11          _db.execSQL(DB_CREATE);
12          }
13
14      @Override
15      public void onUpgrade(SQLiteDatabase _db, int _oldVersion, int _
        newVersion){
16          _db.execSQL("DROP TABLE IF EXISTS "+DB_TABLE);
17          onCreate(_db);
18      }
19 }
```

第5～7行代码是创建表的SQL命令。第10行和第15行代码分别重载了onCreate()函数和onUpgrade()函数，这是继承SQLiteOpenHelper类必须重载的两个函数。onCreate()函数在数据库第一次建立时被调用，一般用来创建数据库中的表，并完成初始化工作。在第11行代码中，通过调用SQLiteDatabase实例的execSQL()方法，执行创建表的SQL命令。onUpgrade()函数在数据库需要升级时被调用，一般用来删除旧的数据库表，并将数据转移到新版本的数据库表中。在第16行和第17行代码中，为了简单起见，并没有做任何数据转移，而仅仅删除原有的表后建立新的数据表。

程序开发人员不应直接调用onCreate()和onUpgrade()函数，而应由SQLiteOpenHelper类来决定何时调用这两个函数。SQLiteOpenHelper类的getWritableDatabase()函数和getReadableDatabase()函数是可以直接调用的函数。getWritableDatabase()函数用来建立或打开可读写的数据库实例，一旦函数调用成功，数据库实例将被缓存，在需要使用数据库实例时就可以调用这个方法获取数据库实例，务必在不使用时调用close()函数关闭数据库。如果保存数据库文件的磁盘空间已满，调用getWritableDatabase()函数则无法获得可读写的数据库实例，这时可以调用getReadableDatabase()函数，获得一个只读的数据库实例。

当然，如果程序开发人员不希望使用SQLiteOpenHelper类，也可以直接使用SQL命令建立数据库。首先调用openOrCreateDatabases()函数创建数据库实例，然后调用execSQL()函数执行SQL命令，完成数据库和数据表的建立过程，其示例代码如下。

```
private static final String DB_CREATE="create table "+
    DB_TABLE+"("+KEY_ID+" integer primary key autoincrement, "+
    KEY_NAME+" text not null, "+KEY_AGE+" integer,"+KEY_HEIGHT+" float);";
```

```
public void create(){
    db.openOrCreateDatabases(DB_NAME, context.MODE_PRIVATE, null)
    db.execSQL(DB_CREATE);
}
```

8.3.4 数据操作

数据操作指的是对数据的添加、删除、查找和更新操作，虽然程序开发人员完全可以通过执行 SQL 命令完成数据操作，但这里仍然推荐使用 Android 提供的专用类和方法，这些类和方法的使用更加简洁、方便。

为了使 DBAdapter 类支持数据添加、删除、更新和查找等功能，在 DBAdapter 类中增加下面的函数。其中，insert(People people)用来添加一条数据，queryAllData()用来获取全部数据，queryOneData(long id)根据 id 获取一条数据，deleteAllData()用来删除全部数据，deleteOneData(long id)根据 id 删除一条数据，updateOneData(long id, People people)根据 id 更新一条数据。

```
public class DBAdapter {
    public long insert(People people){}
    public long deleteAllData(){ }
    public long deleteOneData(long id){}
    public People[] queryAllData(){}
    public People[] queryOneData(long id){}
    public long updateOneData(long id , People people){}

    private People[] ConvertToPeople(Cursor cursor){}
}
```

ConvertToPeople(Cursor cursor)是私有函数，作用是将查询结果转换成自定义的 People 类实例。People 类包含 4 个公共属性，分别为 ID、Name、Age 和 Height，对应数据库中的 4 个属性值。重载 toString()函数，主要是便于界面显示的需要。

People 类的代码如下。

```
public class People {
    public int ID=-1;
    public String Name;
    public int Age;
    public float Height;

    @Override
    public String toString(){
        String result="";
        result+="ID:"+this.ID+",";
        result+="姓名:"+this.Name+",";
```

```
            result+="年龄:"+this.Age+", ";
            result+="身高:"+this.Height+",";
            return result;
        }
}
```

SQLiteDatabase 类的公有函数 insert()、delete()、update()和 query()封装了执行添加、删除、更新和查询功能的 SQL 命令。下面分别介绍如何使用 SQLiteDatabase 类的公有函数,完成数据的添加、删除、更新和查询等操作。

1. 添加功能

为了添加一条新数据,首先构造一个 ContentValues 实例,然后调用 ContentValues 实例的 put()方法,将每个属性的值写入 ContentValues 实例中,最后使用 SQLiteDatabase 实例的 insert()函数,将 ContentValues 实例中的数据写入指定的数据表中。insert()函数的返回值是新数据插入的位置,即 ID 值。ContentValues 类是一个数据承载容器,主要用来向数据库表中添加一条数据。

```
1 public long insert(People people){
2     ContentValues newValues=new ContentValues();
3
4     newValues.put(KEY_NAME, people.Name);
5     newValues.put(KEY_AGE, people.Age);
6     newValues.put(KEY_HEIGHT, people.Height);
7
8     return db.insert(DB_TABLE, null, newValues);
9 }
```

第 4 行代码向 ContentValues 实例 newValues 中添加一个名称/值对,put()函数的第 1 个参数是名称,第 2 个参数是值。第 8 行代码的 insert()函数中,第 1 个参数是数据表的名称;第 2 个参数是替换数据,当第 3 个参数中的数据为空时使用;第 3 个参数是需要向数据库表中添加的数据。

2. 删除功能

删除数据比较简单,只需要调用当前数据库实例的 delete()函数,并指明表名称和删除条件即可。

```
public long deleteAllData(){
    return db.delete(DB_TABLE, null, null);
}

public long deleteOneData(long id){
    return db.delete(DB_TABLE, KEY_ID+"="+id, null);
}
```

delete()函数的第1个参数是数据表名称，第2个参数是删除条件。在第2行代码中，删除条件为null，表示删除表中的所有数据。第6行代码则指明需要删除数据的ID值，因此deleteOneData()函数仅删除一条数据，此时delete()函数的返回值表示被删除的数据数量。

3. 更新功能

更新数据同样要使用ContentValues实例，首先构造ContentValues实例，然后调用put()函数将属性值写入ContentValues实例中，最后使用SQLiteDatabase的update()函数，并指定数据的更新条件。

```
1  public long updateOneData(long id, People people){
2      ContentValues updateValues=new ContentValues();
3      updateValues.put(KEY_NAME, people.Name);
4      updateValues.put(KEY_AGE, people.Age);
5      updateValues.put(KEY_HEIGHT, people.Height);
6
7      return db.update(DB_TABLE, updateValues, KEY_ID+"="+id, null);
8  }
```

在第7行代码中，update()函数的第1个参数表示数据表的名称，第2个参数是更新条件。update()函数的返回值表示数据库表中被更新的数据数量。

4. 查询功能

介绍查询功能前，先要介绍Cursor类。在Android系统中，数据库查询结果的返回值并不是数据集合的完整拷贝，而是返回数据集的指针，这个指针就是Cursor类。Cursor类支持在查询结果的数据集合中以多种方式移动，并能够获取数据集合的属性名称和序号，具体的方法和说明可以参考表8.5。

表8.5 Cursor类的公有方法

函　数	说　明
moveToFirst	将指针移动到第一条数据上
moveToNext	将指针移动到下一条数据上
moveToPrevious	将指针移动到上一条数据上
getCount	获取集合的数据数量
getColumnIndexOrThrow	返回指定属性名称的序号，如果属性不存在则产生异常
getColumnName	返回指定序号的属性名称
getColumnNames	返回属性名称的字符串数组
getColumnIndex	根据属性名称返回序号
moveToPosition	将指针移动到指定的数据上
getPosition	返回当前指针的位置

从Cursor中提取数据可以参考ConvertToPeople()函数的实现方法。在提取

Cursor 数据中的数据前，推荐测试 Cursor 中的数据数量，避免在数据获取中产生异常，例如下面代码的第 3～5 行。从 Cursor 中提取数据使用类型安全的 get<Type>()函数，函数的参数是属性的序号，为了获取属性的序号，可以使用 getColumnIndex()函数获取指定属性的序号。

```
1  private People[] ConvertToPeople(Cursor cursor){
2      int resultCounts=cursor.getCount();
3      if(resultCounts==0 ||!cursor.moveToFirst()){
4          return null;
5      }
6      People[] peoples=new People[resultCounts];
7      for(int i=0; i<resultCounts; i++){
8          peoples[i]=new People();
9          peoples[i].ID=cursor.getInt(0);
10         peoples[i].Name=cursor.getString(cursor.getColumnIndex(KEY_
           NAME));
11         peoples[i].Age=cursor.getInt(cursor.getColumnIndex(KEY_AGE));
12         peoples[i].Height=cursor.getFloat(cursor.getColumnIndex(KEY_
           HEIGHT));
13         cursor.moveToNext();
14     }
15     return peoples;
16 }
```

要进行数据查询就需要调用 SQLiteDatabase 类的 query()函数，这个函数的参数较多，可以参考表 8.6 的参数说明，query()函数的语法如下。

```
Cursor android.database.sqlite.SQLiteDatabase.query(String table, String[]
columns, String selection, String[] selectionArgs, String groupBy, String
having, String orderBy)
```

表 8.6 query()函数的参数说明

位置	类型+名称	说明
1	String table	表名称
2	String[] columns	返回的属性列名称
3	String selection	查询条件
4	String[] selectionArgs	如果在查询条件中使用了?，则需要在这里定义替换符的具体内容
5	String groupBy	分组方式
6	String having	定义组的过滤器
7	String orderBy	排序方式

下面分别给出根据 id 查询数据和查询全部数据的代码。

```
public People[] getOneData(long id){
    Cursor results=db.query(DB_TABLE, new String[] { KEY_ID, KEY_NAME, KEY_
    AGE, KEY_HEIGHT}, KEY_ID+"="+id, null, null, null, null);
    return ConvertToPeople(results);
}
```

```
public People[] getAllData(){
    Cursor results=db.query(DB_TABLE, new String[] { KEY_ID, KEY_NAME, KEY_
    AGE, KEY_HEIGHT}, null, null, null, null, null);
    return ConvertToPeople(results);
}
```

SQLiteDemo 是对 SQLite 数据库进行操作的示例，如图 8.12 所示。在这个示例中，用户可以在界面的上方输入数据信息，通过“添加数据”按钮将数据写入数据库。“全部显示”相当于查询数据库中的所有数据，并将数据显示在界面下方。“清除显示”仅是清除界面下面显示的数据，而不对数据库进行任何操作。“全部删除”是数据库操作，将删除数据库中的所有数据。在界面中部，以“ID＋功能”命名的按钮，分别是根据 ID 删除数据、查询数据和更新数据，而这个 ID 值就取自本行的 EditText 控件。这里不再给出 SQLiteDemo 示例的代码。

图 8.12　SQLiteDemo 用户界面

8.4　数据共享

8.4.1　ContentProvider

ContentProvider（数据提供者）是应用程序之间共享数据的一种接口机制。应用程序运行在不同的进程中，因此数据和文件在不同应用程序之间是不能够直接访问的。SharedPreferences 和文件存储为跨越程序边界的访问提供了方法，但这些方法都存在局限性。ContentProvider 提供了更为高级的数据共享方法，应用程序可以指定需要共享的数据，而其他应用程序则可以在不知道数据来源、路径的情况下，对共享数据进行查询、添加、删除和更新等操作。

Android 系统中，除了程序开发人员通过 ContentProvider 提供的共享数据外，还有许多 Android 系统内置的数据也是通过 ContentProvider 提供给用户使用的，如通讯录、音视频文件和图像文件等。

在创建 ContentProvider 前，首先要实现底层的数据源，包括数据库、文件系统或网络等，然后继承 ContentProvider 类中实现基本数据操作的接口函数，包括添加、删除、查找和更新等功能。调用者不能直接调用 ContentProvider 的接口函数，而需要使用 ContentResolver 对象，通过 URI 间接调用 ContentProvider，调用关系如图 8.13 所示。

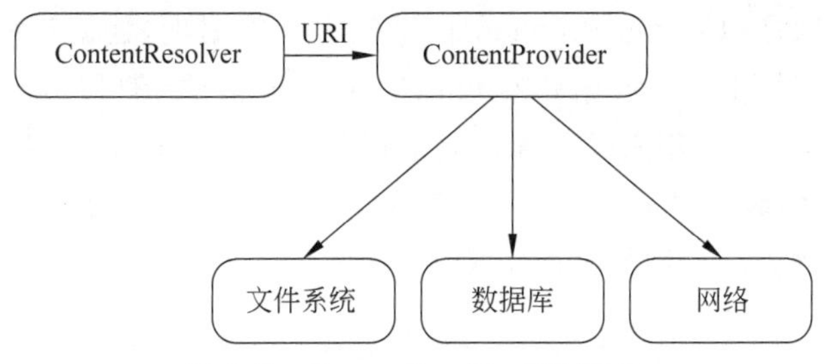

图 8.13 ContentProvider 调用关系

在 ContentResolver 对象与 ContentProvider 进行交互时，通过 URI 确定要访问的 ContentProvider 数据集。在发起一个请求的过程中，Android 系统根据 URI 确定处理这个查询的 ContentProvider，然后初始化 ContentProvider 所有需要的资源。这个初始化的工作是 Android 系统完成的，不需要程序开发人员参与。一般情况下只有一个 ContentProvider 对象，但却可以同时与多个 ContentResolver 进行交互。

ContentProvider 完全屏蔽了数据提供组件的数据存储方法。在程序开发人员看来，数据提供者通过 ContentProvider 提供了一组标准的数据操作接口，但却无须知道数据提供者的内部数据的存储方法。数据提供者可以使用 SQLite 数据库存储数据，也可以通过文件系统或 SharedPreferences 存储数据，甚至是使用网络存储的方法，这些数据的存储方法和存储设备对数据使用者都是不可见的。同时，也正是这种屏蔽模式，很大程度上简化了 ContentProvider 的使用方法，使用者只要调用 ContentProvider 提供的接口函数，即可完成所有的数据操作，而数据存储方法则是 ContentProvider 设计者需要考虑的问题。

ContentProvider 的数据集类似于数据库的数据表，每行是一条记录，每列具有相同的数据类型，如表 8.7 所示。每条记录都包含一个长型的字段_ID，用来唯一标识每条记录。ContentProvider 可以提供多个数据集，调用者使用 URI 对不同数据集的数据进行操作。

表 8.7 ContentProvider 数据集

_ID	NAME	AGE	HEIGHT
1	Tom	21	1.81
2	Jim	22	1.78

URI 是通用资源标志符(Uniform Resource Identifier)，用来定位远程或本地的可用资源。ContentProvider 使用的 URI 语法结构如下。

```
content://<authority>/<data_path>/<id>
```

其中，content://是通用前缀，表示该 URI 用于 ContentProvider 定位资源，无须修改。<authority>是授权者名称，用来确定具体由哪一个 ContentProvider 提供资源。因此，一般<authority>都由类的小写全称组成，以保证唯一性。<data_path>是数据路径，用来确定请求的是哪个数据集。如果 ContentProvider 仅提供一个数据集，数据路径则是可以省略的。但如果 ContentProvider 仅提供多个数据集，数据路径则必须指明具体是哪一个数据集。数据集的数据路径可以写成多段格式，例如 people/girl 和/people/boy。<id>是数据编号，用来唯一确定数据集中的一条记录，用来匹配数据集中_ID 字段的值。如果请求的数据并不只限于一条数据，则<id>是可以省略的。

例如，请求整个 people 数据集的 URI 应写为

```
content://edu.hrbeu.peopleprovider/people
```

而请求 people 数据集中第 3 条数据的 URI 则应写为

```
content://edu.hrbeu.peopleprovider/people/3
```

8.4.2 创建数据提供者

程序开发人员通过继承 ContentProvider 类可以创建一个新的数据提供者，过程可以分为如下 3 步：

(1) 继承 ContentProvider，并重载 6 个函数；

(2) 声明 CONTENT_URI，实现 UriMatcher；

(3) 注册 ContentProvider。

下面按照上述的 3 个步骤，分步骤说明创建数据提供者的过程。

1. 继承 ContentProvider，并重载 6 个函数

新建立的类继承 ContentProvider 后，共有 6 个函数需要重载，分别是 delete()、getType()、insert()、onCreate()、query()和 update()。其中，delete()、insert()、query()和 update()分别用于对数据集的删除、添加、查询和更新操作，程序开发人员根据底层数据的存储方式不同，使用不同方式实现数据操作。而 onCreate()一般用来初始化底层数据集和建立数据连接等工作。getType()函数用来返回指定 URI 的 MIME 数据类型，如果 URI 是单条数据，则返回的 MIME 数据类型应以 vnd.android.cursor.item 开头；如果

URI是多条数据，则返回的MIME数据类型应以vnd.android.cursor.dir/开头。

新建立的类继承ContentProvider后，Android Studio会提示程序开发人员需要重载部分代码，并自动生成需要重载的代码框架。下面的代码是Android Studio自动生成的代码框架。

```
import android.content.*;
import android.database.Cursor;
import android.net.Uri;

public class PeopleProvider extends ContentProvider{

    @Override
    public int delete(Uri uri, String selection, String[] selectionArgs){
        //TODO Auto-generated method stub
        return 0;
    }

    @Override
    public String getType(Uri uri){
        //TODO Auto-generated method stub
        return null;
    }

    @Override
    public Uri insert(Uri uri, ContentValues values){
        //TODO Auto-generated method stub
        return null;
    }

    @Override
    public boolean onCreate(){
        //TODO Auto-generated method stub
        return false;
    }

    @Override
    public Cursor query(Uri uri, String[] projection, String selection,
            String[] selectionArgs, String sortOrder){
        //TODO Auto-generated method stub
        return null;
    }

    @Override
    public int update(Uri uri, ContentValues values, String selection,
```

```
            String[] selectionArgs){
        //TODO Auto-generated method stub
        return 0;
    }
}
```

2. 声明 CONTENT_URI，实现 UriMatcher

在新构造的 ContentProvider 类中，经常需要判断 URI 是单条数据还是多条数据，最简单的方法是构造一个 UriMatcher。同时，为了便于判断和使用 URI，一般将 URI 的授权者名称和数据路径等内容声明为静态常量，并声明 CONTENT_URI。

声明 CONTENT_URI 和构造 UriMatcher 的代码如下。

```
1  public static final String AUTHORITY="edu.hrbeu.peopleprovider";
2  public static final String PATH_SINGLE="people/#";
3  public static final String PATH_MULTIPLE="people";
4  public static final String CONTENT_URI_STRING="content://"+
   AUTHORITY+"/"+PATH_MULTIPLE;
5  public static final Uri CONTENT_URI=Uri.parse(CONTENT_URI_STRING);
6  private static final int MULTIPLE_PEOPLE=1;
7  private static final int SINGLE_PEOPLE=2;
8
9  private static final UriMatcher uriMatcher;
10 static {
11     uriMatcher=new UriMatcher(UriMatcher.NO_MATCH);
12     uriMatcher.addURI(AUTHORITY, PATH_SINGLE, MULTIPLE_PEOPLE);
13     uriMatcher.addURI(AUTHORITY, PATH_MULTIPLE, SINGLE_PEOPLE);
14 }
```

第 1 行代码声明了 URI 的授权者名称，第 2 行代码声明了单条数据的数据路径，第 3 行代码声明了多条数据的数据路径，第 4 行代码声明了 CONTENT_URI 的字符串形式，第 5 行代码正式声明了 CONTENT_URI，第 6 行代码声明了多条数据的返回代码，第 7 行代码声明了单条数据的返回代码。第 9 行代码声明了 UriMatcher，并在第 10～13 行的静态构造函数中声明了 UriMatcher 的匹配方式和返回代码，其中，第 11 行代码 UriMatcher 的构造函数中，UriMatcher.NO_MATCH 是 URI 无匹配时的返回代码；第 12 行代码的 addURI()函数用来添加新的匹配项，语法如下。

```
public void addURI(String authority, String path, #int code)
```

其中，authority 表示匹配的授权者名称；path 表示数据路径；# 可以代表任何数字；code 表示返回代码。

使用 UriMatcher 时，则可以直接调用 match()函数，对指定的 URI 进行判断，示例代码如下。

```
switch(uriMatcher.match(uri)){
    case MULTIPLE_PEOPLE:
        //多条数据的处理过程
        break;
    case SINGLE_PEOPLE:
        //单条数据的处理过程
        break;
    default:
        throw new IllegalArgumentException("不支持的 URI:"+uri);
}
```

3. 注册 ContentProvider

在完成 ContentProvider 类的代码实现后，需要在 AndroidManifest.xml 文件中进行注册。注册 ContentProvider 使用<provider>标签，示例代码如下。

```
<application android:icon="@drawable/icon" android:label="@string/app_name">
    <provider android:name=".PeopleProvider"
            android:authorities="edu.hrbeu.peopleprovider"/>
</application>
```

在上面的代码中，注册了一个授权者名称为 edu.hrbeu.peopleprovider 的 ContentProvider，其实现类是 PeopleProvider。

8.4.3 使用数据提供者

使用 ContentProvider 并不需要直接调用类中的数据操作函数，而是通过 Android 组件都具有的 ContentResolver 对象，通过 URI 进行数据操作。程序开发人员只需要知道 URI 和数据集的数据格式，就可以进行数据操作，解决不同应用程序之间的数据共享问题。

每个 Android 组件都具有一个 ContentResolver 对象，获取 ContentResolver 对象的方法是调用 getContentResolver()函数。

```
ContentResolver resolver=getContentResolver();
```

1. 查询操作

在获取 ContentResolver 对象后，程序开发人员可以使用 query()函数查询目标数据。下面的代码是查询 ID 为 2 的数据。

```
String KEY_ID="_id";
String KEY_NAME="name";
String KEY_AGE="age";
String KEY_HEIGHT="height";
```

```

Uri uri=Uri.parse(CONTENT_URI_STRING+"/"+"2";
Cursor cursor=resolver.query(uri,
    new String[] {KEY_ID, KEY_NAME, KEY_AGE, KEY_HEIGHT}, null, null, null);
```

从上面的代码不难看出，在 URI 中定义了需要查询数据的 ID 后，在 query()函数就没有必要再加入其他的查询条件。如果需要获取数据集中的全部数据，则可以直接使用 CONTENT_URI，此时 ContentProvider 在分析 URI 时将认为需要返回全部数据。

ContentResolver 的 query()函数与 SQLite 数据库的 query()函数非常相似，语法结构如下。

```
Cursor query (Uri uri, String [] projection, String selection, String []
selectionArgs, String sortOrder)
```

uri 定义了查询的数据集，projection 定义了返回数据的属性，selection 定义了返回数据的查询条件。

2. 添加操作

向 ContentProvider 中添加数据有两种方法。一种是使用 insert()函数，向 ContentProvider 中添加一条数据；另一种是使用 bultInsert()函数，批量地添加数据。下面的代码说明了如何使用 insert()函数添加单条数据。

```
ContentValues values=new ContentValues();
values.put(KEY_NAME, "Tom");
values.put(KEY_AGE, 21);
values.put(KEY_HEIGHT, 1.81f);

Uri newUri=resolver.insert(CONTENT_URI, values);
```

下面的代码说明了如何使用 bultInsert()函数添加多条数据。

```
ContentValues[] arrayValues=new ContentValues[10];
//实例化每一个 ContentValues
int count=resolver.bultInsert(CONTENT_URI, arrayValues);
```

3. 删除操作

删除操作需要使用 delete()函数。如果需要删除单条数据，则可以在 URI 中指定需要删除数据的 ID。如果需要删除多条数据，则可以在 selection 中声明删除条件。下面的代码说明了如何删除 ID 为 2 的数据。

```
Uri uri=Uri.parse(CONTENT_URI_STRING+"/"+"2");
int result=resolver.delete(uri, null, null);
```

也可以在 selection 中将删除条件定义为 ID 大于 4 的数据。

```
String selection=KEY_ID+">4";
int result=resolver.delete(CONTENT_URI, selection, null);
```

4. 更新操作

更新操作需要使用 update()函数,参数定义与 delete()函数相同,同样可以在 URI 中指定需要更新数据的 ID,也可以在 selection 中声明更新条件。下面的代码说明了如何更新 ID 为 7 的数据。

```
ContentValues values=new ContentValues();
values.put(KEY_NAME, "Tom");
values.put(KEY_AGE, 21);
values.put(KEY_HEIGHT, 1.81f);

Uri uri=Uri.parse(CONTENT_URI_STRING+"/"+"7");
int result=resolver.update(uri, values, null, null);
```

8.4.4 示例

ContentProviderDemo 是一个无界面的示例,仅提供一个 ContentProvider 组件,供其他应用程序进行数据交换。底层使用 SQLite 数据库,支持数据的添加、删除、更新和查询等基本操作。ContentResolverDemo 是调用 ContentProvider 的示例,自身不具有任何数据存储功能,仅是通过 URI 访问 ContentProviderDemo 示例提供的 ContentProvider,所以在运行 ContentResolverDemo之前要确保已经安装了 ContentProviderDemo,其用户界面如图 8.14 所示。该界面与 SQLiteDemo 示例的界面基本相同。

图 8.14 ContentResolverDemo 的用户界面

从图 8.15 的文件结构上可以发现,两个示例都包含一个相同的文件 People.java,两个示例中的这个文件的内容也完全相同,定义了数据提供者和数据调用者都必须知道的信息。这些信息包括授权者名称、数据路径、MIME 数据类型、CONTENT_URI 和数据项名称等。

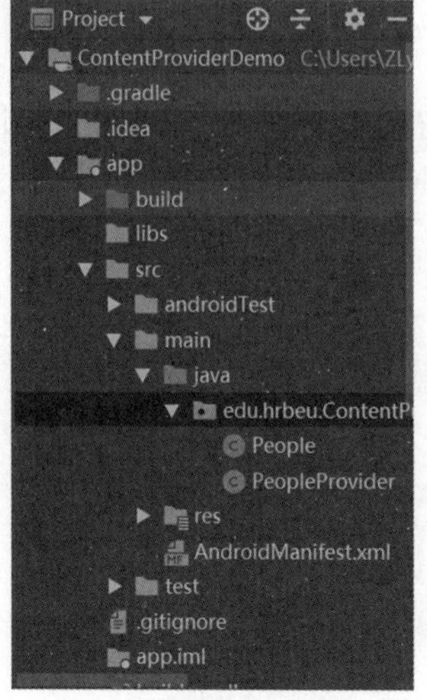

(a) ContentProviderDemo

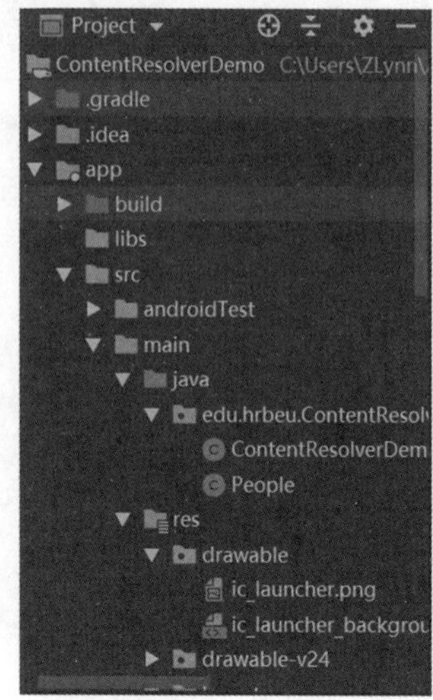

(b) ContentResolverDemo

图 8.15　示例的文件结构

下面分别给出 People. java 文件、PeopleProvider. java 文件和 ContentResolver-DemoActivity. java 文件的完整代码，最后分别给出 ContentProviderDemo 示例和 ContentResolverDemo 示例的 AndroidManifest.xml 文件内容。

People.java 文件的完整代码如下。

```
package edu.hrbeu.ContentResolverDemo;
import android.net.Uri;

public class People{

    public static final String MIME_DIR_PREFIX="vnd.android.cursor.dir";
    public static final String MIME_ITEM_PREFIX="vnd.android.cursor.item";
    public static final String MINE_ITEM="vnd.hrbeu.people";

    public static final String MINE_TYPE_SINGLE=MIME_ITEM_PREFIX+"/"+MINE_ITEM;
    public static final String MINE_TYPE_MULTIPLE=MIME_DIR_PREFIX+"/"+MINE_ITEM;

    public static final String AUTHORITY="edu.hrbeu.peopleprovider";
    public static final String PATH_SINGLE="people/#";
    public static final String PATH_MULTIPLE="people";
    public static final String CONTENT_URI_STRING="content://"+AUTHORITY+"/"+PATH_MULTIPLE;
```

```
    public static final Uri  CONTENT_URI=Uri.parse(CONTENT_URI_STRING);

    public static final String KEY_ID="_id";
    public static final String KEY_NAME="name";
    public static final String KEY_AGE="age";
    public static final String KEY_HEIGHT="height";
}
```

PeopleProvider.java 文件的完整代码如下。

```
package edu.hrbeu.ContentProviderDemo;

import android.content.ContentProvider;
import android.content.ContentUris;
import android.content.ContentValues;
import android.content.Context;
import android.content.UriMatcher;
import android.database.Cursor;
import android.database.SQLException;
import android.database.sqlite.SQLiteDatabase;
import android.database.sqlite.SQLiteOpenHelper;
import android.database.sqlite.SQLiteQueryBuilder;
import android.database.sqlite.SQLiteDatabase.CursorFactory;
import android.net.Uri;

public class PeopleProvider extends ContentProvider{

    private static final String DB_NAME="people.db";
    private static final String DB_TABLE="peopleinfo";
    private static final int DB_VERSION=1;

    private SQLiteDatabase db;
    private DBOpenHelper dbOpenHelper;

    private static final int MULTIPLE_PEOPLE=1;
    private static final int SINGLE_PEOPLE=2;
    private static final UriMatcher uriMatcher;

    static {
        uriMatcher=new UriMatcher(UriMatcher.NO_MATCH);
        uriMatcher.addURI(People.AUTHORITY, People.PATH_MULTIPLE,
        MULTIPLE_PEOPLE);
        uriMatcher.addURI(People.AUTHORITY, People.PATH_SINGLE, SINGLE_
        PEOPLE);
    }
```

```

    @Override
    public String getType(Uri uri){
        switch(uriMatcher.match(uri)){
            case MULTIPLE_PEOPLE:
                return People.MINE_TYPE_MULTIPLE;
            case SINGLE_PEOPLE:
                return People.MINE_TYPE_SINGLE;
            default:
                throw new IllegalArgumentException("Unkown uri:"+uri);
        }
    }

    @Override
    public int delete(Uri uri, String selection, String[] selectionArgs){
        int count=0;
        switch(uriMatcher.match(uri)){
            case MULTIPLE_PEOPLE:
                count=db.delete(DB_TABLE, selection, selectionArgs);
                break;
            case SINGLE_PEOPLE:
                String segment=uri.getPathSegments().get(1);
                count=db.delete(DB_TABLE, People.KEY_ID+"="+segment,
                selectionArgs);
                break;
            default:
                throw new IllegalArgumentException("Unsupported URI:"+uri);
        }
        getContext().getContentResolver().notifyChange(uri, null);
        return count;
    }

    @Override
    public Uri insert(Uri uri, ContentValues values){
        long id=db.insert(DB_TABLE, null, values);
        if(id>0){
            Uri newUri=ContentUris.withAppendedId(People.CONTENT_URI, id);
            getContext().getContentResolver().notifyChange(newUri, null);
            return newUri;
        }
        throw new SQLException("Failed to insert row into "+uri);
    }

    @Override
```

```
    public boolean onCreate(){
        Context context=getContext();
        dbOpenHelper=new DBOpenHelper(context, DB_NAME, null, DB_VERSION);
        db=dbOpenHelper.getWritableDatabase();

        if(db==null)
            return false;
        else
            return true;
    }

    @Override
    public Cursor query(Uri uri, String[] projection, String selection,
            String[] selectionArgs, String sortOrder){
        SQLiteQueryBuilder qb=new SQLiteQueryBuilder();
        qb.setTables(DB_TABLE);
        switch(uriMatcher.match(uri)){
            case SINGLE_PEOPLE:
                qb.appendWhere(People.KEY_ID+"="+uri.getPathSegments()
                .get(1));
                break;
            default:
                break;
        }
        Cursor cursor=qb.query(db,
                projection,
                selection,
                selectionArgs,
                null,
                null,
                sortOrder);
        cursor.setNotificationUri(getContext().getContentResolver(), uri);
        return cursor;
    }

    @Override
    public int update(Uri uri, ContentValues values, String selection,
            String[] selectionArgs){
        int count;
        switch(uriMatcher.match(uri)){
            case MULTIPLE_PEOPLE:
                count=db.update(DB_TABLE, values, selection, selectionArgs);
                break;
            case SINGLE_PEOPLE:
```

```
                String segment=uri.getPathSegments().get(1);
                count= db.update(DB_TABLE, values, People.KEY_ID+"="+
                segment, selectionArgs);
                break;
            default:
                throw new IllegalArgumentException("Unknow URI:"+uri);
        }
        getContext().getContentResolver().notifyChange(uri, null);
        return count;
    }


    private static class DBOpenHelper extends SQLiteOpenHelper {

        public DBOpenHelper(Context context, String name, CursorFactory
        factory, int version){
            super(context, name, factory, version);
        }

        private static final String DB_CREATE="create table "+
            DB_TABLE+"("+People.KEY_ID+" integer primary key autoincrement, "+
            People.KEY_NAME+" text not null, "+People.KEY_AGE+" integer,"
            + People.KEY_HEIGHT+" float);";

        @Override
        public void onCreate(SQLiteDatabase _db){
            _db.execSQL(DB_CREATE);
        }

        @Override
        public void onUpgrade(SQLiteDatabase _db, int _oldVersion, int _
        newVersion){
            _db.execSQL("DROP TABLE IF EXISTS "+DB_TABLE);
            onCreate(_db);
        }
    }
}
```

ContentResolverDemoActivity.java 文件的完整代码如下。

```
package edu.hrbeu.ContentResolverDemo;


import android.app.Activity;
import android.content.ContentResolver;
```

```
import android.content.ContentValues;
import android.database.Cursor;
import android.net.Uri;
import android.os.Bundle;
import android.view.View;
import android.view.View.OnClickListener;
import android.widget.Button;
import android.widget.EditText;
import android.widget.TextView;

public class ContentResolverDemoActivity extends Activity {

    private EditText nameText;
    private EditText ageText;
    private EditText heightText;
    private EditText idEntry;

    private TextView labelView;
    private TextView displayView;

    private ContentResolver resolver;

    @Override
    public void onCreate(Bundle savedInstanceState) {
        super.onCreate(savedInstanceState);
        setContentView(R.layout.main);

        nameText=(EditText)findViewById(R.id.name);
        ageText=(EditText)findViewById(R.id.age);
        heightText=(EditText)findViewById(R.id.height);
        idEntry=(EditText)findViewById(R.id.id_entry);

        labelView=(TextView)findViewById(R.id.label);
        displayView=(TextView)findViewById(R.id.display);



        Button addButton=(Button)findViewById(R.id.add);
        Button queryAllButton=(Button)findViewById(R.id.query_all);
        Button clearButton=(Button)findViewById(R.id.clear);
        Button deleteAllButton=(Button)findViewById(R.id.delete_all);

        Button queryButton=(Button)findViewById(R.id.query);
        Button deleteButton=(Button)findViewById(R.id.delete);
```

```
        Button updateButton=(Button)findViewById(R.id.update);
        addButton.setOnClickListener(addButtonListener);
        queryAllButton.setOnClickListener(queryAllButtonListener);
        clearButton.setOnClickListener(clearButtonListener);
        deleteAllButton.setOnClickListener(deleteAllButtonListener);
        queryButton.setOnClickListener(queryButtonListener);
        deleteButton.setOnClickListener(deleteButtonListener);
        updateButton.setOnClickListener(updateButtonListener);
        resolver=this.getContentResolver();
    }
    OnClickListener addButtonListener=new OnClickListener(){
        @Override
        public void onClick(View v){
            ContentValues values=new ContentValues();
            values.put(People.KEY_NAME, nameText.getText().toString());
            values.put(People.KEY_AGE, Integer.parseInt(ageText.getText()
            .toString()));
            values.put(People.KEY_HEIGHT, Float.parseFloat(heightText
            .getText().toString()));
            Uri newUri=resolver.insert(People.CONTENT_URI, values);
            labelView.setText("添加成功,URI:"+newUri);
        }
    };
    OnClickListener queryAllButtonListener=new OnClickListener(){
        @Override
        public void onClick(View v){
            Cursor cursor=resolver.query(People.CONTENT_URI,
                    new String[] { People.KEY_ID, People.KEY_NAME, People
                    .KEY_AGE, People.KEY_HEIGHT},
                    null, null, null);
            if(cursor==null){
                labelView.setText("数据库中没有数据");
```

```
                return;
            }
            labelView.setText("数据库:"+String.valueOf(cursor.getCount
            ())+"条记录");

            String msg="";
            if(cursor.moveToFirst()){
                do{
                    msg+ =" ID:" + cursor. getInt(cursor. getColumnIndex
                    (People.KEY_ID))+",";
                    msg+="姓名:"+cursor.getString(cursor.getColumnIndex
                    (People.KEY_NAME))+",";
                    msg+ =" 年龄:" + cursor. getInt(cursor. getColumnIndex
                    (People.KEY_AGE))+", ";
                    msg+="身高:"+cursor.getFloat(cursor.getColumnIndex
                    (People.KEY_HEIGHT))+"\n";
                }while(cursor.moveToNext());
            }

            displayView.setText(msg);
        }
    };

    OnClickListener clearButtonListener=new OnClickListener(){

        @Override
        public void onClick(View v){
            displayView.setText("");
        }
    };

    OnClickListener deleteAllButtonListener=new OnClickListener(){
        @Override
        public void onClick(View v){
            resolver.delete(People.CONTENT_URI, null, null);
            String msg="数据全部删除";
            labelView.setText(msg);
        }
    };

    OnClickListener queryButtonListener=new OnClickListener(){
        @Override
        public void onClick(View v){
            Uri uri=Uri.parse(People.CONTENT_URI_STRING+"/"+idEntry
```

```
                .getText().toString());
        Cursor cursor=resolver.query(uri,
                new String[] { People.KEY_ID, People.KEY_NAME, People
                .KEY_AGE, People.KEY_HEIGHT},
                null, null, null);
        if(cursor==null){
            labelView.setText("数据库中没有数据");
            return;
        }

        String msg="";
        if(cursor.moveToFirst()){
            msg+="ID:"+cursor.getInt(cursor.getColumnIndex(People.
            KEY_ID))+",";
            msg+="姓名:"+cursor.getString(cursor.getColumnIndex
            (People.KEY_NAME))+",";
            msg+="年龄:"+cursor.getInt(cursor.getColumnIndex(People
            .KEY_AGE))+", ";
            msg+="身高:"+cursor.getFloat(cursor.getColumnIndex
            (People.KEY_HEIGHT))+"\n";
          }

        labelView.setText("数据库:");
        displayView.setText(msg);
    }
};

OnClickListener deleteButtonListener=new OnClickListener(){
    @Override
    public void onClick(View v){

        Uri uri=Uri.parse(People.CONTENT_URI_STRING+"/"+idEntry
        .getText().toString());
        int result=resolver.delete(uri, null, null);
        String msg="删除 ID 为"+idEntry.getText().toString()+"的数据"
        +(result>0?"成功":"失败");
        labelView.setText(msg);
    }
};

OnClickListener updateButtonListener=new OnClickListener(){
    @Override
    public void onClick(View v){
        ContentValues values=new ContentValues();
```

```
            values.put(People.KEY_NAME, nameText.getText().toString());
            values.put(People.KEY_AGE, Integer.parseInt(ageText.getText()
            .toString()));
            values.put(People.KEY_HEIGHT, Float.parseFloat(heightText
            .getText().toString()));

            Uri uri=Uri.parse(People.CONTENT_URI_STRING+"/"+idEntry
            .getText().toString());
            int result=resolver.update(uri, values, null, null);

            String msg="更新 ID 为"+idEntry.getText().toString()+"的数据"
            +(result>0?"成功":"失败");
            labelView.setText(msg);
        }
    };
}
```

ContentProviderDemo 示例的 AndroidManifest.xml 文件内容。

```
<?xml version="1.0" encoding="utf-8"?>
<manifest xmlns:android="http://schemas.android.com/apk/res/android"
      package="edu.hrbeu.ContentProviderDemo"
      android:versionCode="1"
      android:versionName="1.0">
    <application android:icon="@drawable/icon" android:label="@string/
    app_name">
        <provider android:name=".PeopleProvider"
            android:authorities="edu.hrbeu.peopleprovider"/>
    </application>
    <uses-sdk android:minSdkVersion="3" />
</manifest>
```

ContentResolverDemo 示例的 AndroidManifest.xml 文件内容。

```
<?xml version="1.0" encoding="utf-8"?>
<manifest xmlns:android="http://schemas.android.com/apk/res/android"
      package="edu.hrbeu.ContentResolverDemo"
      android:versionCode="1"
      android:versionName="1.0">
    <application android:icon="@drawable/icon" android:label="@string/
    app_name">
        <activity android:name=".ContentResolverDemo"
                android:label="@string/app_name">
            <intent-filter>
                <action android:name="android.intent.action.MAIN" />
```

```
                <category android:name="android.intent.category.LAUNCHER" />
            </intent-filter>
        </activity>
    </application>
    <uses-sdk android:minSdkVersion="3" />
</manifest>
```

习　　题

1. 一般应用程序允许用户自己定义配置信息，如界面背景颜色、字号大小和文本颜色等，尝试使用 SharedPreferences 保存用户的自定义配置信息，并在程序启动时自动加载这些自定义的配置信息。

2. 尝试把第 1 题的用户自己定义配置信息，以 INI 文件的形式保存在内部存储器上。

3. 简述在嵌入式系统中使用 SQLite 数据库的优势。

4. 分别使用手动建库和代码建库的方式创建名为 test.db 的数据库，并建立 staff 数据表，表内的属性值如表 8.8 所示。

表 8.8　staff 表属性

属　　性	数 据 类 型	说　　明
_id	integer	主键
name	text	姓名
sex	text	性别
department	text	所在部门
salary	float	工资

5. 利用第 4 题所建立的数据库和 staff 表为程序提供添加、删除和更新等功能，并尝试将表 8.9 中的数据添加到 staff 表中。

表 8.9　peopleinfo 表内容

_id	name	sex	department	salary
1	Tom	male	computer	5400
2	Einstein	male	computer	4800
3	Lily	female	1.68	5000
4	Warner	male		
5	Napoleon	male		

6. 建立一个 ContentProvider，用来共享第 4 题所建立的数据库。

第9章 chapter 9

位置服务与地图应用

思政材料

位置服务和地图应用是发展最为迅速、具有潜在需求的领域。通过本章的学习可以让读者了解位置服务和地图应用的概念、方法和技巧，并使用百度提供的地图服务构建具有位置服务功能的应用程序。

本章学习目标：

- 了解位置服务的概念；
- 了解地图密钥的申请方法；
- 掌握获取位置信息的方法；
- 掌握 MapView 和 BaiduMap 的使用方法；
- 掌握百度地图覆盖层的使用方法。

9.1 位置服务

位置服务(Location-Based Services，LBS)，又称为定位服务或基于位置的服务，融合了 GPS 定位、移动通信、导航等多种技术，提供与空间位置相关的综合应用服务。位置服务首先在日本得到商业化的应用。2001 年 7 月，DoCoMo 发布了第一款具有三角定位功能的手持设备。2001 年 12 月，KDDI 发布了第一款具有 GPS 功能的手机。近些年来，基于位置的服务发展更加迅速，涉及商务、医疗、工作和生活的各方面，为用户提供定位、追踪和敏感区域警告等一系列服务。

Android 平台支持提供位置服务的 API，在开发过程中主要使用 LocationManager 和 LocationProviders 对象。

LocationManager 可以用来获取当前的位置，追踪设备的移动路线，或设定敏感区域，在进入或离开敏感区域时设备会发出特定警报。LocationProviders 则是提供定位功能的组件集合，集合中的每种组件以不同的技术提供设备的当前位置。两者区别在于定位的精度、速度和成本等方面。

为了使开发的程序能够提供位置服务，首先的问题是如何获取 LocationManager。LocationManager 可以通过调用 android.app.Activity.getSystemService()函数获取，代码如下。

```
1  String serviceString=Context.LOCATION_SERVICE;
2  LocationManager LocationManager=(LocationManager)
   getSystemService(serviceString);
```

第1行代码的Context.LOCATION_SERVICE指明获取的是位置服务。第2行代码的getSystemService()函数可以根据服务名称获取Android提供的系统级服务。Android支持的系统级服务如表9.1所示。

表 9.1　Android 支持的系统级服务

Context 类的静态常量	值	返回对象	说明
LOCATION_SERVICE	location	LocationManager	控制位置等设备的更新
WINDOW_SERVICE	window	WindowManager	最顶层的窗口管理器
LAYOUT_INFLATER_SERVICE	layout_inflater	LayoutInflater	将XML资源实例化为View
POWER_SERVICE	power	PowerManager	电源管理
ALARM_SERVICE	alarm	AlarmManager	在指定时间接受Intent
NOTIFICATION_SERVICE	notification	NotificationManager	后台事件通知
KEYGUARD_SERVICE	keyguard	KeyguardManager	锁定或解锁键盘
SEARCH_SERVICE	search	SearchManager	访问系统的搜索服务
VIBRATOR_SERVICE	vibrator	Vibrator	访问支持振动的硬件
CONNECTIVITY_SERVICE	connection	ConnectivityManager	网络连接管理
WIFI_SERVICE	wifi	WifiManager	WiFi连接管理
INPUT_METHOD_SERVICE	input_method	InputMethodManager	输入法管理

在获取LocationManager后，还需要指定LocationManager的定位方法，然后才能够调用LocationManager.getLastKnowLocation()方法获取当前位置。LocationManager中主要有两种定位方法，分别是使用GPS定位和使用网络定位。GPS定位可以提供精确的位置信息，但定位速度和质量受到卫星数量和环境情况的影响。网络定位提供的位置信息精度较差，但速度较GPS定位迅速。LocationManager支持的定位方法参考表9.2。

表 9.2　LocationManager 支持的定位方法

LocationManager类的静态常量	值	说明
GPS_PROVIDER	gps	使用GPS定位，利用卫星提供精确的位置信息，需要android.permissions.ACCESS_FINE_LOCATION用户权限
NETWORK_PROVIDER	network	使用网络定位，利用基站或WiFi访问的提供近似的位置信息，需要具有如下权限：android.permission.ACCESS_COARSE_LOCATION或android.permission.ACCESS_FINE_LOCATION

在指定 LocationManager 的定位方法后，则可以调用 getLastKnowLocation()方法获取当前的位置信息。以使用 GPS 定位为例，获取位置信息的代码如下。

```
1 String provider=LocationManager.GPS_PROVIDER;
2 Location location=locationManager.getLastKnownLocation(provider);
```

第 2 行代码返回的 Location 对象中，包含了可以确定位置的信息，如经度、纬度和速度等，用户可以通过调用 Location 中的 getLatitude()和 getLonggitude()方法分别获取位置信息中的纬度和经度，示例代码如下。

```
double lat=location.getLatitude();
double lng=location.getLongitude();
```

在很多提供定位服务的应用程序中，不仅需要获取当前的位置信息，还需要监视位置的变化，在位置改变时调用特定的处理方法。LocationManager 提供了一种便捷、高效的位置监视方法 requestLocationUpdates()，可以根据位置的距离变化和时间间隔设定，产生位置改变事件的条件，这样可以避免因微小的距离变化而产生大量的位置改变事件。LocationManager 中设定监听位置变化的代码如下。

```
locationManager.requestLocationUpdates(provider, 2000, 10, locationListener);
```

第 1 个参数是定位的方法，GPS 定位或网络定位；第 2 个参数是产生位置改变事件的时间间隔，单位为微秒；第 3 个参数是距离条件，单位是米；第 4 个参数是回调函数，用了处理位置改变事件。上面的代码将产生位置改变事件的条件设定为距离改变 10 米，时间间隔为 2 秒。实现 locationListener 的代码如下。

```
1 LocationListener locationListener=new LocationListener(){
2     public void onLocationChanged(Location location){
3     }
4     public void onProviderDisabled(String provider){
5     }
6     public void onProviderEnabled(String provider){
7     }
8     public void onStatusChanged(String provider, int status, Bundle extras){
9     }
10 };
```

第 2 行代码的 onLocationChanged()在位置改变时被调用，第 4 代码行的 onProviderDisabled()在用户禁用具有定位功能的硬件时被调用，第 6 行代码的 onProviderEnabled()在用户启用具有定位功能的硬件时被调用，第 8 行代码的 onStatusChanged()在提供定位功能的硬件状态改变时被调用，如从不可获取位置信息状态到可以获取位置信息的状态，反之亦然。

最后，为了使 GPS 定位功能生效，还需要在 AndroidManifest.xml 文件中加入用户许可，代码如下。

```
<uses-permission android:name="android.permission.ACCESS_COARSE_LOCATION" />
<uses-permission android:name="android.permission.ACCESS_FINE_LOCATION"/>
<uses-permission android:name="android.permission.INTERNET" />
```

CurrentLocationDemo 是一个提供基本位置服务的示例，可以显示当前位置信息，并能够监视设备的位置变化。CurrentLocationDemo 示例的用户界面如图 9.1 所示。

位置服务一般都需要使用设备上的硬件，最理想的调试方式是将程序上传到物理设备上运行，但在没有物理设备的情况下，也可以使用 Android 模拟器提供的虚拟方式模拟设备的位置变化，调试具有位置服务的应用程序。首先打开 DDMS 中的模拟器控制，在 Location Controls 中的 Longitude 和 Latitude 部分输入设备当前的经度和纬度，然后点击 Send 按钮，就将虚拟的位置信息发送到 Android 模拟器中，如图 9.2 所示。

图 9.1　CurrentLocationDemo 示例的用户界面

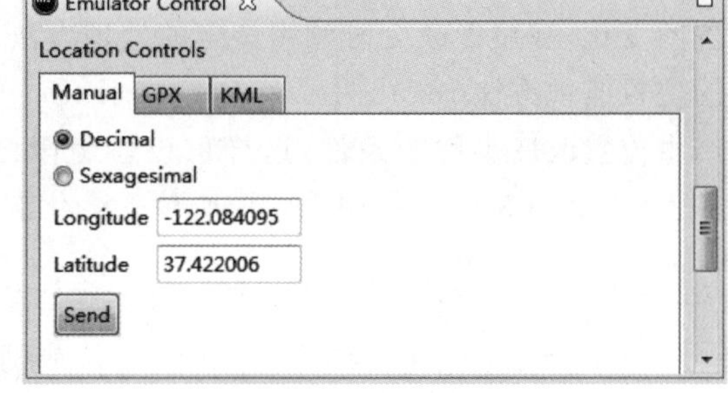

图 9.2　模拟位置信息

在程序运行过程中，可以在模拟器控制器中改变经度和纬度坐标值，程序在检测到位置的变化后，会将最新的位置信息显示在界面上。

下面给出 CurrentLocationDemo 示例中 LocationBasedServiceDemoActivity.java 文件的完整代码。

```
package edu.hrbeu.CurrentLocationDemo;

import android.Manifest;
import android.app.Activity;
import android.content.Context;
import android.content.pm.PackageManager;
import android.location.Location;
import android.location.LocationListener;
import android.location.LocationManager;
import android.os.Bundle;
import android.widget.TextView;
import androidx.core.app.ActivityCompat;

public class CurrentLocationDemoActivity extends Activity {
    private static final int REQUEST_EXTERNAL_STORAGE =1;
```

```
    private static String[] PERMISSIONS_STORAGE = {
            Manifest.permission.ACCESS_COARSE_LOCATION,
            Manifest.permission.ACCESS_FINE_LOCATION,
            Manifest.permission.INTERNET};
    @Override
    public void onCreate(Bundle savedInstanceState) {
        super.onCreate(savedInstanceState);
        setContentView(R.layout.main);
        String serviceString = Context.LOCATION_SERVICE;
        LocationManager locationManager = (LocationManager) getSystemService
        (serviceString);
        String provider = LocationManager.GPS_PROVIDER;
        if (ActivityCompat.checkSelfPermission(this, Manifest.permission.
        ACCESS_FINE_LOCATION) != PackageManager.PERMISSION_GRANTED &&
        ActivityCompat.checkSelfPermission(this, Manifest.permission.
        ACCESS_COARSE_LOCATION) != PackageManager.PERMISSION_GRANTED) {
            ActivityCompat.requestPermissions(this, PERMISSIONS_STORAGE,
                    REQUEST_EXTERNAL_STORAGE);
        }
        Location location = locationManager.getLastKnownLocation(provider);
        getLocationInfo(location);
        locationManager.requestLocationUpdates(provider, 2000, 0,
        locationListener);
    }
    private void getLocationInfo(Location location) {
        String latLongInfo;
        TextView locationText = (TextView) findViewById(R.id.label);
        if (location != null) {
            double lat = location.getLatitude();
            double lng = location.getLongitude();
            latLongInfo = "Lat: " + lat + "\nLong: " + lng;
        }
        else{
            latLongInfo = "No location found";
        }
        locationText.setText("Your Current Position is:\n" + latLongInfo);
```

```
    }

    private final LocationListener locationListener =new LocationListener(){

        @Override
        public void onLocationChanged(Location location) {
            getLocationInfo(location);
        }

        @Override
        public void onProviderDisabled(String provider) {
            getLocationInfo(null);
        }

        @Override
        public void onProviderEnabled(String provider) {
            getLocationInfo(null);
        }

        @Override
        public void onStatusChanged(String provider, int status, Bundle extras) {

        }
    };
}
```

9.2 百度地图应用

9.2.1 申请地图密钥

为了在手机中更直观地显示地理信息，程序开发人员可以直接使用百度提供的地图服务，实现地理信息的可视化开发。只要使用 MapView（com.baidu.mapapi.map.MapView）就可以将百度地图嵌入 Android 应用程序中。但在使用 MapView 进行开发前，必须向百度申请经过验证的"地图密钥"（Map API Key），这样才能正常使用百度的地图服务。"地图密钥"是访问百度地图数据的密钥，无论是模拟器还是在真实设备中都需要使用这个密钥。

注册"地图密钥"的第一步是申请一个百度账号并成为百度地图开发者，百度账号申请地址是 https://passport.baidu.com/v2/?login，百度地图开放平台开发者注册地址是 http://lbsyun.baidu.com/apiconsole/center，其界面如图 9.3 所示。

在得到百度账户之后，下一步工作是找到保存 Debug 证书的 keystore 位置，并获取

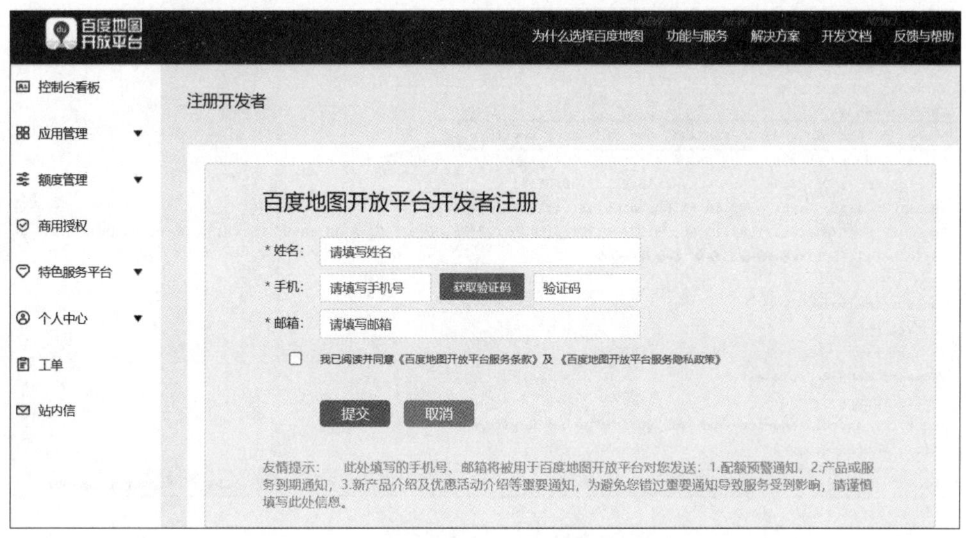

图 9.3　百度地图开放平台开发者注册界面

证书的 SHA1 值。keystore 是一个密码保护的文件，用来存储 Android 的证书，获取 SHA1 值的主要目的是为下一步申请“地图密钥”做准备。获取 Debug 证书的保存位置的方法如图 9.4 和图 9.5 所示，首先打开 Android Studio，在 Android Studio 右侧边栏，点击 Gradle 工具栏，找到 Tasks 目录下的 signingReport 文件，然后双击运行。

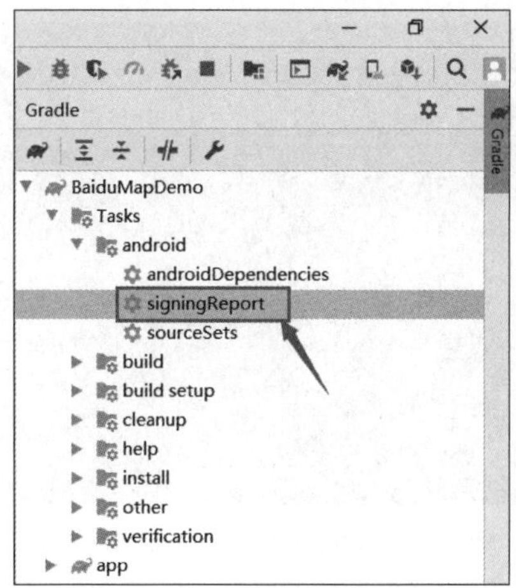

图 9.4　运行 signingReport 文件

运行成功后，Android Studio 下方控制台会输出对应的文件内容，如图 9.5 所示。Store 后面的路径就是 Debug 证书的保存位置。

为了获取 Debug 证书的 MD5 散列值，需要打开命令行工具 CMD，然后切换到 keystore 的目录，即 D:\Android\andriod-sdk\avd\.android，输入如下命令。

```
keytool -list -v -keystore debug.keystore
```

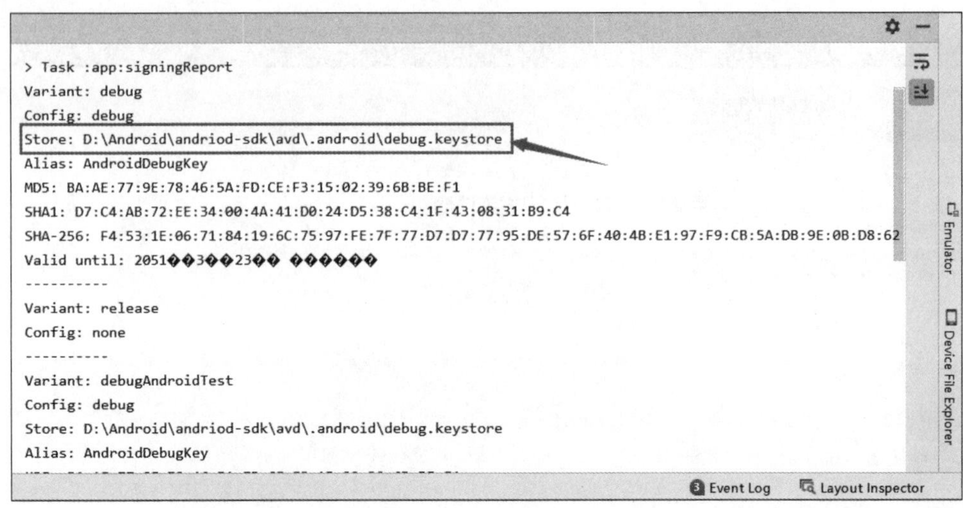

图 9.5　运行结果

keytool 是 JDK 提供的工具，如果提示无法找到 keytool，可以将<Java SDK>/bin 的路径添加到系统的 PATH 变量中。在提示输入 keystore 密码时，输入密码 android，或直接按下 Enter 键，MD5、SHA1 和 SHA256 散列值会都显示出来，如图 9.6 所示。笔者的 SHA1 散列值为 D7:C4:AB:72:EE:34:00:4A:41:D0:24:D5:38:C4:1F:43:08:31:B9:C4。

```
选择C:\WINDOWS\system32\cmd.exe
别名: androiddebugkey
创建日期: 2021-3-30
条目类型: PrivateKeyEntry
证书链长度: 1
证书[1]:
所有者: C=US, O=Android, CN=Android Debug
发布者: C=US, O=Android, CN=Android Debug
序列号: 1
有效期为 Tue Mar 30 11:02:29 CST 2021 至 Thu Mar 23 11:02:29 CST 2051
证书指纹:
         MD5:  BA:AE:77:9E:78:46:5A:FD:CE:F3:15:02:39:6B:BE:F1
         SHA1: D7:C4:AB:72:EE:34:00:4A:41:D0:24:D5:38:C4:1F:43:08:31:B9:C4
         SHA256: F4:53:1E:06:71:84:19:6C:75:97:FE:7F:77:D7:D7:77:95:DE:57:6F
:40:4B:E1:97:F9:CB:5A:DB:9E:0B:D8:62
签名算法名称: SHA1withRSA
主体公共密钥算法: 2048 位 RSA 密钥
版本: 1
```

图 9.6　获取 keystore 的 SHA1 散列值

申请“地图密钥”的最后一步是打开申请页面，输入应用名称、SHA1 散列值、应用程序的包名以及选择应用类型，如本次使用示例程序包名为 edu.hrbeu.BaiduMapDemo，“应用名称”输入：BaiduMapDemo，“应用类型”选择 Android SDK，“发布版 SHA1”和“开发版 SHA1”输入：D7:C4:AB:72:EE:34:00:4A:41:D0:24:D5:38:C4:1F:43:08:31:B9:C4，PackageName 输入：edu.hrbeu.BaiduMapDemo。申请页面的地址是 http://lbsyun.baidu.com/apiconsole/key，然后会转到“创建应用”界面，如图 9.7 所示。

完成输入后，单击“提交”按钮，生成申请“地图密钥”的获取结果，如图 9.8 所示。

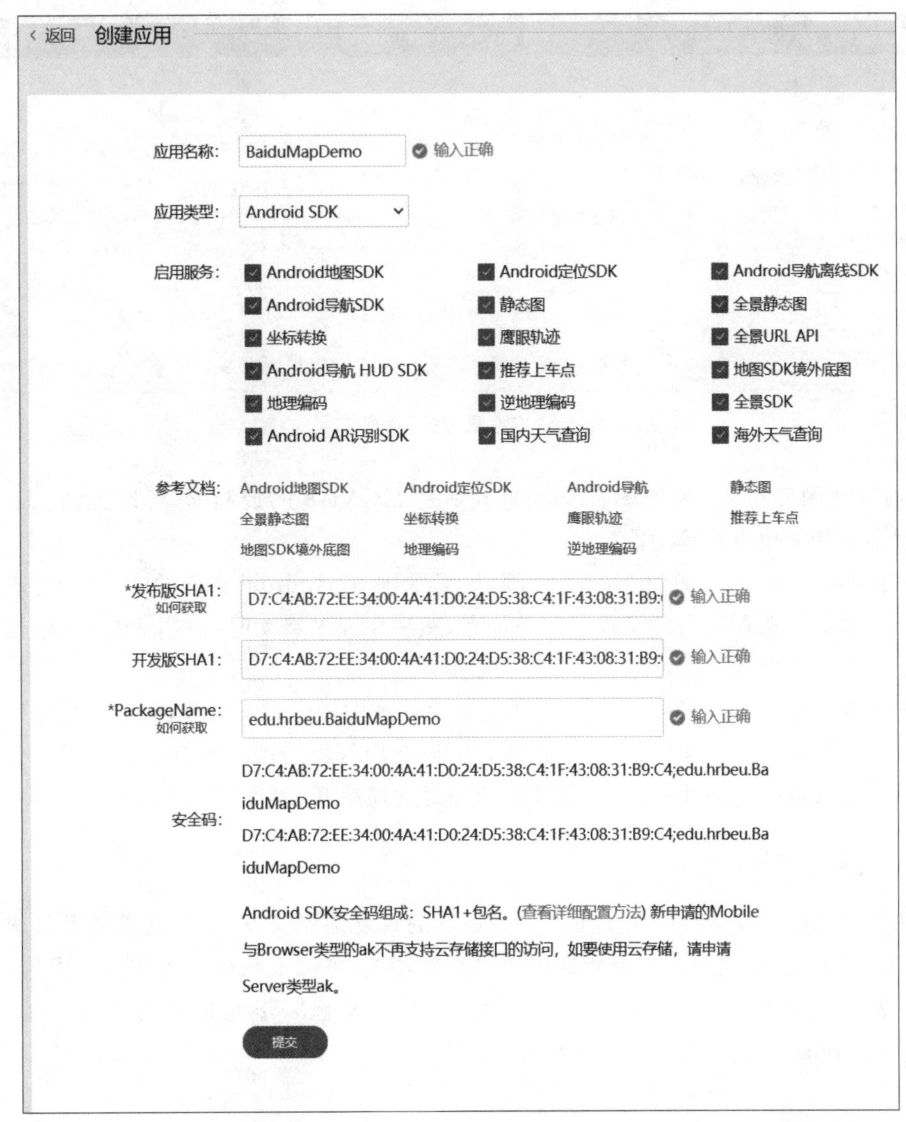

图 9.7 获取 Map API Key 页面

笔者获取的“地图密钥”是 pYCqPRfLGCNmf6qYht4rECKwNCKL4URY，在以后使用到 MapView 的时候都需要输入这个密钥。但需要注意的是，读者必须根据 Debug 证书的 SHA1 值，自己到百度地图开放平台网站上申请一个用于调试程序的“地图密钥”，而不能使用笔者申请到的“地图密钥”，并且密钥与应用名称和应用程序包名要一一对应。

9.2.2 使用百度地图

在申请到“地图密钥”后，下面应考虑如何在 Android 系统中显示和控制百度地图。MapView 是地图的显示控件，可以设置不同的显示模式，例如普通地图(2D,3D)、卫星

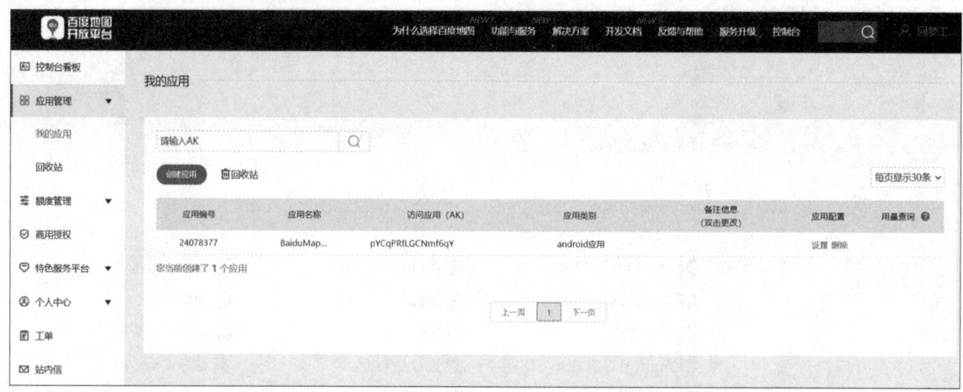

图 9.8 “地图密钥”获取结果

图、实时交通图和高清 4K 地图。BaiduMap 则是 MapView 的控制器,可以控制 MapView 的显示中心和缩放级别等功能。

下面的内容以 BaiduMapDemo 为例,说明如何在 Android 系统中开发百度地图程序。这个示例将在程序内部设置一个坐标点,然后在程序启动时,使用 MapView 控件在地图上显示这个坐标点的位置。

因为普通版本的 Android SDK 并不包含百度地图的开发扩展库,因此在建立工程时需将百度地图开发包添加到工程中,这样就可以使用百度地图的所有功能。下面介绍如何下载和导入百度地图开发包,以及如何使用百度地图开发包。

1. 下载开发包

从百度地图开发平台网站上可以下载最新的百度地图开发包,在这里笔者只选择了“基础定位”和“基础地图”,如果后期想使用其他功能,可以下载更高级别的开发包,本次选择开发包格式为 JAR,应用发布平台为“标准开发包”,下载地址为 http://lbsyun.baidu.com/index.php? title=sdk,下载页面如图 9.9 所示。

2. 导入开发包

将下载好的压缩包文件进行解压,如图 9.10 所示。再把解压后的 libs 文件夹下的所有文件复制到 Android Studio 项目工程的 app/libs 目录下,如图 9.11 所示。

百度地图开发包导入 Android Studio 工程之后还需要进行配置,首先在 app 目录下的 build.gradle 文件中配置 android 块的 sourceSets 标签,并在 dependencies 块中新增 implementation files('libs\\BaiduLBS_Android.jar')语句。然后单击右上角的 Sync Now 按钮进行同步。

build.gradle 文件的部分配置代码如下。

```
……省略其他代码
android {
……
```

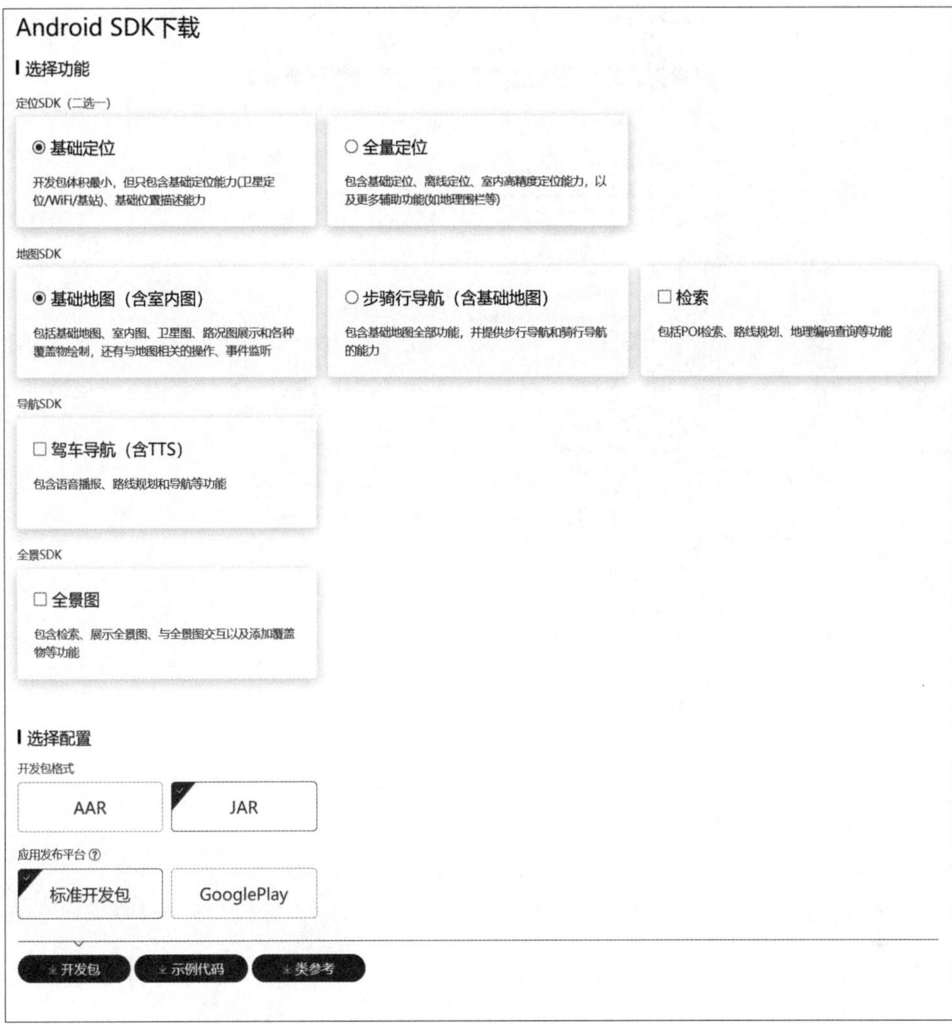

图 9.9　百度地图开发包下载

« 文档 (E:) › BaiduLBS_AndroidSDK_Lib › libs ›　　搜索"libs"

名称	修改日期	类型	大小
arm64-v8a	2021/2/18 17:07	文件夹	
armeabi	2021/2/18 17:07	文件夹	
armeabi-v7a	2021/2/18 17:07	文件夹	
x86	2021/2/18 17:07	文件夹	
x86_64	2021/2/18 17:07	文件夹	
BaiduLBS_Android.jar	2021/2/18 17:07	Executable Jar File	2,564 KB

图 9.10　百度地图开发包 libs 目录下的文件

```
    sourceSets {
        main {
            jniLibs.srcDir 'libs'
```

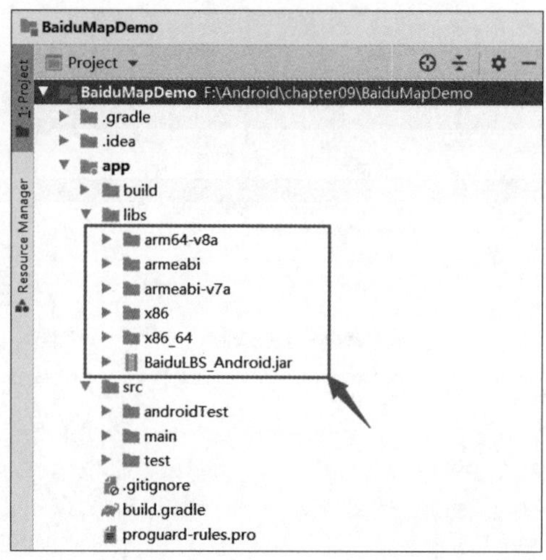

图 9.11　导入百度地图开发包

```
            }
        }
    }

dependencies {
    implementation files('libs\BaiduLBS_Android.jar')
......
}
```

3. 显示地图

配置完工程后，修改/res/layout/activity_main.xml 文件，布局文件中加入一个 MapView 控件，用于在布局中放置地图。

activity_main.xml 文件的完整代码如下。

```
<?xml version="1.0" encoding="utf-8"?>
<LinearLayout xmlns:android="http://schemas.android.com/apk/res/android"
    android:orientation="vertical"
    android:layout_width="match_parent"
    android:layout_height="match_parent">

    <com.baidu.mapapi.map.MapView
        android:id="@+id/bmapView"
        android:layout_width="match_parent"
        android:layout_height="match_parent"
        android:enabled="true"
        android:clickable="true" />
</LinearLayout>
```

使用百度地图的各功能组件之前需要调用 SDKInitializer.initialize(getApplicationContext())对百度地图 SDK 进行初始化操作。因此,在 BaiduMapDemoApplication 类的 onCreate()方法中完成对百度地图 SDK 的初始化。

下面给出整个 BaiduMapDemoApplication.java 文件的完整代码。

```
1  package edu.hrbeu.BaiduMapDemo;
2
3  import android.app.Application;
4  import com.baidu.mapapi.CoordType;
5  import com.baidu.mapapi.SDKInitializer;
6
7  public class BaiduMapDemoApplication extends Application {
8     @Override
9     public void onCreate() {
10         super.onCreate();
11         SDKInitializer.initialize(getApplicationContext());
12         SDKInitializer.setCoordType(CoordType.BD09LL);
13     }
14 }
```

第 11 行代码传入 ApplicationContext 初始化 SDK。百度地图 SDK 的所有接口均支持百度坐标和国测局坐标,即 BD09LL 和 GCJ02 两种坐标类型,第 12 行代码默认设置为 BD09LL 坐标类型。

仅在布局中添加 MapView 控件,还不能够直接在程序中调用这个控件,还需要创建地图 Activity,负责管理 MapView 的生命周期。

下面给出整个 BaiduMapDemoActivity.java 文件的完整代码。

```
package edu.hrbeu.BaiduMapDemo;
import android.app.Activity;
import android.os.Bundle;

import com.baidu.mapapi.map.BaiduMap;
import com.baidu.mapapi.map.MapStatus;
import com.baidu.mapapi.map.MapStatusUpdate;
import com.baidu.mapapi.map.MapStatusUpdateFactory;
import com.baidu.mapapi.map.MapView;
import com.baidu.mapapi.model.LatLng;

public class BaiduMapDemoActivity extends Activity {
    private BaiduMap baiduMap;
    private MapView mapView;

    @Override
    protected void onCreate(Bundle savedInstanceState) {
```

```
18         super.onCreate(savedInstanceState);
19         setContentView(R.layout.activity_main);
20
21         mapView = (MapView) findViewById(R.id.bmapView);
22         baiduMap =mapView.getMap();
23
24         Double lng =126.676530486;
25         Double lat =45.7698895661;
26         LatLng point =new LatLng(lat, lng);
27         MapStatus mMapStatus =new MapStatus.Builder()
28                 .target(point)
29                 .zoom(11)
30                 .build();
31         MapStatusUpdate mMapStatusUpdate = MapStatusUpdateFactory.newMapStatus(mMapStatus);
32         baiduMap.setMapStatus(mMapStatusUpdate);
33         baiduMap.setMapType(BaiduMap.MAP_TYPE_NORMAL);
34     }
35
36     @Override
37     protected void onResume() {
38         super.onResume();
39         mapView.onResume();
40     }
41     @Override
42     protected void onPause() {
43         super.onPause();
44         mapView.onPause();
45     }
46
47     @Override
48     protected void onDestroy() {
49         super.onDestroy();
50         mapView.onDestroy();
51     }
52 }
```

第22行代码获取了baiduMap，用于在第32行和第33行设置MapView的地图状态和地图类型，第27～30行代码获取一个地图状态构造器来定义地图状态，第28行代码设置MapView的“预订显示中心点”，第29行代码设置地图缩放级别，第30行代码创建地图状态对象。第24行和第25行代码设置地理坐标点的经度为126.676530486、纬度为45.7698895661。但第28行代码没有直接使用这个坐标，而是将其转化为LatLng再使用。第31行代码定义MapStatusUpdate对象，以便描述地图状态将要发生的变化。第33行代码设置地图显示类型，设置BaiduMap.MAP_TYPE_NORMAL为普通地图，

BaiduMap.MAP_TYPE_SATELLITE 为卫星地图，BaiduMap.MAP_TYPE_NONE 为空白地图。第 36～51 行代码实现了在 Activity 中对地图生命周期的管理。

运行前还需要在 AndroidManifest.xml 文件中添加配置刚获取的“地图密钥”（下方代码的第 17～19 行）和权限许可（下方代码的第 8～11 行），原因是获取百度地图需要使用互联网和读写存储权限。在第 14 行代码还需要声明对百度地图 SDK 进行初始化的 Application。

AndroidManifest.xml 文件的完整代码如下。

```
1  <?xml version="1.0" encoding="utf-8"?>
2  <manifest xmlns:android="http://schemas.android.com/apk/res/android"
3      package="edu.hrbeu.BaiduMapDemo"
4      android:versionCode="1"
5      android:versionName="1.0" >
6      <uses-sdk android:minSdkVersion="14" />
7
8      <uses-permission android:name="android.permission.INTERNET" />
9      <uses-permission android:name="android.permission.ACCESS_NETWORK_STATE" />
10     <uses-permission android:name="android.permission.READ_EXTERNAL_STORAGE" />
11     <uses-permission android:name="android.permission.WRITE_EXTERNAL_STORAGE" />
12
13     <application
14         android:name=".BaiduMapDemoApplication"
15         android:icon="@mipmap/ic_launcher"
16         android:label="@string/app_name">
17         <meta-data
18                 android:name="com.baidu.lbsapi.API_KEY"
19                 android:value="pYCqPRfLGCNmf6qYht4rECKwNCKL4URY" />
20         <activity
21             android:label="@string/app_name"
22             android:name=".BaiduMapDemoActivity">
23             <intent-filter>
24                 <action android:name="android.intent.action.MAIN" />
25                 <category android:name="android.intent.category.LAUNCHER" />
26             </intent-filter>
27         </activity>
28     </application>
29 </manifest>
```

最后，程序运行时需要连接互联网，运行结果如图 9.12 所示。

9.2.3 地图上使用覆盖层

在很多的地图应用中都需要在地图上显示信息或绘制图形。通过在 MapView 上添加覆盖层，可以在指定的位置添加注解、绘制图像或处理鼠标事件等。百度地图上可以

(a) 地图模式　　　　(b) 卫星模式

图 9.12　BaiduMapDemo 示例运行结果

加入多个覆盖层，所有覆盖层都在地图图层之上，每个覆盖层均可以对用户的点击事件做出响应。

下面以 MapOverlayDemo 示例，说明如何在百度地图上添加点标记（Marker）覆盖层和文字（Text）覆盖层，并在指定的物理坐标上显示图标和提示信息。MapOverlayDemo 示例的运行结果如图 9.13 所示。

图 9.13　MapOverlayDemo 示例的运行结果

下面给出整个 MapOverlayDemo.java 文件的完整代码。

```
package edu.hrbeu.MapOverlayDemo;

import android.app.Activity;
import android.os.Bundle;

import com.baidu.mapapi.map.BaiduMap;
import com.baidu.mapapi.map.BitmapDescriptor;
import com.baidu.mapapi.map.BitmapDescriptorFactory;
import com.baidu.mapapi.map.MapStatus;
import com.baidu.mapapi.map.MapStatusUpdate;
import com.baidu.mapapi.map.MapStatusUpdateFactory;
import com.baidu.mapapi.map.MapView;
import com.baidu.mapapi.map.MarkerOptions;
import com.baidu.mapapi.map.OverlayOptions;
import com.baidu.mapapi.map.TextOptions;
import com.baidu.mapapi.model.LatLng;

public class MapOverlayDemoActivity extends Activity {
    private BaiduMap baiduMap;
    private MapView mapView;

    @Override
    protected void onCreate(Bundle savedInstanceState) {
        super.onCreate(savedInstanceState);
        setContentView(R.layout.activity_main);

        mapView = (MapView) findViewById(R.id.bmapView);
        baiduMap =mapView.getMap();

        Double lng =126.676530486;
        Double lat =45.7698895661;
        LatLng point =new LatLng(lat,lng);
        MapStatus mMapStatus =new MapStatus.Builder()
                .target(point)
                .zoom(11)
                .build();
        MapStatusUpdate mMapStatusUpdate = MapStatusUpdateFactory. newMapStatus
        (mMapStatus);
        baiduMap.setMapStatus(mMapStatusUpdate);
        baiduMap.setMapType(BaiduMap.MAP_TYPE_NORMAL);

        BitmapDescriptor bitmap =BitmapDescriptorFactory
```

```
42                 .fromResource(R.drawable.marker);
43
44         OverlayOptions markerOptions = new MarkerOptions()
45                 .position(point)
46                 .icon(bitmap);
47
48         OverlayOptions textOptions = new TextOptions()
49                 .text("标记点")
50                 .bgColor(0xAAFFFF00)
51                 .fontSize(24)
52                 .fontColor(0xFFFF00FF)
53                 .rotate(0)
54                 .position(point);
55
56         baiduMap.addOverlay(markerOptions);
57         baiduMap.addOverlay(textOptions);
58     }
59 }
```

第 41 行和第 42 行代码的工厂类 BitmapDescriptorFactory 的 fromResource()方法构建了一个 Marker 图标对象 bitmap，第 44～46 行代码的 MarkerOptions 类用来设置 Marker 覆盖物的属性，第 45 行代码的 position()方法用来设置 Marker 的位置坐标，第 46 行代码的 icon()方法用来设置 Marker 的图标。第 48～54 行代码的 TextOptions 类用来设置文字覆盖层的属性，第 49 行代码设置文字内容，第 50 行代码设置文字背景颜色，第 51 行代码设置文字大小，第 52 行代码设置文字颜色，第 53 行代码设置文字旋转角度，第 54 行代码设置文字的位置坐标。第 56 行和第 57 行代码使用 addOverlay()方法将 MarkerOptions 和 TextOptions 对象添加到 MapView 中。

习 题

1. 讨论位置服务和地图应用的发展前景。

2. 编程实现轨迹追踪软件。每间隔 60 秒，同时距离移动大于 1 米的情况下，记录一次位置信息，在百度地图上绘制 600 秒的行动轨迹。

第 10 章 chapter 10

Widget 组件开发

Widget 是一种可被嵌入其他程序的视图,并可以周期性进行更新。随着 Android 平板电脑和其他大屏幕设备的出现,Widget 越来越广泛地被用于开发主屏幕的信息显示程序。通过本章的学习,读者可以了解 Widget 的概念、特征和用途,并掌握其具体的开发方法和配置方法。

本章学习目标:

- 了解 Widget 的概念及特征;
- 掌握 Widget 的设计原则和开发步骤;
- 了解 Widget 的调试方法;
- 掌握使用 Activity 配置 Widget 的方法;
- 掌握使用 Service 更新 Widget 的方法。

10.1 Widget 简介

Widget 是一个具有特定功能的视图,一般被嵌入主屏幕(home screen)中,用户在不启动任何程序的前提下,就可以在主屏幕上直接浏览 Widget 所显示的信息。Widget 在主屏幕上显示自定义的界面布局,在后台周期性地更新数据信息,并根据这些更新的数据修改主屏幕的显示内容。Widget 可以有效地利用手机的屏幕,快捷、方便地浏览信息,为用户带来良好的交互体验。

Widget 是 Android 1.5 引入的新特性,发展到 Android 4.0 已经有很大的进步和改变,例如在 Android 3.1 引入的更改 Widget 尺寸功能,以及 Android 4.0 增加的自动设置边界功能。Widget 在主屏幕上可以出现多个相同的副本,也可以根据用户的设置,产生尺寸、布局、刷新速率和更新逻辑完全不同的副本,如图 10.1 所示。将 Widget 程序设计成多个界面风格的版本,有助于适应不同用户的喜好。

目前,Widget 在 Android 智能手机和平板电脑上具有非常广泛的应用,包括用 Widget 实现的微博客、RSS 订阅器、股市信息、天气预报、日历、时钟、信息提醒、电量显示、邮件、便签、音乐播放、相册和新闻等。

Android 系统自带了多个 Widget 程序,包括时钟、书签、音乐播放器、相框和搜索栏等,如图 10.2 所示。在 Widget 列表中可以查看所有的 Widget 组件,通过长时间点击

Widget 组件，可以将 Widget 组件添加到主屏幕上。

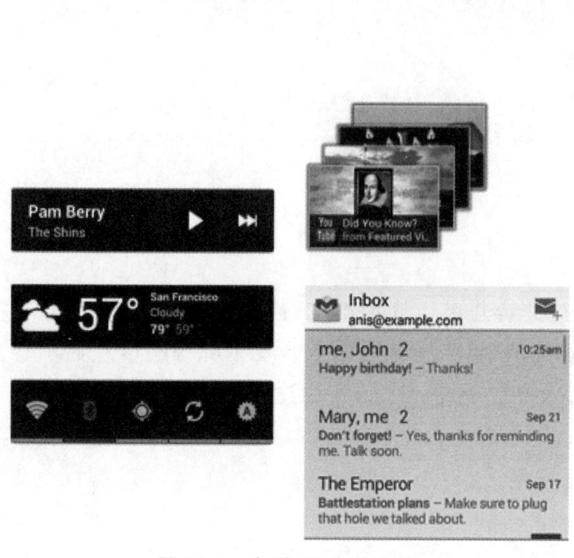

图 10.1　各种 Widget 组件

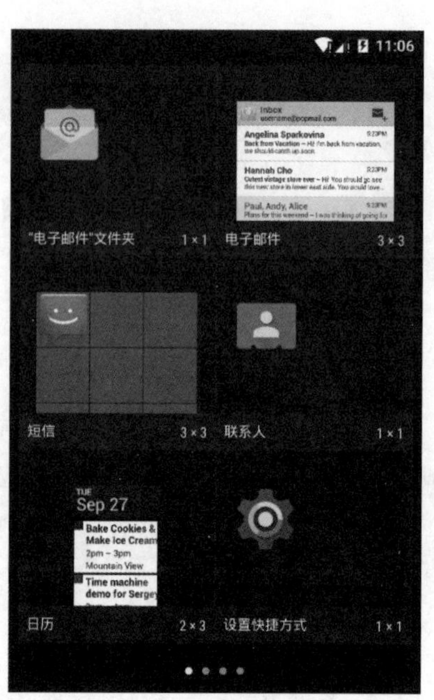

图 10.2　Android 4.0 中的 Widget 组件

10.2 Widget 基础

10.2.1 设计原则

Widget 是主屏幕上的显示元素，不仅自身具有一定的设计规则，还要与主屏幕上其他的元素保持美观一致。

Widget 显示在主屏幕上的结构如图 10.3 所示。最外层是单元格边界，这个边界是不同 Widget 的分隔界限，在界面上，这个界限对用户是不可见的。框架边界是 Widget 背景图像的界限，背景图线会填充满整个框架(frame)。最里面的是 Widget Controls，这是显示 Widget 界面元素的空间。

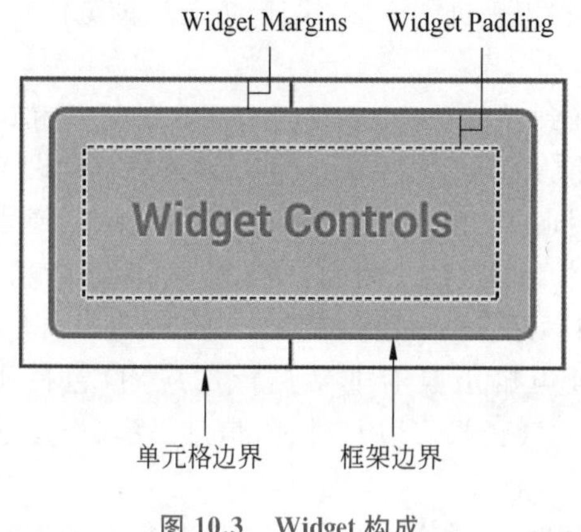

图 10.3　Widget 构成

Widget Padding 是框架边界与 Widget Controls 之间的距离，可以将 Widget 的界面元素显示在背景图片的中间区域。

为了保证多个 Widget 显示时不会靠得太近，一般都会设定 Widget Margins，这个值是单元格边界与框架边界的距离。如果 Widget Margins 的值为 0，则两个 Widget 就会连在一起。在 Android 4.0 中,系统会自动添加 Margins,使两个 Widget 可以保持一定的间隔距离。笔者建议使用这个新功能,方法是只要将 AndroidManifest.xml 文件中的 targetSdkVersion 设置为 14。

下面介绍如何设计出同时适应 Android 4.0 以及较早 Android 系统的 Widget 界面布局,使之在较早的 Android 系统上具有自定义的 Widget Margins 值,而在 Android 4.0 上保持相同的显示方式,而不会因为 Android 4.0 自动添加边界间隔而出现显示不一致的情况。具体方法如下。

(1) 首先,将 AndroidManifest.xml 文件中的 targetSdkVersion 设置为 14。

(2) 建立布局文件,引用 dimension 资源,布局文件如下。

```
<FrameLayout
    android:layout_width="match_parent"
    android:layout_height="match_parent"
    android:layout_margin="@dimen/widget_margin">

    <LinearLayout
        android:layout_width="match_parent"
        android:layout_height="match_parent"
        android:orientation="horizontal"
        android:background="@drawable/widget_background">
    </LinearLayout>
</FrameLayout>
```

(3) 建立两个 dimension 资源,第 1 个在/res/values 目录下,为较早的 Android 系统提供自定义的 Margins;第 2 个在/res/values-v14 目录下,为 Android 4.0 系统设定 Margins。

res/values/dimens.xml:

```
<dimen name="widget_margin">15dp</dimen>
```

res/values-v14/dimens.xml:

```
<dimen name="widget_margin">0dp</dimen>
```

Android 系统将主屏幕划分为单元格,单元格的大小和数量会随设备的变化而完全不同,一般智能手机会被划分为 4×4 的单元格,而平板电脑一般会被划分为 8×7 的单元格。当用户将 Widget 加入主屏幕时,Widget 会占据一定数量的单元格,占据单元格的数量由 minWidth 和 minHeight 决定,这两个属性是默认情况下 Widget 的显示尺寸,具体的计算方法可以参考表 10.1。其中,dp 表示与设备无关的像素,计算公式中之所以要减去 30,是因为防止像素计算时的整数舍入导致错误。

在设定 minWidth 和 minHeight 时,最基本的原则是使 Widget 处于最佳的显示状态。下面以"音乐播放器"为例,说明如何计算 Widget 的 minWidth 和 minHeight 值。音乐播放器的界面如图 10.4 所示。

表 10.1 Widget 尺寸的计算方法

Widget 尺寸（minWidth 和 minHeight）	单元格数量
40dp	1
110dp	2
180dp	3
250dp	4
⋮	⋮
70 * n－30	n

音乐播放器由一个显示歌曲信息的 TextView 和两个控制音乐播放的按钮组成。音乐播放器的界面元素尺寸如图 10.5 所示。minWidth 应该等于 3 个控件的宽度和，加上控件之间的空隙，minHeight 应该等于 TextView 控件的高度加上边界空隙。具体的计算方法可以参考下面的公式：

$$minWidth = 144dp + (2 \times 8dp) + (2 \times 56dp) = 272dp$$

$$minHeight = 48dp + (2 \times 4dp) = 56dp$$

图 10.4 音乐播放器的界面

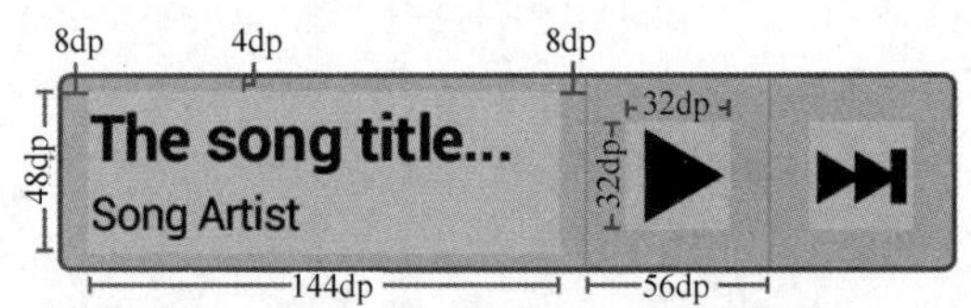

图 10.5 音乐播放器的界面元素尺寸

为了增加 Widget 对不同屏幕尺寸和单元格尺寸的适应性，建议尽量使用具有自适应能力的布局，例如线性布局、相对布局或框架布局。而且在设计界面元素时，将不可改变尺寸的界面元素的高度和宽度设置成固定值，而让尺寸可改变的界面元素填充全部剩余空间。例如在音乐播放器的界面中，将两个按钮的尺寸固定，而将 TextView 的宽度设置为可变的，并允许 TextView 在横向上占据所有可用的空间，但为了美观，TextView 的高度应该固定。最后，应保证所有界面元素在纵向上居中显示。

当 Widget 的尺寸不够填充满所应占的单元格时，Widget 会在横向和纵向拉伸，以填充所有应该占据的单元格。图 10.6 是音乐播放器在单元格尺寸为 80dp×100dp，Margins 为 16 的显示效果。

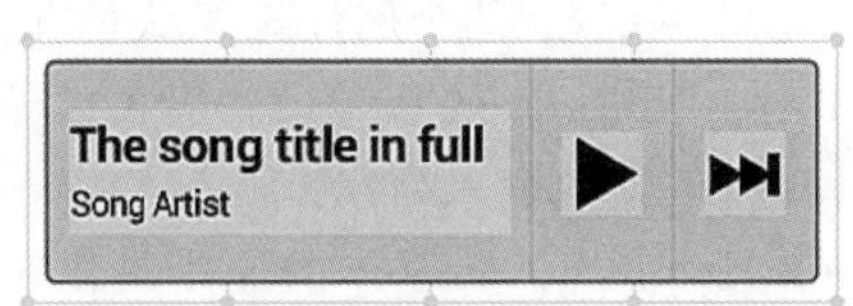

图 10.6 音乐播放器在 80dp×100dp 单元格中的显示效果

最后,建议读者使用 9-patche 文件作为背景图像,文件扩展名为 9.png。这种图像文件可以自动填充整个背景空间,同时不会影响界面的美观。

读者可以在下面的地址下载 Widget 模板包(见图 10.7),模板包里面包括 NinePatch 图像文件、XML 文件和 Photoshop 源文件等内容,适用于不同屏幕解析度和 Android 版本系统。下载地址为 http://developer.android.com/shareables/app_widget_templates-v4.0.zip。

图 10.7 Widget 模板包

10.2.2 开发步骤

在介绍了 Widget 的基础框架类后,简单说明 Widget 的一般开发步骤,具体步骤如下。

(1) 设计 Widget 的布局;

(2) 定义 Widget 的元数据;

(3) 实现 Widget 的添加、删除、更新;

(4) 在 AndroidManifest.xml 文件中声明 Widget。

下面以 SimpleWidget 为例,介绍 Widget 的开发步骤,以及 Widget 框架类中各个函数的调用顺序。

1. 设计 Widget 的布局

创建用户 Widget 的第一步是设计并实现 Widget 的组件布局,就是 Widget 和用户交互的界面。SimpleWidget 示例设计目标如图 10.8 所示,背景使用 NinePatch 的 PNG 图片,内部为白色背景,具有浅蓝色的边框。Widget 内部包含 TextView 和 ImageButton 控件,使用线性水平布局。

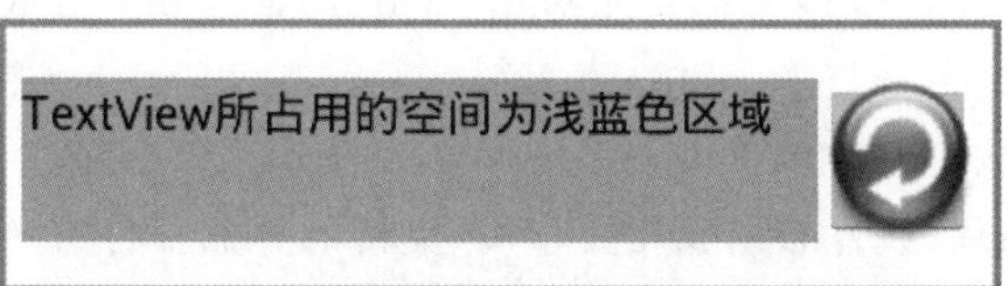

图 10.8 SimpleWidget 示例的设计目标

Widget与Activity在布局设计和实现方法上十分相似，都是在/res/layout目录中建立基于XML的布局资源文件。SimpleWidget示例建立的Widget布局文件的文件名为widget_layout.xml，将Widget背景图片放置在/res/drawable目录中，文件名为widget_background.9.png。

下面给出widget_layout.xml的完整代码。

```
1  <?xml version="1.0" encoding="utf-8"?>
2  <LinearLayout xmlns:android="http://schemas.android.com/apk/res/android"
3      android:layout_width="fill_parent"
4      android:layout_height="fill_parent"
5      android:orientation="horizontal"
6      android:background="@drawable/widget_background"
7      android:padding="8dp">
8
9      <TextView android:id="@+id/label"
10         android:layout_width="wrap_content"
11         android:layout_height="48dp"
12         android:text="TextView所占用的空间为浅蓝色区域"
13         android:textColor="@color/black"
14         android:background="@color/lightskyblue"
15         android:layout_weight="1"
16         android:layout_gravity="center_vertical"/>
17
18     <ImageButton
19         android:id="@+id/image_button"
20         android:layout_width="48dp"
21         android:layout_height="48dp"
22         android:src="@drawable/button_image"
23         android:layout_gravity="center_vertical"/>
24
25 </LinearLayout>
```

第13行代码将TextView的文本颜色设置为黑色，第14行代码将TextView的背景颜色设置为浅蓝色，主要用来确定TextView所占据的区域范围。第15行代码将layout_weight设为1，而没有在ImageButton中设置这个参数，表明TextView控件会占据父节点所拥有的剩余空间。

在Android Studio的界面控制器中，Widget的显示效果与设计目标略有区别，如图10.9所示，主要原因是线性布局的layout_width和layout_height属性都被设置成fill_parent。

出于Widget的安全和性能考虑，Widget支持的布局和控件存在一些限制。Widget支持的布局有框架布局、线性布局和相关布局；支持的界面控件有AnalogClock、Button、Chronometer、ImageButton、ImageView、ProgressBar、TextView、ViewFlipper、ListView、GridView、StatckView和AdapterViewFlipper。

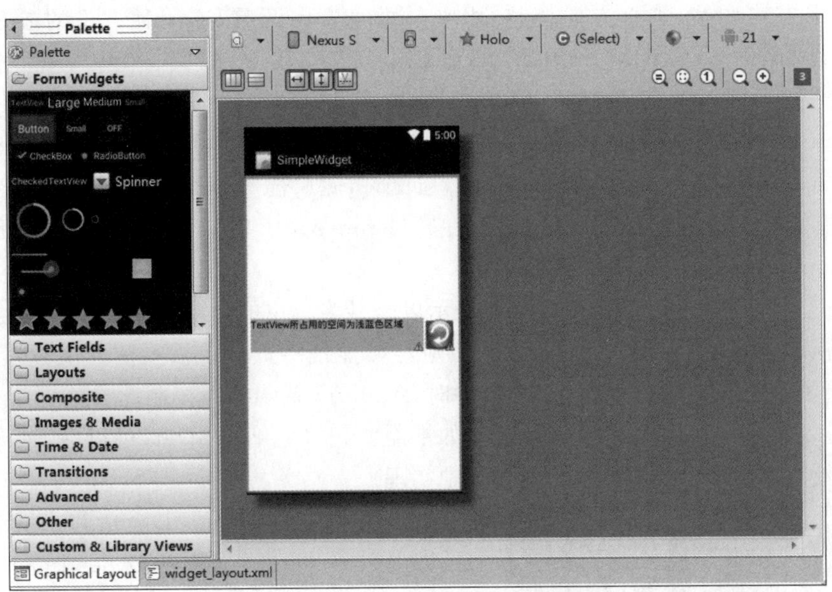

图 10.9 界面设计器中的显示效果

2. 定义 Widget 的元数据

Widget 元数据定义了 Widget 最基本的信息，包括 Widget 的尺寸、更新周期、布局文件位置、预览图片、拉伸方向和配置界面等。

SimpleWidget 示例将 Widget 元数据的文件保存在/res/xml/widget_template.xml 中，该文件的完整代码如下。

```
1  <?xml version="1.0" encoding="utf-8"?>
2  <appwidget-provider
3    xmlns:android="http://schemas.android.com/apk/res/android"
4    android:minWidth="150dp"
5    android:minHeight="60dp"
6    android:resizeMode="horizontal|vertical"
7    android:minResizeHeight="80dp"
8    android:minResizeWidth="48dp"
9    android:updatePeriodMillis="36000"
10   android:initialLayout="@layout/widget_layout"
11   android:previewImage="@drawable/preview"
12 />
```

第 2 行代码使用 appwidget-provider 标签声明了 Widget 的元数据。第 4 行和第 5 行代码定义了 Widget 的两个关键属性，minWidth 和 minHeight 分别表示默认情况下 Widget 的显示宽度和高度，也就是 Widget 拖曳到主屏幕时的尺寸。

Android 3.1 后的系统支持改变 Widget 的显示尺寸，第 6 行代码声明 Widget 的尺寸可变，horizontal|vertical 表示在水平和垂直方向上的大小都是可以变化的。其中，不可

调整、水平方向调整、垂直方向调整、水平与垂直方向调整，这 4 种方式的参数分别为 none、horizontal、vertical、horizontal|vertical。

在第 7 行和第 8 行代码中，Widget 的最小尺寸由 minResizedHeight 和 minResizedWidth 决定。minResizeHeight 是 Widget 能够重新设置的最小高度，此值在大于 minHeight 时，或 resizeMode 中不支持垂直(vertical)拖曳时，此属性不起作用。minResizeWidth 是 Widget 能够重新设置的最小宽度，此值在超过 minWidth 时，或者 resizeMode 不支持水平(horizontal)拖曳时，此属性不起作用。

第 9 行代码的 updatePeriodMillis 表示以毫秒为单位的更新周期，Android 会以这个速率唤醒设备以便更新 Widget，开发人员应尽可能地降低设备被唤醒的次数，以降低设备的能量消耗。当更新周期小于 30 分钟时，Android 系统并不按照此参数更新 Widget，如果需要频繁更新 Widget，可以在 Service 服务中实现。

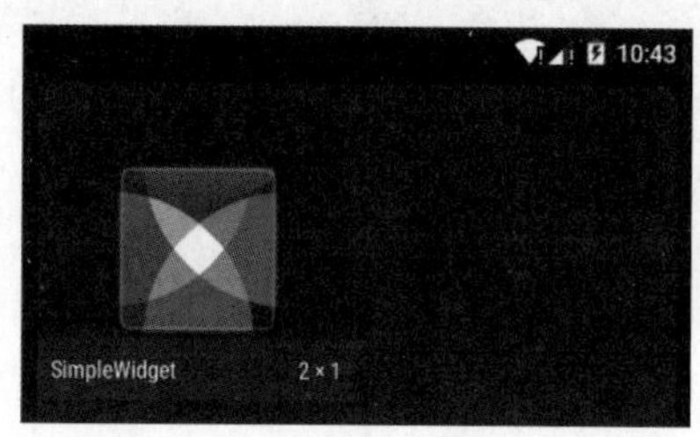

图 10.10　SimpleWidget 示例的预览图像

第 10 行代码的 initialLayout 用来指定 Widget 的布局。第 11 行代码的 previewImage 定义了在 Android 系统 Widget 列表中预览图像，如果不设置该值，则以程序的图标作为预览图像。SimpleWidget 示例的预览图像如图 10.10 所示。

3. 实现 Widget 的添加、删除、更新

实现 Widget 的添加、删除、更新等过程，主要是通过 AppWidgetProvider 类来实现。这个类本身继承 BrocastReceiver，用来接收与 Widget 相关的更新、删除、生效和失效等消息，当 AppWidgetProvider 接收这些消息后，会分别调用响应的事件处理函数，如表 10.2 所示。

表 10.2　AppWidgetProvider 类的事件处理函数

事　件	调用函数	说　明
ACTION_APPWIDGET_UPDATE	onUpdate()	Widget 更新
ACTION_APPWIDGET_DELETED	onDelete()	Widget 删除
ACTION_APPWIDGET_ENABLED	onEnabled()	Widget 生效
ACTION_APPWIDGET_DISABLED	onDisabled()	Widget 失效

在 SimpleWidget 示例中，WidgetProvider 继承 AppWidgetProvider 类，在 Widget 更新、删除等操作过程中调用其内部的函数。WidgetProvider.java 文件的完整代码如下。

```
package edu.hrbeu.SimpleWidget;

import android.appwidget.AppWidgetManager;
import android.appwidget.AppWidgetProvider;
import android.content.Context;
```

```
import android.util.Log;

public class WidgetProvider extends AppWidgetProvider {
    private static final String TAG="WIDGET";

    @Override
    public void onUpdate(Context context, AppWidgetManager
    appWidgetManager, int[] appWidgetIds){
        Log.d(TAG, "onUpdate");
    }

    @Override
    public void onDeleted(Context context, int[] appWidgetIds){
        Log.d(TAG, "onDeleted");
    }

    @Override
    public void onEnabled(Context context){
        Log.d(TAG, "onEnabled");
    }

    @Override
    public void onDisabled(Context context){
        Log.d(TAG, "onDisabled");
    }
}
```

从代码中不难发现，虽然重载了的 onUpdate( )、onDelete( )、onEnabled( ) 和 onDisabled()四个函数，但仅在函数中设置了调试信息，后期可以利用调试信息观察这些函数何时会被调用。

onUpdate(Context, AppWidgetManager, int[])函数在 updatePeriodMillis 定义时间间隔到期时被调用，主要用来更新 Widget 组件的界面显示。除此以外，在用户每次将 Widget 拖曳到主屏幕时，该函数也会被调用，可以在此函数中为界面元素定义按钮点击事件处理函数，或者启动一个临时的 Service 进行数据获取等。

onDeleted(Context context, int[] appWidgetIds)函数是当一个 Widget 从主屏幕上被删除时调用的函数，用来回收资源。

onEnabled(Context context)函数在首个 Widget 实例被创建并添加到主屏幕时被调用。Widget 可以在主屏幕上创建多个实例，但只有在第一个 Widget 实例被创建时才调用该函数。onEnabled()一般用来进行一些初始化工作，如打开一个新的数据库，或者执行对所有 Widget 实例来说只需进行一次的设置。

onDisabled(Context context)函数在最后一个 Widget 实例被删除时调用，用来释放在 onEnabled()中使用的资源，如删除在 onEnabled()函数中创建的临时数据库。

在将 Widget 添加到主屏幕上，或者从主屏幕删除 Widget 都会引发 AppWidgetProvider 中的事件处理函数。以 SimpleWidget 为例，通过观察 Android Studio 中 LogCat 的输出信息，分析用户对 Widget 进行不同操作所引发的事件处理函数及其调用顺序关系。

当 Widget 第一次添加到主屏幕时，系统会按顺序调用 onEnable()和 onUpdate()。当再次向主屏幕添加 Widget 时，系统则仅调用 onUpdate()。当从主屏幕删除 Widget 时，如果主屏幕还有这个 Widget 的实例，则系统仅调用 onDelete()；如果被删除的是这个 Widget 的最后一个实例，则系统在调用 onDelete()后会调用 onDisable()。

4. 在 AndroidManifest.xml 文件中声明 Widget

最后，要让 Widget 生效还须在 AndroidManifest.xml 文件中进行声明，主要在该文件中声明 AppWidgetProvider 类。AndroidManifest.xml 的完整代码如下。

```
1  <?xml version="1.0" encoding="utf-8"?>
2  <manifest xmlns:android="http://schemas.android.com/apk/res/android"
3      package="edu.hrbeu.SimpleWidget"
4      android:versionCode="1"
5      android:versionName="1.0" >
6
7      <uses-sdk android:minSdkVersion="14" />
8
9      <application
10         android:icon="@drawable/ic_launcher"
11         android:label="@string/app_name" >
12         <receiver android:name=".WidgetProvider">
13             <meta-data android:name="android.appwidget.provider"
14                     android:resource="@xml/widget_template" />
15             <intent-filter>
16                 <action android:name="android.appwidget.action.APPWIDGET
                   _UPDATE" />
17             </intent-filter>
18         </receiver>
19     </application>
20 </manifest>
```

第 12 行代码声明了 receiver 标签，android:name 属性定义了 AppWidgetProvider 的子类。第 13 行代码中 meta-data 标签中的 android:name 属性，使用 android.appwidget.provider 表示这里的数据是 Widget 的元数据。第 14 行代码的 android:resource 属性声明了元数据的资源路径。第 15 行代码定义了 intent-filter 标签，第 16 行代码声明接收 action.APPWIDGET_UPDATE 消息。

10.2.3 调试过程

在完成 SimpleWidget 示例的所有代码后，进入 Widget 的调试过程。在进行 Widget

调试前，首先介绍如何安装、加载和删除Widget组件。

安装Widget与安装其他程序相似，是通过Android Studio上的“运行”(Run)按钮启动程序的编译、链接、打包和安装过程，唯一区别是在Widget安装到模拟器后，不会直接出现在主屏幕上，而需要用户在Android系统的Widget列表中手动将Widget添加到主屏幕上。Android系统的Widget列表如图10.11所示。

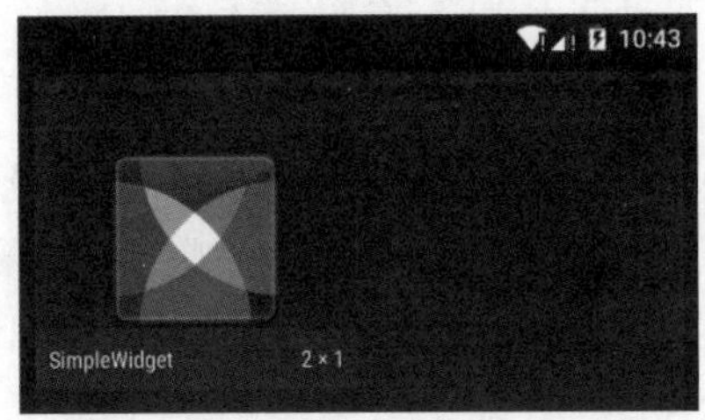

图10.11　Android系统的Widget列表

用户通过长时间(超过2秒)点击SimpleWidget的预览图标，将SimpleWidget实例加载到主屏幕上，默认情况下占据2×1个单元格，如图10.12(a)所示。

(a) 初始尺寸

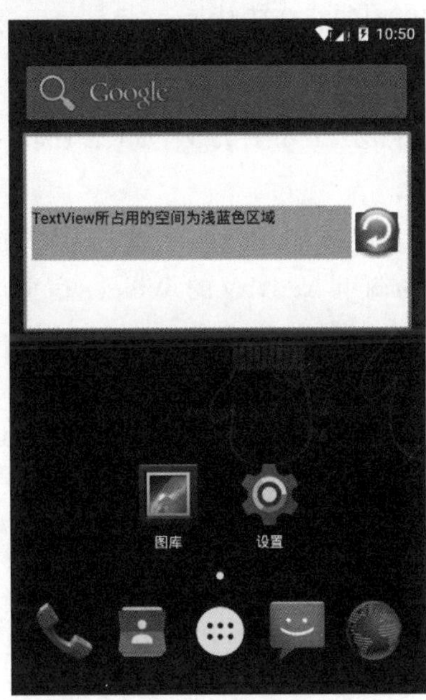

(b) 拉伸效果

图10.12　SimpleWidget示例效果图

在主屏幕上，通过长时间点击SimpleWidget实例可以进入调整Widget尺寸状态，如图10.12(b)所示，Widget边缘出现4个实心菱形，通过拖曳这些实心菱形，可以调整Widget的尺寸。SimpleWidget实例在图10.12(b)中占据了4×2个单元格。

如果希望添加第二个SimpleWidget实例，过程与添加第一个SimpleWidget实例完全相同。

在希望删除 Widget 时，同样是通过长时间点击主屏幕上的 Widget 实例，主屏幕上方会出现垃圾桶，直接将 Widget 实例拖到垃圾桶即可。需要注意的是，主屏幕上的垃圾桶是隐藏的，需要通过长时间点击 Widget 实例才会出现。当 Widget 实例在垃圾桶上方呈现红色时，松开手指便可完成删除操作。

10.3 Widget 配置

在 Widget 的使用过程中，有时用户需要根据个人喜好设置 Widget 的不同特征，如 Widget 的外观风格、文本颜色、字号大小、更新时间或背景图案等。比较普遍的做法是在 Widget 添加到主屏幕时，启动一个用于配置 Widget 的 Activity，用户在这个 Activity 中设定 Widget 的特征。

配置 Widget 特征的 Activity，需要在 Widget 元数据 XML 文件中进行声明，声明的属性为 android:configure，其值为 Activity 所在的类，示例代码如下。

```
1  <?xml version="1.0" encoding="utf-8"?>
2  <appwidget-provider
3    xmlns:android="http://schemas.android.com/apk/res/android"
4    ……
5    android:configure="edu.hrbeu.ConfigWidget.ConfigActivity"
6  />
```

在第 5 行代码中，Activity 使用了带命名空间（edu.hrbeu.ConfigWidget）的声明方式，这是因为调用 Activity 的 Widget 宿主与 Activity 并不在相同的命名空间中。

元数据中声明的 Activity，在每个 Widget 实例被添加到主屏幕前会被启动。当用户完成配置，选择关闭 Activity 时，Widget 才会出现在主屏幕上。

用户配置 Widget 的 Activity 也需要在 AndroidManifest.xml 文件中声明。不同于声明普通的 Activity，这种 Activity 是被 Widget 的宿主通过发送 android.appwidget.action.APPWIDGET_CONFIGURE 动作（Action）启动的，所以此 Activity 需要接收 Intent 消息，示例代码如下。

```
<activity android:name=".ConfigActivity">
    <intent-filter>
        <action android:name="android.appwidget.action
        .APPWIDGET_CONFIGURE" />
    </intent-filter>
</activity>
```

当用户使用 Activity 完成 Widget 的配置后，Activity 有责任调用相应代码对 Widget 进行更新，Activity 可以直接调用 AppWidgetManager 类更新 Widget，也可以调用开发人员在 AppWidgetProvider 中编写的静态更新函数，实现 Widget 的更新。AppWidgetManger 是负责管理 Widget 的类，向 AppWidgetProvider 发送通知。

要实现使用 Activity 配置 Widget 特征，并在适当的时候更新 Widget，可以参考如下步骤。

1. 获取 Widget 的 ID

Widget 的宿主在启动 Activity 时，将 Widget 的 ID 保存在 Intent 中，通过调用 extras.getInt()函数获取 Widget 的 ID。

extras.getInt(String key, int defaultValue)函数中，第 1 个参数是获取数据的关键字，应使用关键字 appWidgetId，或 AppWidgetManager.EXTRA_APPWIDGET_ID；第 2 个参数是无法获取数据时函数返回的代替数据，示例代码如下。

```
1  Intent intent=getIntent();
2  Bundle extras=intent.getExtras();
3  if(extras!=null){
4         mAppWidgetId=extras.getInt(AppWidgetManager.EXTRA_APPWIDGET_ID,
          AppWidgetManager.INVALID_APPWIDGET_ID);
5  }
6  if(mAppWidgetId==AppWidgetManager.INVALID_APPWIDGET_ID){
7         finish();
8  }
```

第 4 行代码的 AppWidgetManager.INVALID_APPWIDGET_ID 的值为 0，表示没有获取到 Widget 的 ID。第 6 行和第 7 行代码说明，在没有正确获取到 Widget 的 ID 时，可以立即关闭 Activity，因为没有正确的 ID，即使完成配置工作，也无法将配置信息正确传递回 Widget。

2. 配置 Widget

在配置 Widget 过程中用户会在界面上选择相应的配置方案和配置信息，并最终通过事件引发更新 Widget 过程，并关闭 Activity。

3. 更新 Widget

在更新 Widget 时，首先通过调用 getInstance(context)函数获取 AppWidgetManager 实例；然后建立一个 RemoteViews，在这个 RemoteViews 上更改 Widget 的界面元素；最后调用 updateAppWidget(int, views)函数完成 Widget 更新。RemoteViews 是可以在其他进程中显示的视图类，提供对部分界面控件的最基本的操作，示例代码如下。

```
1  AppWidgetManager appWidgetManager=AppWidgetManager.getInstance(context);
2  RemoteViews views=new RemoteViews(context.getPackageName(),
   R.layout.widget_layout);
3  views.setTextColor(R.id.label,textColor);
4  appWidgetManager.updateAppWidget(appWidgetId, views);
```

第 2 行代码的 R.layout.widget_layout 是 Widget 的布局。第 3 行代码的 setTextColor()函数可以设置 TextView 控件的文本颜色，TextView 控件的 ID 为 R.id.label，textColor

是代表颜色的 Int 型整数。第 4 行代码的 updateAppWidget()函数中，第 1 个参数是 Widget 的 ID，第 2 个参数是刚建立的 RemoteViews。

4. 设置返回信息，并关闭 Activity

通过调用 setResult(int resultCode, Intent data)函数，设置 Activity 的返回代码和返回数据。返回代码应为 RESULT_OK 或 RESULT_CANCELED。RESULT_OK 表示 Widget 设置成功，Widget 宿主会将 Widget 实例加载到主屏幕上；如果返回的是 RESULT_CANCELED，Widget 宿主则取消 Widget 实例的加载过程，Widget 也不会出现在主屏幕上。返回数据应包含 Widget 的 ID，并使用 AppWidgetManager.EXTRA_APPWIDGET_ID 作为关键字，示例代码如下。

```
Intent resultValue=new Intent();
resultValue.putExtra(AppWidgetManager.EXTRA_APPWIDGET_ID, mAppWidgetId);
setResult(RESULT_OK, resultValue);
finish();
```

这里需要注意的是，需要处理用户在未完成 Widget 配置前，通过回退键离开 Activity 的情况，方法非常简单，只有在 Activity 的 onCreate()函数开始处，添加如下代码即可。

```
public void onCreate(Bundle icicle){
        setResult(RESULT_CANCELED);
        ......
}
```

在未正确完成 Widget 配置前，如果用户离开 Activity 配置界面，Activity 的返回代码则是 RESULT_CANCELED。

ConfigWidget 示例中提供了完整的代码，说明如何在 Activity 中选择 Widget 中 TextView 的文本颜色。ConfigWidget 示例是在 SimpleWidget 示例代码的基础上进行的修改和添加，部分代码的理解可以参考 SimpleWidget 示例代码的说明。ConfigWidget 示例的 Widget 配置界面如图 10.13 所示。

图 10.13 ConfigWidget 示例的 Widget 配置界面

10.4 Widget与服务

在Widget中如果需要进行频繁更新，一般采用Service周期性更新Widget的方法。Widget元数据中的updatePeriodMillis属性是无法进行频繁更新的，对于低于30分钟的设定值，该属性并不生效。

当进行Widget更新时，如果在onUpdate()函数中代码运行时间超过5秒，例如进行网络操作、复杂运算等，则会产生应用程序无响应(Application Not Responding，ANR)错误。使用Service更新Widget可以避免这种问题的出现，将比较耗时的代码在Service中实现，然后直接在Service更新Widget的界面。

下面以ServiceWidget为例，说明如何使用Service更新Widget。ServiceWidget示例的用户界面如图10.14所示。

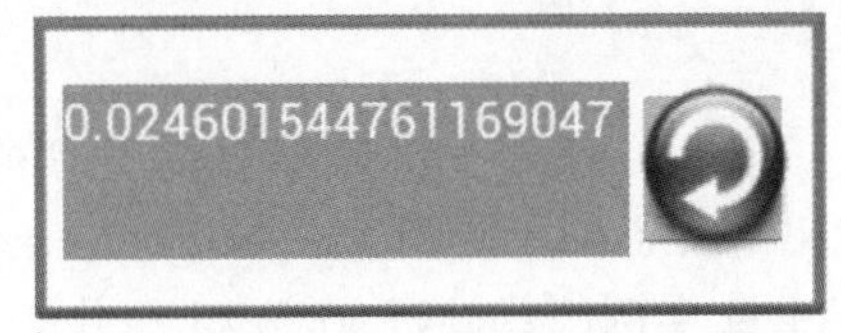

图10.14 ServiceWidget示例的用户界面

ServiceWidget示例在AppWidgetProvider中启动Service，当最后一个Widget实例在主屏幕上被删除时停止这个Service。Service在启动后会开启一个工作线程，线程每2秒产生一个随机小数，并将这个随机小数显示在Widget的界面上。

首先给出Service的核心代码。

```
1  @Override
2      public void run(){
3          while(!Thread.interrupted()){
4              double randomDouble=Math.random();
5              String msg=String.valueOf(randomDouble);
6              WidgetProvider.updateAppWidget(this, msg);
7
8              try {
9                  Thread.sleep(2000);
10             } catch(InterruptedException e){
11                 e.printStackTrace();
12             }
13         }
14     }
```

第6行代码调用了WidgetProvider中的静态函数updateAppWidget()，进行Widget界面更新。

WidgetProvider类继承AppWidgetProvider，其中的公有静态函数updateAppWidget()的代码如下。

```
private static Queue<Integer>widgetIds=new LinkedList<Integer>();

public static void updateAppWidget(Context context, String displayMsg){
```

```
4        AppWidgetManager appWidgetManager=AppWidgetManager.getInstance(context);
5        RemoteViews views=newRemoteViews(context.getPackageName(),
         R.layout.widget_layout);
6        views.setTextViewText(R.id.label, displayMsg);
7
8        final int N=widgetIds.size();
9        for(int i=0; i<N; i++){
10            int appWidgetId=widgetIds.poll();
11               appWidgetManager.updateAppWidget(appWidgetId, views);
12               widgetIds.add(appWidgetId);
13        }
14 }
```

updateAppWidget()函数每2秒被执行一次，负责所有Widget实例的更新。第1行代码定义了一个队列widgetIds，用于保存所有Widget实例的ID值。第8行代码获取Widget实例的数量，并在第11行代码实现Widget的更新操作。第10行和第12行代码分别实现队列数据的取出和加入，主要目的是遍历队列中所有Widget的ID值。

更新所有Widget实例需要Widget的ID值，因此在WidgetProvider类onUpdate()函数中需将新建Widget的ID值添加到widgetIds队列中，并在onDeleted()函数中删除被移除Widget的ID值。

WidgetProvider类onUpdate()函数的代码如下。

```
1  @Override
2      public void onUpdate(Context context, AppWidgetManager
       appWidgetManager, int[] appWidgetIds){
3          Log.d(TAG, "onUpdate");
4
5          for(int i=0;i<appWidgetIds.length; i++){
6              widgetIds.add(appWidgetIds[i]);
7              Log.d(TAG," widgetId:"+appWidgetIds[i]+", Size:"+widgetIds
               .size());
8          }
9
10         Log.d(TAG, "appWidgetIds.length:"+appWidgetIds.length);
11         context.startService(new Intent(context, TRandomService.class));
12     }
```

第11行代码调用startService()函数，启动TRandomService服务。虽然比较优雅的方法是在onEnable()函数中调用startService()函数启动服务，但在Widget实际运行过程中，偶然会出现服务没有启动，却不是首次添加Widget的情况。如果将启动服务的代码放在onEnable()函数中，此时将无法启动服务，Widget也无法进行更新。

在onUpdate()函数中启动服务，会导致服务被多次启动，如果不进行控制，服务会开启多个线程，频繁更新Widget。因此，TRandomService类声明一个布尔值threadRunning，表示是否已经有工作线程在运行，并在onStart()函数中进行判断。

TRandomService类onStart()函数的代码如下。

```
@Override
    public void onStart(Intent intent, int startId){
        super.onStart(intent, startId);
        Toast.makeText(this, "(2)调用 onStart():",Toast.LENGTH_SHORT).show();
         if(!threadRunning){
             threadRunning=true;
             new Thread(this).start();
         }
    }
```

WidgetProvider 类 onDeleted()函数负责将 Widget 的 ID 从 widgetIds 队列中删除，首先判断 ID 值是否在队列中，如果在则删除。

WidgetProvider 类 onDeleted()函数的代码如下。

```
@Override
    public void onDeleted(Context context, int[] appWidgetIds){
        Log.d(TAG, "onDeleted");
        for(int i=0; i<appWidgetIds.length;i++){
            if(widgetIds.contains(appWidgetIds[i])){
                widgetIds.remove((Object)appWidgetIds[i]);
            }
            Log.d(TAG," widgetIds:"+appWidgetIds[i]+", Size:"+widgetIds.size());
        }
        Log.d(TAG, "appWidgetIds.length:"+appWidgetIds.length);
    }
```

在最后一个 Widget 从主屏幕上删除后，没有必要让服务继续运行，因此在 onDisabled()函数中调用 stopService()函数停止服务。

WidgetProvider 类 onDisabled()函数的代码如下：

```
  @Override
    public void onDisabled(Context context){
        Log.d(TAG, "onDisabled");
        context.stopService(new Intent(context, TRandomService.class));
    }
```

习　题

1. 分析 Widget 的优势和不足。
2. 简述 Widget 的设计原则和注意事项。
3. 尝试开发显示电量信息或短信内容的 Widget。

第11章 chapter 11

思政材料

Android NDK 开发

Android NDK 使 Android 平台能够使用本地代码(如 C 和 C++)开发应用程序中对效率要求较高的模块,并有利于重用已有的 C 或 C++ 代码,这对于 Android 系统的普及具有深远的意义。通过本章的学习可以让读者初步了解 Android NDK 的使用和开发方法。

本章学习目标:

- 了解 Android NDK 的用途和不足;
- 掌握 Android NDK 编译环境的安装与配置方法;
- 掌握 Android NDK 的开发步骤。

11.1 NDK 简介

Android NDK(Android Native Development Kit)是一系列的开发工具,允许程序开发人员在 Android 应用程序中嵌入 C 或 C++ 语言编写的本地代码。

一般情况下,Android 程序使用 Java 语言在 Android 应用程序框架下进行开发,编译后产生的托管代码在 Dalvik 虚拟机上运行。但在一些使用 Android 应用程序框架无法满足运行效率的地方,程序开发人员希望能够使用本地代码开发应用程序的核心部分,以提高程序核心模块的运行效率。不仅如此,程序开发人员还希望能够直接使用已有的成熟 C/C++ 源代码,以提高 Android 程序的开发速度。Android NDK 的出现,不仅解决了核心模块使用托管语言开发执行效率低下的问题,还允许直接使用 C/C++ 源代码,极大地提高了 Android 应用程序开发的灵活性。

当然,程序开发人员不能只看到使用 Android NDK 开发所带来的好处,还必须清楚认识到什么情况下才适合使用 Android NDK。Android NDK 并不会自动提升所有 Android 程序的执行效率,但一定会提高程序的复杂程度和调试难度,因此程序开发人员需要仔细权衡 Android NDK 所能提升的运行效率与增加的复杂性。因此选择使用 Android NDK 应主要出于以下两种目的:一是 Android 应用程序框架无法满足运行效率时;二是需要使用大量已有 C/C++ 源代码。

Android NDK 提供一系列的工具、编译文件、文档和示例代码,用于从 C/C++ 源代码中生产本地代码库，还提供了将本地代码库嵌入 apk 文件中的方法。Android NDK 所包含的大量本地系统头文件和库文件，主要是用来支持未来版本的 Android 系统。Android NDK 所支持的最低版本的 Android 系统是 1.5 版本，如果使用本地 Activity 则所需要的最低 Android 系统版本为 2.3 版本。

最新版本的 Android NDK 支持 ARM 指令集，包括 ARMv5TE、ARMv7-A、ARMv8、x86 和 x86-64。ARMv5TE 机器码可以在所有基于 ARM 的 Android 设备上使用，ARMv7-A 机器码则只能运行在具有 ARM7 CPU 的 Android 设备上，如 Verizon Droid 手机和 Google Nexus One 手机。ARMv7-A 与 ARMv5TE 指令集的差别主要在于，ARMv7-A 支持硬件 FPU(浮点运算单元)、Thumb-2 和 NEON 指令集。程序开发人员可以针对不同目标设备，在 Android NDK 中使用不同的 ARM 指令集支持不同的架构，也可以同时将支持多个架构的指令集编译到同一个 apk 文件中。

11.2 NDK 开发环境

NDK 开发环境包括 Android Studio、Android NDK 和 Cygwin。Android Studio 用来建立 Android 工程和编写程序代码；Android NDK 提供编译脚本和工具；Cygwin 完成 Linux 环境下的交叉编译，将 C/C++ 的源代码文件编译成 Android 系统可调用的共享连接库文件。Android Studio 就不再介绍了，下面主要介绍 Android NDK 和 Cygwin 的安装方法。

Android NDK 编译环境支持 Windows、Linux 和 Mac OS，本书仅介绍 Windows 系统的编译环境配置方法。首先，需要到 Google 的 Android 开发者网站下载 Android NDK 的安装包，下载地址是 http://developer.android.com/ndk/downloads，下载页面如图 11.1 所示。笔者下载的 Android NDK 是 Windows 的 r22b 版本，下载的文件为 android-ndk-r22b-windows-x86_64.zip。笔者将 Android NDK 解压到 D:\ 目录中，Android NDK 的最终路径为 D:\android-ndk-r22b。

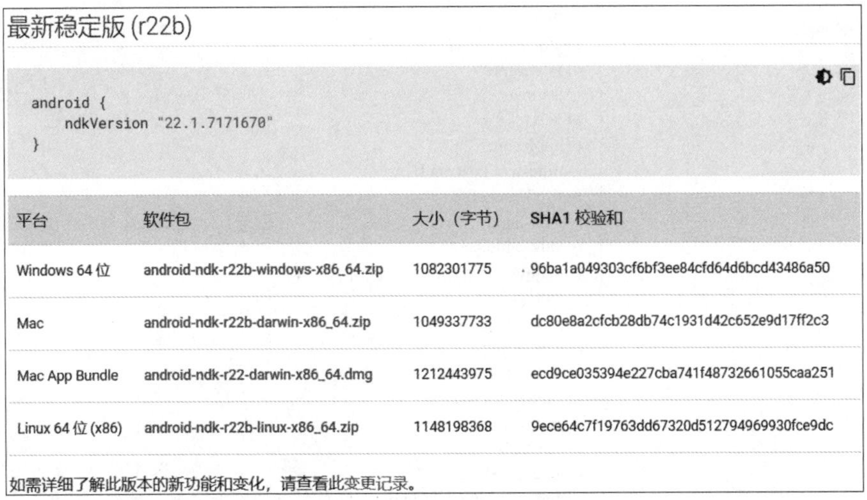

最新稳定版 (r22b)

```
android {
    ndkVersion "22.1.7171670"
}
```

平台	软件包	大小（字节）	SHA1 校验和
Windows 64 位	android-ndk-r22b-windows-x86_64.zip	1082301775	96ba1a049303cf6bf3ee84cfd64d6bcd43486a50
Mac	android-ndk-r22b-darwin-x86_64.zip	1049337733	dc80e8a2cfcb28db74c1931d42c652e9d17ff2c3
Mac App Bundle	android-ndk-r22-darwin-x86_64.dmg	1212443975	ecd9ce035394e227cba741f48732661055caa251
Linux 64 位 (x86)	android-ndk-r22b-linux-x86_64.zip	1148198368	9ece64c7f19763dd67320d512794969930fce9dc

如需详细了解此版本的新功能和变化，请查看此变更记录。

图 11.1 Android NDK 下载页面

第二步是下载并安装 Cygwin。目前，Android NDK 可以在 Windows 系统上使用 CMake 进行交叉编译，也可以在 Windows 系统中安装 Linux 的模拟器环境 Cygwin，完成 C/C++ 代码的交叉编译工作。Android NDK 要求 Cygwin 的版本高于 1.7，因此最好安装较新版本的 Cygwin。Cygwin 的最新版本可以到官方网站 http://www.cygwin.com 下载。在 Cygwin 的安装过程中，需要选中 Devel 下的 gcc 和 make 的相关选项，如图 11.2 所示，否则 Cygwin 将无法编译 C/C++ 源代码文件。

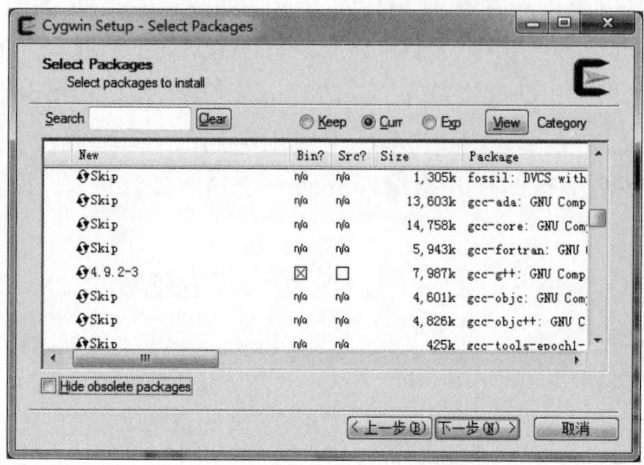

图 11.2　Cygwin 安装选项

11.3　NDK 文档

在介绍 NDK 开发前，首先熟悉 Android NDK 为程序开发人员提供的资料。Android NDK 的目录结构如图 11.3 所示。

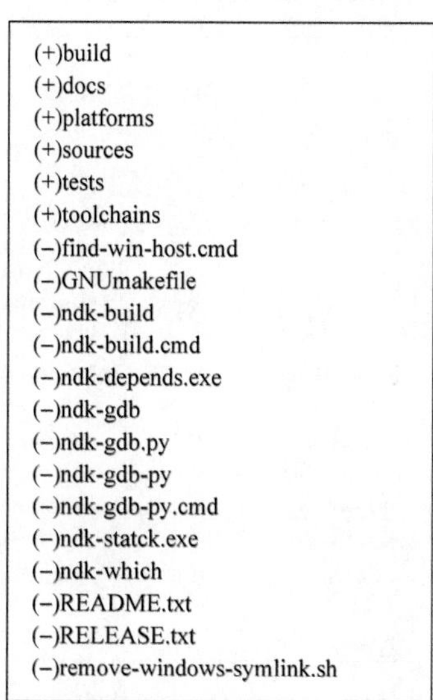

图 11.3　Android NDK 的目录结构

其中，build 目录保存了编译脚本和配置文件。docs 目录是帮助文档目录，帮助文档的名称和说明参考表 11.1。platforms 是保存了编译过程中可能用到的头文件和库文件，并根据 Android 版本和 CPU 类型进行分类。sources 目录中保留了程序中可能用到的 C/C++ 源代码文件，CPU 类型检查和本地 Activity 的 C/C++ 源代码文件就在这个目录中。tests 是测试代码目录，toolchains 是交叉编译工具目录。

表 11.1 docs 目录中帮助文档的名称和说明

文 档 名	说 明
OVERVIEW.html	Android NDK 的概括性说明，包括 NDK 的目标、适用范围、开发步骤和 NDK 关键配置文件的简要说明等
INSTALL.html	NDK 的安装与配置说明文档
DEVELOPMENT.html	说明如何对 NDK 进行修改，以及如何发布新的实验性 NDK 包
HOWTO.html	关于 NDK 通用性问题的说明
ANDROID-MK.html	说明构建 Android.mk 文件的语法格式。Android.mk 定义了模块的编译信息，包括模块(module)名称、与 C/C++ 源代码文件的对应关系
APPLICATION-MK.html	说明构建 Application.mk 文件的语法格式。Application.mk 定义应用程序的编译信息，包括 CPU 体系类型、模块列表、编译器的参数等
CPU-ARCH-ABIS.html	处理器 ABIS(应用程序二进制接口)说明文档
CPU-ARM-NEON.html	ARM 处理器 NEON 扩展指令集说明文档
CPU-FEATURES.html	处理器类型和指令集特征的检查说明文档
IMPORT-MODULE.html	说明如何在 Android.mk 中引用其他模块，以及建立引用模块的方法
NDK-BUILD.html	如何使用 ndk-build 脚本进行编译
NDK-GDB.html	如何使用 ndk-gdb 脚本进行本地调试
PREBUILTS.html	如何制作预编译库文件
STABLE-APIS.html	支持的稳定的 API 类表
STANDALONE-TOOLCHAIN.html	如何将 NDK 提供的交叉编译工具作为独立的编译器使用
system/libc/OVERVIEW.html	Bionic C 库的简介
system/libc/SYSV-IPC.html	介绍 NDK 不支持 system v 进程间通信的原因
system/libc/CHANGES.html	不同版本下 Bionic 的区别
CHANGES.html	不同版本 NDK 的区别
SYSTEM-ISSUES.html	NDK 开发所需要注意的问题
LICENSES.html	NDK 的使用许可

GNUmakefile 编译配置文件。ndk-build 是交叉编译的快捷脚本。ndk-gdb 是用于

Debug调试的脚本。README.txt和RELEASE.txt分别是Android NDK的说明文档和版本信息。

11.4 NDK示例

在进行NDK开发时，一般先要建立Android工程，在Android工程中创建存放C/C++代码的jni目录。然后在Cygwin环境中编译C/C++代码，NDK的编译脚本会在Android工程中自动建立libs目录，将编译后形成的共享库文件保存在libs目录中。最后，在编译Android工程时，libs中的共享库文件会被打包到apk文件中，保证Android程序可以正常运行。

下面以AndroidNdkDemo为例，说明如何进行Android NDK开发。AndroidNdkDemo是一个加法运算的示例，程序会随机产生两个整数，然后调用C语言开发的共享库对这两个整数进行加法运算，最后将运算结果显示在用户界面上。AndroidNdkDemo示例的用户界面如图11.4所示。

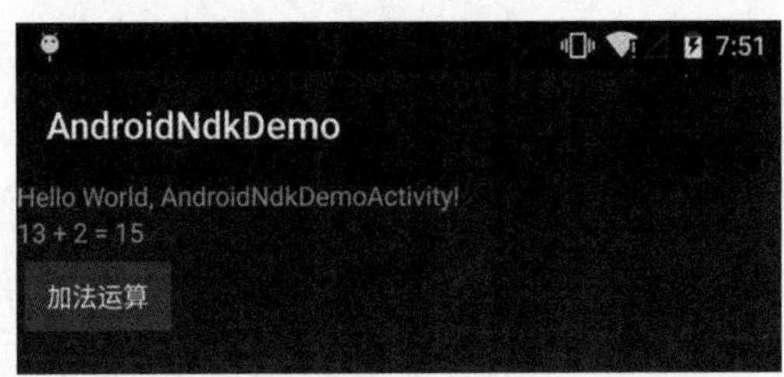

图11.4 AndroidNdkDemo示例的用户界面

进行Android NDK开发一般要经过如下的步骤：

(1) 建立Android工程；
(2) 建立Android.mk文件；
(3) 建立C源代码文件；
(4) 编译共享库模块；
(5) 运行Android程序。

1. 建立Android工程

首先在Android Studio中建立Android工程，工程名称为AndroidNdkDemo，并在工程的app/src/main目录中建立一个新目录jni，用来保存C/C++代码文件。jni的子目录结构不必遵循Java代码的目录结构，如com.<mycompany>.<myproject>，可以将所有的C/C++代码文件放置在jni目录下，也可以创建子目录保存，并不影响最后的编译结果。AndroidNdkDemo工程的目录结构如图11.5所示。

这个示例中采用自顶向下的方式进行开发，首先编写Android程序的用户界面，然后开发C/C++的共享库。为了调试方便，先在Java代码中编写一个功能相近函数，在用户界面调试中使用，当完成C/C++的共享库开发后，再用共享库中的函数替代这个Java

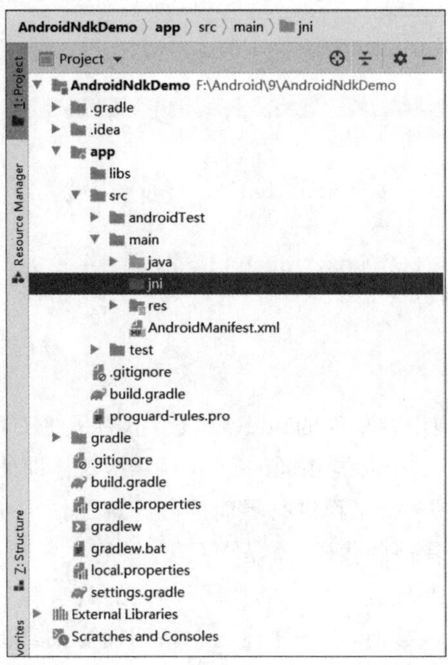

图 11.5 AndroidNdkDemo 工程的目录结构

代码函数。

在建立 AndroidNdkDemo 工程后，修改 main.xml 文件，添加一个 id 为 display 的 TextView 和一个 id 为 add_btn 的 Button。程序中产生的随机数和调用的代码在 AndroidNdkDemoActivity.java 文件中，下面是 AndroidNdkDemoActivity.java 文件的核心代码。

```
public class AndroidNdkDemoAcitivity extends Activity {
    @Override
    public void onCreate(Bundle savedInstanceState) {
        super.onCreate(savedInstanceState);
        setContentView(R.layout.main);
        final TextView displayLable= (TextView) findViewById(R.id.display);
        Button btn= (Button) findViewById(R.id.add_btn);
        btn.setOnClickListener(new View.OnClickListener() {
            @Override
            public void onClick(View v) {
                double randomDouble=Math.random();
                long x=Math.round(randomDouble * 100);
                randomDouble=Math.random();
                long y=Math.round(randomDouble * 100);

                //System.loadLibrary("add-module");
                long  z=add(x, y);
```

```
18                  String msg=x+"+"+y+"="+z;
19                  displayLable.setText(msg);
20              }
21          });
22      }
23      //public native long add(long x, long y);
24
25      public long add(long x, long y){
26          return x+y;
27      }
28  }
```

第 17 行代码本应该调用共享库的 add()函数，但为了便于开发和调试，第 25～27 行代码使用 Java 代码开发了一个功能相同的 add()函数，这样即使在没有完成 C/C++ 共享库的开发前，也可以对 Android 工程进行界面部分的调试。

第 16 行和第 23 行注释掉的代码，就是在 C/C++ 的共享库开发完毕后需要使用的代码，其中第 16 行代码是动态加载共享库的代码，加载的共享库名称为 add-module。动态加载是在调用共享库中的函数前，在程序代码中指明需要加载的模块名称。除了动态加载以外，程序开发人员还可以使用静态加载的方式，在类加载时加载共享库，代码如下：

```
static{
    System.loadLibrary("add-module");
}
```

第 23 行代码用来声明共享库中的 add()函数，必须使用与 C/C++ 代码文件同名的函数。在共享库开发完毕后，取消第 16 行和第 23 行代码的注释，并注释掉第 25～27 行代码，这样程序就可以正常调用共享库内的函数进行加法运算。

2. 建立 Android.mk 文件

Android.mk 是 jni 根目录下必须存在的描述 C/C++ 代码文件模块信息的文件，将代码模块的编译信息传递给 NDK 编译系统，是 NDK 编译系统编译脚本的一部分。在编写 C/C++ 源代码文件前，首先在 jni 目录中建立 Android.mk 文件。

一般情况下，NDK 编译系统会搜寻<project>/jni 目录中的 Android.mk 文件，其中<project>是 Android 的工程目录。但如果程序开发人员将 Android.mk 文件放置在下一级目录中，则需要在上一级目录中的 Android.mk 文件中告知 NDK 编译系统遍历所有子目录中的 Android.mk 文件，在 jni 目录下 Android.mk 文件添加的代码如下。

```
include $(call all-subdir-makefiles)
```

下面分析 AndroidNdkDemo 示例 jni 目录下的 Android.mk 文件。Android.mk 文件的代码如下。

```
LOCAL_PATH := $(call my-dir)

```

```
3   include $(CLEAR_VARS)
4
5   LOCAL_MODULE    :=add-module
6   LOCAL_SRC_FILES :=add-module.c
7
8   include $(BUILD_SHARED_LIBRARY)
```

每个 Android.mk 文件都必须以第 1 行代码开始，变量 LOCAL_PATH 用来定义需要编译的 C/C++ 源代码的位置，my-dir 由 NDK 编译系统提供，表示当前目录的位置。在 AndroidNdkDemo 示例中，my-dir 表示 Android.mk 所在的 jni 目录。

第 3 行代码的 include $(CLEAR_VARS)表示清空所有以 LOCAL_开始的变量，例如 LOCAL_MODULE、LOCAL_SRC_FILES、LOCAL_STATIC_LIBRARIES 等，但第 1 行代码定义的 LOCAL_PATH 不在清空的范围内。因为所有的编译脚本都将在同一个 GNU Make 的执行环境中，而且所有变量都是全局变量，因此在每次使用前必须清空所有以前用过的变量。

第 5 行代码变量 LOCAL_MODULE 用来声明模块名称，模块名称必须唯一，而且中间不能存在空格。NDK 编译系统将会在模块名称前自动添加 lib 前缀，然后生成 so 文件。这里的模块名称为 add-module，生成的共享库文件名为 libadd-module.so。但需要注意的是，如果程序开发人员使用具有 lib 前缀的模块名称，NDK 编译系统将不再添加前缀，例如模块名称为 libsub，生成的共享库文件名为 libsub.so。

第 6 行代码中的变量 LOCAL_SRC_FILES 表示编译模块所需要使用的 C/C++ 文件列表，但不需要给出头文件的列表，因为 NDK 编译系统会自动计算依赖关系。add-module 模块仅需要一个 C 文件，文件名为 add-module.c。默认情况下，扩展名为 c 的文件是 C 语言源文件，扩展名为 cpp 的文件是 C++ 语言源文件。

第 8 行代码 include $(BUILD_SHARED_LIBRARY)表示 Android NDK 编译系统需要构建共享库，如果变量 BUILD_SHARED_LIBRARY 更改为 BUILD_STATIC_LIBRARY，则表示需要 NDK 编译系统构建静态库。共享库和静态库文件有着不同的用途，共享库可以被 Android 工程中的 Java 代码调用，并打包到 apk 文件中。静态库不能被 Java 代码调用，也不能打包到 apk 文件中，只能在生成共享库的过程中被共享库中的 C/C++ 代码所调用。

3. 建立 C 源代码文件

根据 Android.mk 文件的声明，add-module 模块仅包含一个 C 源代码文件 add-module.c。那么在 jni 目录中建立 add-module.c 文件，在该文件中实现整数加法运算功能，全部代码如下。

```
#include <jni.h>

jlong Java_edu_hrbeu_AndroidNdkDemo_AndroidNdkDemoActivity_add
(JNIEnv * env, jobject this, jlong x, jlong y)
```

```
4  {
5      return x+y;
6  }
```

第1行代码引入的是JNI(Java Native Interface)的头文件。第3行代码是函数名称，jlong表示Java长型整数，Java_edu_hrbeu_AndroidNdkDemo_AndroidNdkDemoActivity_add的构成为Java_＜包名称＞_＜类＞_＜函数＞，其中＜函数＞的名称和参数要与Android工程中AndroidNdkDemoActivity.java文件定义的函数一致。AndroidNdkDemoActivity.java文件定义的函数为public native long add(long x, long y)。第5行代码用来返回加法运算结果。

4. 编译共享库模块

到目前为止，编译前的准备工作基本就绪，程序开发人员可以编译C语言开发的共享库模块了。首先启动Cygwin，然后切换到Androd NDK的主目录下：

```
cd /cygdrive/d/android-ndk-r22b
```

输入如下的编译命令：

```
export NDK=/cygdrive/d/android-ndk-r22b
```

export是Linux下的变量设置命令，设置一个名为NDK的变量(变量名称可以更换)，用来保存Android NDK的主目录位置。笔者的NDK保存在D:\android-ndk-r22b，因此在Cygwin中的目录则是/cygdrive/d/android-ndk-r22b。设置NDK变量的目的是简化后面编译过程中的命令输入操作。程序开发人员可以使用Linux的echo命令查看NDK变量的值，如图11.6所示。

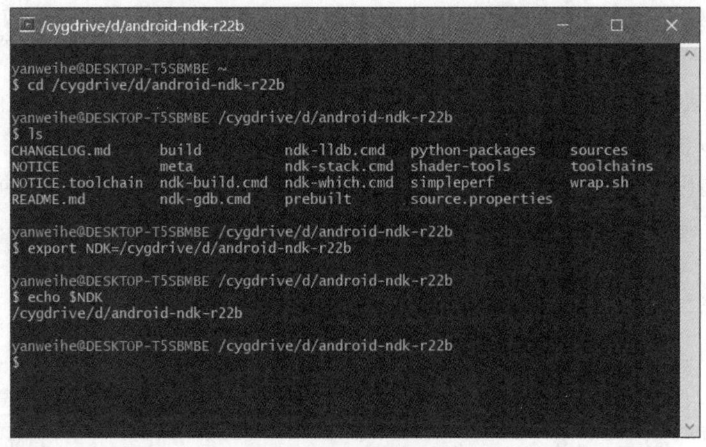

图11.6 NDK变量设置与查看

然后使用cd命令和cd..命令切换到Android的工程目录下，使用Android NDK目录中提供的脚本文件ndk-build编译C代码模块。ndk-build脚本是Android NDK为简化编译过程而在v4版本中推出的，该脚本会自动搜索Android工程目录中的文件，以确

定哪些文件需要编译,以及如何进行编译。程序开发人员只需要在 Android 的工程目录下输入如下命令:

```
$NDK/ndk-build.cmd
```

编译成功的提示如图 11.7 所示。提示信息说明将 add-module.c 源文件编译成 add-module 模块,产生的 libadd-module.so 文件保存在<project>/app/src/main/libs 目录中。

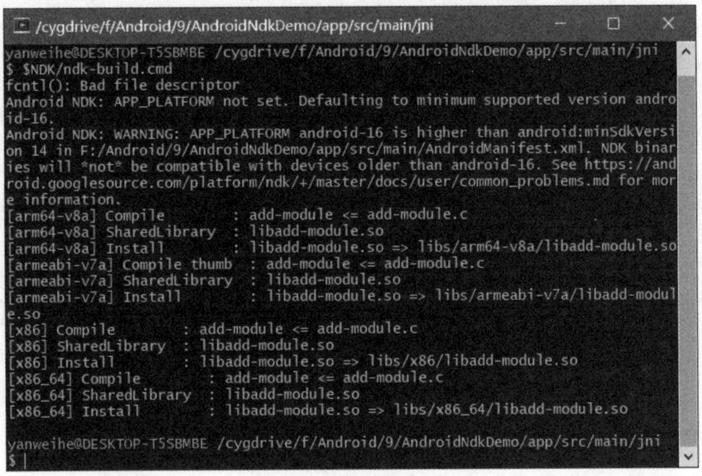

```
/cygdrive/f/Android/9/AndroidNdkDemo/app/src/main/jni
yanweihe@DESKTOP-T5SBMBE /cygdrive/f/Android/9/AndroidNdkDemo/app/src/main/jni
$ $NDK/ndk-build.cmd
fcntl(): Bad file descriptor
Android NDK: APP_PLATFORM not set. Defaulting to minimum supported version andro
id-16.
Android NDK: WARNING: APP_PLATFORM android-16 is higher than android:minSdkVersi
on 14 in F:/Android/9/AndroidNdkDemo/app/src/main/AndroidManifest.xml. NDK binar
ies will *not* be compatible with devices older than android-16. See https://and
roid.googlesource.com/platform/ndk/+/master/docs/user/common_problems.md for mor
e information.
[arm64-v8a] Compile        : add-module <= add-module.c
[arm64-v8a] SharedLibrary  : libadd-module.so
[arm64-v8a] Install        : libadd-module.so => libs/arm64-v8a/libadd-module.so
[armeabi-v7a] Compile thumb  : add-module <= add-module.c
[armeabi-v7a] SharedLibrary  : libadd-module.so
[armeabi-v7a] Install        : libadd-module.so => libs/armeabi-v7a/libadd-modul
e.so
[x86] Compile        : add-module <= add-module.c
[x86] SharedLibrary  : libadd-module.so
[x86] Install        : libadd-module.so => libs/x86/libadd-module.so
[x86_64] Compile        : add-module <= add-module.c
[x86_64] SharedLibrary  : libadd-module.so
[x86_64] Install        : libadd-module.so => libs/x86_64/libadd-module.so

yanweihe@DESKTOP-T5SBMBE /cygdrive/f/Android/9/AndroidNdkDemo/app/src/main/jni
$ |
```

图 11.7 编译成功提示

为了保证程序能正常运行还需要把<project>/app/src/main/libs 目录下的文件复制到<project>/app/libs 目录下,然后在 app 目录下的 build.gradle 文件中配置 android 块的 sourceSets 标签,最后单击右上角的 Sync Now 按钮进行重新构建。

build.gradle 文件的核心配置代码如下。

```
……省略其他代码
android {
……
    sourceSets {
        main {
            jniLibs.srcDir 'libs'
        }
    }
}
 ……
```

5. 运行 Android 程序

在运行 AndroidNdkDemo 示例程序前,务必将 AndroidNdkDemoActivity.java 文件中第 16 行和第 23 行的注释取消,并注释掉第 25～27 行代码。

代码修改后，AndroidNdkDemo示例将调用libadd-module.so文件中的add()函数，完成加法运算，并将结果显示在用户界面上。

习　题

1. 简述Android NDK开发的优势和不足。
2. 简述Android NDK应用程序开发的一般步骤。

第 12 章 chapter 12

综合示例设计与开发

思政材料

本章将以“天气预报软件”作为示例，综合运用以往章节所学习的知识和技巧，从需求分析、界面设计、模块设计和程序开发等几个方面，详细介绍 Android 应用程序的设计思路与开发方法。通过本章的学习可以让读者掌握 Android 应用程序的设计方法和多种组件应用的能力。

本章学习目标：

- 掌握 Android 应用程序的基本设计方法和思路；
- 掌握使用多种组件进行 Android 程序开发的方法。

12.1 需求分析

通过前面章节的学习，读者应该已经掌握了一些 Android 应用程序的开发知识和方法，但如何综合地运用这些知识和方法，解决实际开发中所遇到的问题，还是一个需要继续学习和探讨的问题。设计本章的初衷就是希望读者能够根据实际项目的需求，准确分析 Android 应用程序开发可能涉及的知识点，通过分析软件的需求，快速设计出用户界面和模块结构，并最终完成应用程序的开发和调试。

本章提供的“天气预报软件”是一个略微复杂的示例。在这个综合示例中，有一个显示天气情况的用户界面，可以通过图片和文字显示当前和未来几天的天气状况，包括温度、湿度、风向和雨雪情况等。这些天气数据是通过后台服务获取的，这个后台服务按照一定时间间隔，从中国天气网上获取天气预报信息，并将天气信息保存在后台服务中。示例还需要提供基于 SMS 短信的天气数据服务，其他手机用户可以向本示例所在的手机上发送 SMS 短信，在短信中包含特定的关键字，则可以将已有的天气情况通过 SMS 短信回复给用户。最后，每个被发送的 SMS 短信都会被记录下来，用户可以浏览或删除这些记录信息。

从上面的描述中可以基本了解软件的功能需求，但为了将需求分析过程变得简单明了，首先找出用户界面上需要显示的内容。功能描述中有“显示天气情况的用户界面”和“用户可以浏览或删除这些记录信息”，除此以外，一般应用软件还应有显示配置信息的界面。因此，本示例应该包含 3 个用户界面。

(1) 显示天气预报的用户界面；

（2）显示已发送 SMS 短信的用户界面；

（3）浏览和设置配置信息的用户界面。

下一步从用户界面出发，分析隐藏在界面后面的内部功能，这些功能则是程序正常运行的基础。在显示天气预报的用户界面中，为了在界面上显示天气信息，则需要从互联网获取天气数据的功能，并将天气数据信息保存在程序内部。而在显示已发送 SMS 短信的用户界面中，则需要提供监视接收短信关键中的功能，并且支持发送包含天气信息的 SMS 短信。除此以外，为了能够浏览短信信息，还需要提供数据库功能，将短信回复信息保存到数据库中。在浏览和设置配置信息的用户界面中，应提供配置信息的保存和读取功能，并能够恢复软件的默认设置。

根据用户的功能需求，用户界面和内部功能的关系如下。

（1）显示天气预报的用户界面。

① 获取中国天气网的天气数据；

② 保存天气数据信息。

（2）显示已发送 SMS 短信的用户界面。

① 根据关键字监视 SMS 短信；

② 发送包含天气信息的 SMS 短信；

③ 将发送 SMS 短信的相关信息写入数据库。

（3）浏览和设置配置信息的用户界面。

① 将用户设置的配置信息保存到数据库；

② 启动时读取数据库中的配置信息；

③ 支持恢复缺省设置。

天气预报软件的用户界面和内部功能已经分析完成，下一步工作是根据用户界面的需求，详细设计每个用户界面的具体内容，并划分软件的功能模块，以及分析软件功能模块之间的调用关系。

12.2 程序设计

12.2.1 用户界面设计

根据需求中的用户界面分析，应用程序应包含 3 个主要的用户界面，这里需要进一步分析每个用户界面中应该包含哪些显示内容。

在显示天气预报的用户界面中，显示目标城市当前的天气状况，包括城市名称、温度、湿度、风向、雨雪情况和获取数据时间等信息。在界面的下方显示未来四天的天气状况，但仅包括温度和雨雪情况。

在显示已发送 SMS 短信的用户界面中，显示每个回复短信的时间、目标手机号码、城市名称、当天的天气状况和未来一天的天气状况。

在浏览和设置配置信息的用户界面中，显示希望获取天气预报的城市名称、数据的更新频率和短信服务关键字，并允许用户设置是否提供短信服务，以及是否记录短信服务数据信息。

根据对用户界面显示内容的分析，绘制出用户界面的草图，如图 12.1 所示。

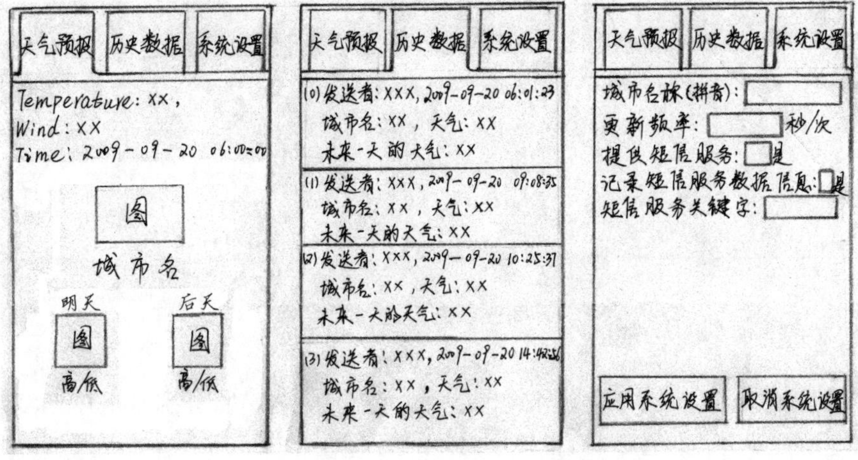

图 12.1 用户界面的草图

在初步完成用户界面的设计后，下一步进入应用程序的数据库设计。

12.2.2 数据库设计

本示例主要有两种数据需要存储，一个是配置信息，另一个是 SMS 短信服务信息。因为配置信息的数据量很小，从 Android 支持的存储方式上分析，可以保存在 SharePreference、文件或 SQLite 数据库中。SMS 短信服务信息是一个随着时间推移而不断增加的数据，属于文本信息，而且有固定的格式，因此适合使用 SQLite 数据库进行存储。综合分析这两种需要存储的数据，选择 SQLite 数据库作为存储数据的方法。

配置信息中主要保存目标城市的名称，访问中国天气网更新天气信息的频率，请求天气信息服务短信的关键字，以及是否提供短信服务和是否记录短信服务内容。配置信息的数据库表结构如表 12.1 所示。

表 12.1 配置信息的数据库表结构

属 性	数据类型	说 明
_id	integer	自动增加的主键
city_name	text	天气信息查询的城市名
refresh_speed	text	天气信息查询的频率，单位为秒/次
sms_service	text	是否提供短信服务，即接收到请求短信后是否回复包含天气信息的短信
sms_info	text	是否记录发出的 SMS 短信信息
key_word	text	短信服务的关键字，用以确定哪条短信是请求天气服务的短信

SMS 短信服务信息主要保存请求天气服务短信的发送者、短信内容、接收时间和回

复信息的内容。SMS短信服务信息的数据库表结构如表12.2所示。

表12.2 SMS短信服务信息的数据库表结构

属　　性	数据类型	说　　明
_id	integer	自动增加的主键
sms_sender	text	请求服务短信的发送者
sms_body	text	请求服务短信的内容信息
sms_receive_time	text	接收到请求服务短信的时间
return_result	text	回复短信的内容

12.2.3 程序模块设计

从功能需求上分析,可以将整个应用程序划分为4个模块,分别是用户界面、后台服务、数据库适配器和短信监听器,各模块之间的关系如图12.2所示。

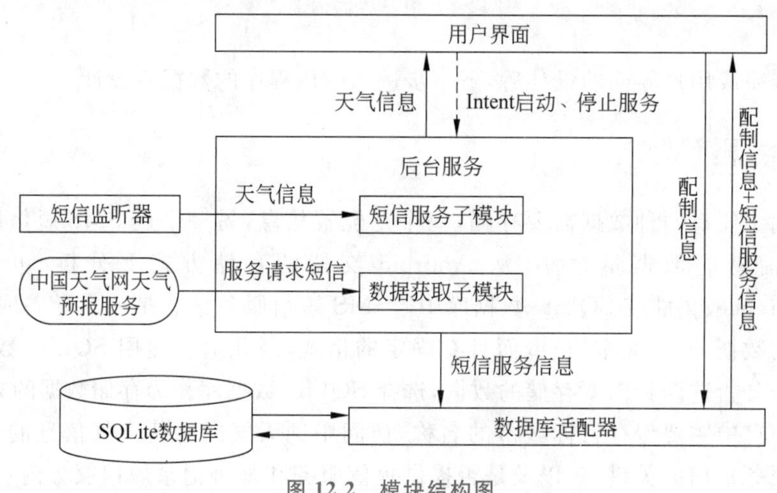

图12.2 模块结构图

从模块结构图中不难看出,后台服务是整个应用程序的核心,主要包含数据获取子模块和短信服务子模块。数据获取子模块负责周期性地从中国天气网获取天气信息;短信服务子模块则负责处理接收到的服务请求短信,并发送包含天气信息的短信。后台服务由用户界面通过Intent启动,启动后的后台服务可以在用户界面关闭后仍然保持运行状态,直到用户通过用户界面发送Intent停止服务,或系统因资源不足而强行关闭服务。

用户界面从后台服务获取天气信息,而没有直接通过网络访问中国天气网的天气数据。之所以这么设计,一方面是因为后台服务使用了工作线程,通过后台服务获取天气数据可以避免因网络通信不畅造成界面失去响应;另一方面,在用户关闭界面后,后台服务仍然需要更新天气信息,以保证短信服务数据的准确性。用户界面通过直接调用数据库适配器,向SQLite数据库中读写配置信息,或对SMS短信服务信息进行操作。

短信监听器是一个BroadcastReceiver,监视所有接收到的短信。如果短信中包含用户自定义的关键字，短信监听器则会认为这条短信是天气服务请求短信，将短信的相关信息写入后台服务的短信服务队列。当然，如果用户在配置信息中选择无须提供短信服务，短信监听器仍然继续监听所有短信，只是后台服务不再允许将服务请求短信写入服务队列。

数据库适配器封装了所有对 SQLite 数据库操作的方法，用户界面和后台服务会调用它实现数据库操作。

在完成用户界面设计、数据库设计和程序模块设计后，程序的设计阶段基本完成，下面进入程序开发阶段。

12.3 程序开发

12.3.1 工程结构

在程序开发阶段，首先确定天气预报软件的工程名称为 WeatherDemo，包名称为 edu.hrbeu.WeatherDemo。然后根据程序模块设计的内容，建立 WeatherDemo 示例的文件结构。WeatherDemo 示例的源代码文件结构如图 12.3 所示。

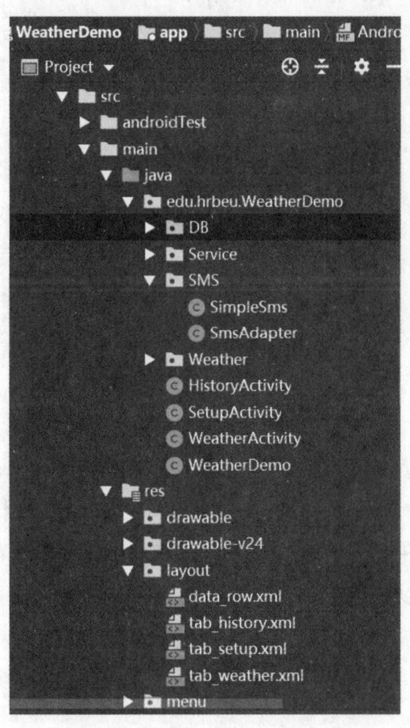

图 12.3 WeatherDemo 示例的源代码文件结构

为了使源代码文件的结构更加清晰，WeatherDemo 示例设置了多个命名空间，分别用来保存用户界面、数据库、后台服务、SMS 短信和天气数据的源代码文件。命名空间的名称以及说明参考表 12.3。

表 12.3 WeatherDemo 示例的命名空间

名　称	说　明
edu.hrbeu.WeatherDemo	用户界面相关的源代码文件
edu.hrbeu.WeatherDemo.DB	SQLite 数据库相关的源代码文件
edu.hrbeu.WeatherDemo.Service	后台服务相关的源代码文件
edu.hrbeu.WeatherDemo.SMS	SMS 短信相关的源代码文件
edu.hrbeu.WeatherDemo.Weather	天气数据相关的源代码文件

WeatherDemo 示例将不同用途的源代码文件放置在不同的命名空间中，源代码文件的名称及说明可以参考表 12.4。

表 12.4 WeatherDemo 示例的文件用途说明

包 名 称	文 件 名	说　明
.WeatherDemo	HistoryActivity.java	“历史数据”页的 Activity
	SetupActivity.java	“系统设置”页的 Activity
	WeatherActivity.java	“天气预报”页的 Activity
	WeatherDemo.java	程序启动默认的 Activity
.WeatherDemo.DB	Config.java	配置信息的类
	DBAdapter.java	数据库适配器
.WeatherDemo.Service	SmsReceiver.java	短信监听器
	WeatherAdapter.java	数据获取模块
	WeatherService.java	后台服务
.WeatherDemo.SMS	SimpleSms.java	简化的 SMS 短信类
	SmsAdapter.java	短信发送模块
.WeatherDemo.Weather	Forecast.java	天气信息的类

Android 资源文件保存在/res 的子目录中。其中/res/drawable 目录中保存的是图像文件，/res/layout 目录中保存的是布局文件，/res/values 目录中保存的是用来定义字符串和颜色的文件。所有在程序开发阶段可以被调用的资源都保存在这些目录中，每个资源文件的名称与用途可以参考表 12.5。

表 12.5 资源文件名称与用途

资源目录	文　件	用　途
drawable	icon.png	图标文件
	sunny.png	调试用的天气图片
	tab_history.png	“历史数据”页的图标
	tab_setup.png	“系统设置”页的图标
	tab_weather.png	“天气预报”页的图标

续表

资源目录	文 件	用 途
layout	data_row.xml	“历史数据”页 ListActivity 的每行数据的布局
	tab_history.xml	“历史数据”页的布局
	tab_setup.xml	“系统设置”页的布局
	tab_weather.xml	“天气预报”页的布局
values	color.xml	保存颜色的 XML 文件
	string.xml	保存字符串的 XML 文件

在定义了所有文件和类的用途后，下一步将依据程序模块结构图（见图 12.2），按照自底向上的顺序对每个模块进行详细介绍。自底向上介绍有利于理解模块之间的调用关系，也避免了在介绍上层模块时，读者不了解所调用的下层模块的问题。

12.3.2 数据库适配器

数据库适配器是最底层的模块，主要用于封装用户界面和后台服务对 SQLite 数据库的操作。数据库适配器的核心代码主要在 DBAdapter.java 文件中，在介绍数据库适配器的核心代码前，首先了解用户保存配置信息的类文件 Config.java。

Config.java 文件的全部代码如下。

```
package edu.hrbeu.WeatherDemo.DB;

public class Config {
    public static String CityName;
    public static String RefreshSpeed;
    public static String ProvideSmsService;
    public static String SaveSmsInfo;
    public static String KeyWord;

    public static void LoadDefaultConfig(){
        CityName="101050101";
        RefreshSpeed="60";
        ProvideSmsService="true";
        SaveSmsInfo="true";
        KeyWord="NY";
    }
}
```

从代码中不难看出，公有静态属性 CityName、RefreshSpeed、ProvideSmsService、SaveSmsInfo 和 KeyWord 完全对应数据库中保存配置信息表的属性（参照表 12.1）。在程序启动后，保存在数据库中的城市名称、更新频率、是否提供短信服务、是否记录短信服务信息和关键字等内容，将被读取到这个 Config 类中，供其他模块做逻辑判断时使用。

第 10 行代码的 LoadDefaultConfig()函数保存了程序内置的配置参数。此函数会在两个情况下被调用，一是用户主动选择“恢复默认设置”；二是首次启动程序时，用来初始化保存配置参数的数据库。

DBAdapter 类与以往介绍过的数据库适配器类相似，都具有继承 SQLiteOpenHelper 的帮助类 DBOpenHelper。DBOpenHelper 在建立数据库时，同时建立两个数据库表，并对保存配置信息的表进行初始化，初始化的相关代码在第 42～49 行。

```
1  private static final String DB_NAME="weather_app.db";
2  private static final String DB_TABLE_CONFIG="setup_config";
3  private static final String DB_CONFIG_ID="1";
4  private static final int DB_VERSION=1;
5
6  public static final String KEY_ID="_id";
7  public static final String KEY_CITY_NAME="city_name";
8  public static final String KEY_REFRESH_SPEED="refresh_speed";
9  public static final String KEY_SMS_SERVICE="sms_service";
10 public static final String KEY_SMS_INFO="sms_info";
11 public static final String KEY_KEY_WORD="key_word";
12
13 private static final String DB_TABLE_SMS="sms_data";
14 public static final String KEY_SENDER="sms_sender";
15 public static final String KEY_BODY="sms_body";
16 public static final String KEY_RECEIVE_TIME="sms_receive_time";
17 public static final String KEY_RETURN_RESULT="return_result";
18
19 /*静态 Helper 类,用于建立、更新和打开数据库*/
20 private static class DBOpenHelper extends SQLiteOpenHelper {
21  public DBOpenHelper(Context context, String name, CursorFactory factory,
    int version){
22          super(context, name, factory, version);
23          }
24
25      private static final String DB_CREATE_CONFIG="create table "+
26          DB_TABLE_CONFIG+"("+KEY_ID+" integer primary key autoincrement, "+
27          KEY_CITY_NAME+" text not null, "+KEY_REFRESH_SPEED+" text,"+
28          KEY_SMS_SERVICE+" text, "+KEY_SMS_INFO+" text, "+
29          KEY_KEY_WORD+" text);";
30
31      private static final String DB_CREATE_SMS="create table "+
32          DB_TABLE_SMS+"("+KEY_ID+" integer primary key autoincrement, "+
33          KEY_SENDER+" text not null, "+KEY_BODY+" text, "+
34          KEY_RECEIVE_TIME+" text, "+  KEY_RETURN_RESULT+" text);";
```

```
    @Override
    public void onCreate(SQLiteDatabase _db) {
        _db.execSQL(DB_CREATE_CONFIG);
        _db.execSQL(DB_CREATE_SMS);

        //初始化系统配置的数据表
        Config.LoadDefaultConfig();
        ContentValues newValues=new ContentValues();
        newValues.put(KEY_CITY_NAME, Config.CityName);
        newValues.put(KEY_REFRESH_SPEED, Config.RefreshSpeed);
        newValues.put(KEY_SMS_SERVICE, Config.ProvideSmsService);
        newValues.put(KEY_SMS_INFO, Config.SaveSmsInfo);
        newValues.put(KEY_KEY_WORD, Config.KeyWord);
        _db.insert(DB_TABLE_CONFIG, null, newValues);
    }

    @Override
    public void onUpgrade(SQLiteDatabase _db, int _oldVersion, int _newVersion) {
        _db.execSQL("DROP TABLE IF EXISTS "+DB_TABLE_CONFIG);
        _db.execSQL("DROP TABLE IF EXISTS "+DB_CREATE_SMS);
        onCreate(_db);
    }
}
```

在DBAdapter类中,用户界面会调用SaveConfig()和LoadConfig(),从SQLite数据库中保存和读取配置信息。保存配置信息时,SaveConfig()函数会将Config类中的公有静态属性写入数据库;反之,LoadConfig()会将数据库中的配置信息写入Config类中的公有静态属性。SaveConfig()和LoadConfig()的代码如下。

```
public void SaveConfig() {
    ContentValues updateValues=new ContentValues();
    updateValues.put(KEY_CITY_NAME, Config.CityName);
    updateValues.put(KEY_REFRESH_SPEED, Config.RefreshSpeed);
    updateValues.put(KEY_SMS_SERVICE, Config.ProvideSmsService);
    updateValues.put(KEY_SMS_INFO, Config.SaveSmsInfo);
    updateValues.put(KEY_KEY_WORD, Config.KeyWord);
    db.update(DB_TABLE_CONFIG, updateValues, KEY_ID+"="+DB_CONFIG_ID, null);
    Toast.makeText(context, "系统设置保存成功", Toast.LENGTH_SHORT).show();
}

public void LoadConfig() {
    Cursor result=db.query(DB_TABLE_CONFIG, new String[] { KEY_ID, KEY_CITY_NAME,
        KEY_REFRESH_SPEED,KEY_SMS_SERVICE, KEY_SMS_INFO, KEY_KEY_WORD},
```

```
        KEY_ID+"="+DB_CONFIG_ID, null, null, null, null);
    if(result.getCount()==0 ||!result.moveToFirst()){
        return;
    }
    Config.CityName=result.getString(result.getColumnIndex(KEY_CITY_NAME));
    Config.RefreshSpeed=result.getString(result.getColumnIndex(KEY_REFRESH_
    SPEED));
    Config.ProvideSmsService=result.getString(result.getColumnIndex(KEY_SMS_
    SERVICE));
    Config.SaveSmsInfo=result.getString(result.getColumnIndex(KEY_SMS_INFO));
    Config.KeyWord=result.getString(result.getColumnIndex(KEY_KEY_WORD));
    Toast.makeText(context, "系统设置读取成功", Toast.LENGTH_SHORT).show();
}
```

另一个会调用DBAdapter类的是后台服务，即WeatherService类。后台服务主要调用SaveOneSms(SimpleSms sms)、DeleteAllSms()和GetAllSms()函数，分别用来保存SMS短信记录、删除所有SMS数据记录和获取所有SMS数据记录。在GetAllSms()函数中，调用了一个私有函数ToSimpleSms(Cursor cursor)，用来将从数据库获取的数据转换为SimpleSms实例数组。SimpleSms类将在12.3.3节进行介绍，下面给出SaveOneSms(SimpleSms sms)、DeleteAllSms()和GetAllSms()函数的代码。

```
public void SaveOneSms(SimpleSms sms){
    ContentValues newValues=new ContentValues();
    newValues.put(KEY_SENDER, sms.Sender);
    newValues.put(KEY_BODY, sms.Body);
    newValues.put(KEY_RECEIVE_TIME, sms.ReceiveTime);
    newValues.put(KEY_RETURN_RESULT, sms.ReturnResult);
    db.insert(DB_TABLE_SMS, null, newValues);
}
public long DeleteAllSms(){
    return db.delete(DB_TABLE_SMS, null, null);
}
public SimpleSms[] GetAllSms(){
    Cursor results=db.query(DB_TABLE_SMS, new String[] { KEY_ID, KEY_SENDER,
        KEY_BODY, KEY_RECEIVE_TIME, KEY_RETURN_RESULT},
        null, null, null, null, null);
     return ToSimpleSms(results);
}
private SimpleSms[] ToSimpleSms(Cursor cursor){
    int resultCounts=cursor.getCount();
    if(resultCounts==0 ||!cursor.moveToFirst()){
        return null;
    }
```

```

    SimpleSms[] sms=new SimpleSms[resultCounts];
    for(int i=0; i<resultCounts; i++){
        sms[i]=new SimpleSms();
        sms[i].Sender=cursor.getString(cursor.getColumnIndex(KEY_SENDER));
        sms[i].Body=cursor.getString(cursor.getColumnIndex(KEY_BODY));
        sms[i].ReceiveTime=cursor.getString(cursor.getColumnIndex(KEY_
        RECEIVE_TIME));
     sms[i].ReturnResult=cursor.getString(cursor.getColumnIndex(KEY_RETURN_
     RESULT));
        cursor.moveToNext();
    }
    return sms;
}
```

12.3.3 短信监听器

短信监听器本质上是 BroadcastReceiver，用于监听 Android 系统所接收到的所有 SMS 短消息，在应用程序关闭后仍然可以继续运行，核心代码在 SmsReceiver.java 文件中。同样在介绍 SmsReceiver 类前，先说明用来保存 SMS 短信内容和相关信息的 SimpleSms 类。android.telephony.SmsMessage 是 Android 提供的短信类，但这里需要一个更精简、小巧的类，保存少量的信息，因此构造了 SimpleSms 类，仅用来保存短信的发送者、内容、接收时间和返回结果。这里的"返回结果"指的是返回包含天气信息的短信内容。

SimpleSms.java 文件完整代码如下。

```
package edu.hrbeu.WeatherDemo.SMS;
import java.text.SimpleDateFormat;

public class SimpleSms {
    public String Sender;
    public String Body;
    public String ReceiveTime;
    public String ReturnResult;

    public SimpleSms(){
    }
    public SimpleSms(String sender, String body){
        this.Sender=sender;
        this.Body=body;
        SimpleDateFormat tempDate=new SimpleDateFormat("yyyy-MM-dd"+" "+
        "hh:mm:ss");
```

```
16         this.ReceiveTime=tempDate.format(new java.util.Date());
17         this.ReturnResult="";
18     }
19 }
```

第5～8行代码的属性Sender、Body、ReceiveTime和ReturnResult，分别表示SMS短信的发送者、内容、接收时间和返回结果。第15行和第16行代码在SimpleSms类的构造函数中，直接将系统时间以“年-月-日 时:分:秒”的格式保存在ReceiveTime属性中。

SmsReceiver类继承BroadcastReceiver，重载了onReceive()函数。系统消息的识别和关键字的识别并不复杂，只要接收android.provider.Telephony.SMS_RECEIVED类型的系统消息，则表明Android系统接收到短信。将短信的内容拆分后，判断消息内容是否包含用户定义的关键字，则可以判断该短信是否为天气服务请求短信。下面给出SmsReceiver.java文件的核心代码。

```
public class SmsReceiver extends BroadcastReceiver{
    private static final String SMS_ACTION="android.provider.Telephony.
    SMS_RECEIVED";

    @Override
    public void onReceive(Context context, Intent intent){
        if(intent.getAction().equals(SMS_ACTION)){
            Bundle bundle=intent.getExtras();
            if(bundle!=null){
                Object[] objs=(Object[])bundle.get("pdus");
                SmsMessage[] messages=new SmsMessage[objs.length];
                for(int i=0; i<objs.length; i++){
                    messages[i]=SmsMessage.createFromPdu((byte[])objs[i]);
                }
                String smsBody=messages[0].getDisplayMessageBody();
                String smsSender=messages[0].getDisplayOriginatingAddress();
                if(smsBody.trim().equals(Config.KeyWord) && Config.
                ProvideSmsService.equals("true")){
                    SimpleSms simpleSms=new SimpleSms(smsSender, smsBody);
                    WeatherService.RequerSMSService(simpleSms);
                    Toast.makeText(context, "接收到服务请求短信", Toast
                    .LENGTH_SHORT).show();
                }
            }
        }
    }
}
```

第 9 行代码将带有 pdus 字符串特征的对象通过 bundle.get()函数提取出来，并在第 12 行代码使用 SmsMessage.createFromPdu()函数构造 SmsMessage 实例。在第 12 行代码使用循环语句是因为接收到的短信可能不止一条，但从第 14 行和第 15 行代码上看，这里只处理第 1 条短信。第 17 行代码构造 SimpleSms 实例，然后在第 18 行代码调用 WeatherService 类的 RequerSMSService()函数，将 SimpleSms 实例添加到短信队列中。

最后，在 AndroidManifest.xml 文件中注册短信监听器 SmsReceiver，并声明可接收短信的用户许可 android.permission.RECEIVE_SMS。需要注意的是，如果注册的组件不在根命名空间中，则需要将子命名空间写在类的前面，例如下面在第 1 行代码中，因为 SmsReceiver.java 文件在 edu.hrbeu.WeatherDemo.Service 命名空间下，而不在根命名空间 edu. hrbeu. WeatherDemo 下，因此注册组件时需要在类名 SmsReceiver 前添加.Service。

```
1 <receiver android:name=".Service.SmsReceiver" >
2     <intent-filter>
3         <action android:name="android.provider.Telephony.SMS_
          RECEIVED" />
4     </intent-filter>
5 </receiver>
6 <uses-permission android:name="android.permission.RECEIVE_SMS"/>
```

12.3.4 后台服务

后台服务是 WeatherDemo 示例的核心模块，在用户启动后持续在后台运行，直到用户手动停止服务。后台服务主要有两个功能，一是发送包含天气信息的 SMS 短信(短信服务子模块)，二是周期性地获取中国天气网的天气数据(数据获取子模块)。

1. 短信服务子模块

后台服务在单独的线程上运行，首先调用 ProcessSmsList()函数，检查短信队列中是否有需要回复的短信，然后调用 GetWeatherData()函数获取天气数据，最后线程暂停 1 秒，以释放 CPU 资源。WeatherDemo 示例后台服务的核心代码在 WeatherService .java 文件中，下面是线程调用函数的部分代码。

```
private static ArrayList<SimpleSms> smsList=new ArrayList<SimpleSms>();

private Runnable backgroundWork=new Runnable(){
    @Override
    public void run(){
        try{
            while(!Thread.interrupted()){
                ProcessSmsList();
```

```
                GetWeatherData();
                Thread.sleep(1000);
            }
        } catch(InterruptedException e){
            e.printStackTrace();
        }
    }
};
```

ProcessSmsList()函数用来检查短信列表 smsList，并根据 Weather 类中保存的天气数据，向请求者发送回复短信。WeatherService.java 文件的 ProcessSmsList()函数代码如下。

```
1  private void ProcessSmsList(){
2      if(smsList.size()==0){
3          return;
4      }
5      SmsManager smsManager=SmsManager.getDefault();
6      PendingIntent mPi=PendingIntent.getBroadcast(this, 0, new Intent(), 0);
7      while(smsList.size()>0){
8          SimpleSms sms=smsList.get(0);
9          smsList.remove(0);
10         smsManager.sendTextMessage(sms.Sender, null, Weather.GetSmsMsg(),
           mPi, null);
11         sms.ReturnResult=Weather.GetSmsMsg();
12         SaveSmsData(sms);
13     }
14 }
```

发送短信是使用 SmsManager 对象的 sendTextMessage()方法，该方法共需要 5 个参数，第 1 个参数是收件人地址，第 2 个参数是发件人地址，第 3 个参数是短信正文，第 4 个参数是发送服务，第 5 个参数是送达服务。sendTextMessage()方法的收件人地址和短信正文是不可为空的参数，而且 GSM 规范一般要求短信内容要控制在 70 个汉字以内。以上第 10 行代码的 Weather.GetSmsMsg()用来获得供回复短信使用的天气信息，因为考虑到短信的字数限制，仅返回当天和未来一天的天气状况。下面给出 Weather.java 文件的完整代码。

```
package edu.hrbeu.WeatherDemo.Weather;

public class Weather {

    public static String city; //c3
    public static String province; //c7
    public static String date; //f0
```

```
    public static String current_weather;

    public static String current_temperature;
    public static String current_windD;

    public static String current_windP;

    public static String[] weatherD=new String[3];          //fa
    public static String[] weatherN=new String[3];          //fb

    public static String[] temperatureD=new String[3];      //fc
    public static String[] temperatureN=new String[3];      //fd
    public static String[] humidity=new String[3];
    public static String[] windDD=new String[3];            //fe
    public static String[] windDN=new String[3];            //ff

    public static String[] windPD=new String[3];            //fg
    public static String[] windPN=new String[3];            //fh

    public static String[] sunrise=new String[3];           //fi
    public static String[] sundown=new String[3];           //

    public static String GetSmsMsgD(){
        String msg="";
        msg+=city+",";
        msg+=weatherD[0]+", "+temperatureD[0]+". ";
//          msg+=day[0].day_of_week+", "+day[0].condition+", "+
//                  day[0].high+"/"+day[0].low;
        return msg;
    }
    public static String GetSmsMsgN(){
        String msg="";
        msg+=city+",";
        msg+=weatherN[0]+", "+temperatureN[0]+". ";
//          msg+=day[0].day_of_week+", "+day[0].condition+", "+
//                  day[0].high+"/"+day[0].low;
        return msg;
    }

}
```

2. 数据获取子模块

天气数据是从中国天气网提供的气象数据开放平台获取的，使用气象数据开放平台API，首先需要申请个人key。调试WeatherDemo示例时需要网络环境。气象数据开放平台的地址是 http://openweather.weather.com.cn/。通过查阅提供的API文档，可知其天气调用方式为使用GET请求，获取地址格式为

```
http://open.weather.com.cn/data/?areaid=""&type=""&date=""&appid=""&key="";
```

其中，areaid表示获取天气数据城市的区域id，appid与key申请后可获得。最终返回的数据格式为JSON格式，可免费获得3天内的天气预报。具体获取方式以及解析方法参见中国天气网提供的API文档，在此不再赘述。

最后，在AndroidManifest.xml文件中注册WeatherService，并声明两个用户许可：连接互联网和发送SMS短信。

```
<service android:name=".Service.WeatherService"/>
<uses-permission android:name="android.permission.INTERNET" />
<uses-permission android:name="android.permission.SEND_SMS"/>
```

12.3.5 用户界面

在用户界面设计上，采用可多分页快速切换的TabHost控件。WeatherDemo示例TabHost控件的每个标签页与一个Activity相关联，这样就可以将不同标签页的代码放在不同的文件中，而且每个标签页都可以有独立的选项菜单。

WeatherDemo类是继承TabActivity的Tab标签页，共设置3个标签页。第一个标签页TAB1的标题为“天气预报”，关联的Activity为WeatherActivity；第二个标签页TAB2的标题为“历史数据”，关联Activity为HistoryActivity；第三个标签页TAB2的标题为“系统设置”，关联Activity为SetupActivity。

WeatherDemo.java文件的完整代码如下。

```
package edu.hrbeu.WeatherDemo;

import android.app.TabActivity;
import android.content.Intent;
import android.os.Bundle;
import android.widget.TabHost;

public class WeatherDemo extends TabActivity {
    @Override
    public void onCreate(Bundle savedInstanceState) {
        super.onCreate(savedInstanceState);

        TabHost tabHost=getTabHost();
```

```
        tabHost.addTab(tabHost.newTabSpec("TAB1")
         .setIndicator("天气预报", getResources().getDrawable(R.drawable
         .tab_weather))
        .setContent(new Intent(this, WeatherActivity.class)));

        tabHost.addTab(tabHost.newTabSpec("TAB2")
         .setIndicator("历史数据",getResources().getDrawable(R.drawable
         .tab_history))
        .setContent(new Intent(this, HistoryActivity.class)));

        tabHost.addTab(tabHost.newTabSpec("TAB3")
         .setIndicator("系统设置",getResources().getDrawable(R.drawable
         .tab_setup))
        .setContent(new Intent(this, SetupActivity.class)));
    }
}
```

WeatherDemo.java 中的代码只是用户界面的框架，设置了 Tab 标签页的图标、标题和所关联的 Activity，标签页中的具体显示内容还要依赖于每个 Activity 所设置的界面布局。下面就分别介绍 WeatherActivity、HistoryActivity 和 SetupActivity。

1. WeatherActivity

WeatherActivity 主要用来显示天气信息，如图 12.4 所示。WeatherActivity 在启动时并不能够显示最新的天气信息，用户需要通过选项菜单的"启动服务"开启后台服务，然后点击"刷新"获取最新的天气状况。此外，选项菜单还提供"停止服务"和"退出"选项。

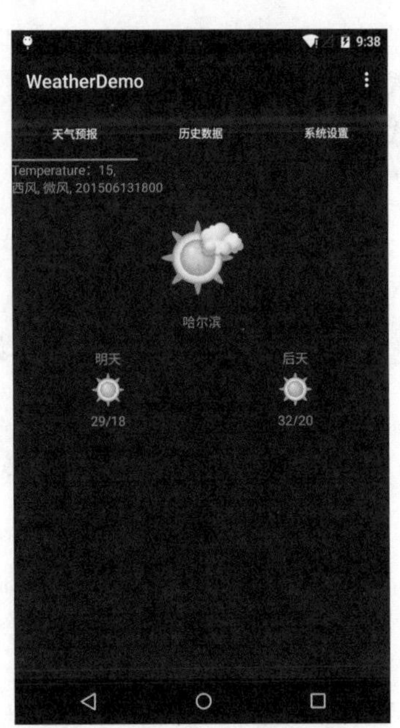

图 12.4　WeatherActivity 用户界面

WeatherActivity 使用的布局文件是 tab_weather.xml，这是个较为烦琐的界面布局，多次使用了垂直和水平的线性布局。WeatherActivity 的界面布局和代码并不难理解，因此这里不再给出 WeatherActivity.java 和 tab_weather.xml 的具体代码。

2. HistoryActivity

HistoryActivity 主要用来显示 SQLite 数据库中的短信服务信息，显示的内容包括发送者的手机号码、时间和回复短信内容，如图 12.5 所示。为了能够以列表的形式显示多行数据，并且定制每行数据的显示布局，这里使用了以往章节没有介绍过的 ListActivity(Android.app.ListActivity)。

图 12.5　**HistoryActivity** 用户界面

ListActivity 可以不通过 setContentView()设置布局，也不必重载 onCreate()函数，而直接将显示列表加载到 ListActivity，提高了使用的便利性。在 WeatherDemo 示例中，仍然使用 setContentView()设置布局，这样做的好处是可以在界面中设置更为复杂的显示元素，例如在列表上方增加了提示信息"SQLite 数据库中的短信服务信息"。下面的代码是 HistoryActivity.java 文件的 onCreate()函数中的设置布局和加载适配器的关键代码。

```
setContentView(R.layout.tab_history);
setListAdapter(dataAdapter);
```

tab_history.xml 是 HistoryActivity 的布局文件，下面分析 tab_history.xml 的内容。tab_history.xml 文件的完整代码如下。

```
<?xml version="1.0" encoding="utf-8"?>
<LinearLayout xmlns:android="http://schemas.android.com/apk/res/android"
    android:orientation="vertical"
    android:layout_width="fill_parent"
    android:layout_height="fill_parent"
    android:background="@drawable/black">

    <TextView  android:layout_width="wrap_content"
          android:layout_height="wrap_content"
          android:text="SQLite 数据库中的短信服务信息:">
    </TextView>
    <ListView android:id="@android:id/list"
```

```
13          android:layout_width="fill_parent"
14          android:layout_height="wrap_content"
15          android:layout_marginTop="2dip">
16      </ListView>
17  </LinearLayout>
```

tab_history.xml 在第 12～16 行代码使用了 ListView 控件，并定义其系统 ID 值为 @android:id/list，ListView 的数据列适配器是通过 setListAdapter(dataAdapter)设置的。ListView 使用的是自定义布局，布局保存在 data_row.xml 文件中，data_row .xml 的完整代码如下。

```
<LinearLayout xmlns:android="http://schemas.android.com/apk/res/android"
    android:orientation="horizontal"
    android:layout_width="fill_parent"
    android:layout_height="fill_parent"
    android:background="@drawable/white"
    android:layout_marginTop="2dip">

    <LinearLayout android:orientation="vertical"
        android:layout_width="fill_parent"
        android:layout_height="fill_parent">

        <TextView android:id="@+id/data_row_01"
            android:layout_gravity="center_vertical"
            android:layout_width="fill_parent"
            android:layout_height="wrap_content"
            android:textSize="12dip"
            android:textColor="@drawable/black"/>

        <TextView android:id="@+id/data_row_02"
            android:layout_gravity="center_vertical"
            android:layout_width="fill_parent"
            android:layout_height="wrap_content"
            android:textSize="12dip"
            android:textColor="@drawable/black"
            android:layout_marginTop="3dip"/>
    </LinearLayout>
</LinearLayout>
```

Android 提供的数据适配器仅允许保存字符串数组或列表对象，如果希望使用自定义布局，则需要实现自定义的数据适配器，并继承 Android 提供的 BaseAdapter (Android.widget.BaseAdapter)对象。自定义的数据适配器在 SmsAdapter.java 文件中，其完整代码如下。

```
package edu.hrbeu.WeatherDemo.SMS;

import android.content.Context;
import android.view.LayoutInflater;
import android.view.View;
import android.view.ViewGroup;
import android.widget.BaseAdapter;
import android.widget.TextView;
import edu.hrbeu.WeatherDemo.DB.DBAdapter;
import edu.hrbeu.WeatherDemo.R;


public class SmsAdapter extends BaseAdapter{
    private LayoutInflater mInflater;
    private static DBAdapter dbAdapter;
    private static SimpleSms[] smsList;

    public SmsAdapter(Context context){
        mInflater=LayoutInflater.from(context);
        dbAdapter=new DBAdapter(context);
        dbAdapter.open();
        smsList=dbAdapter.GetAllSms();
    }

    public static void RefreshData(){
        smsList=dbAdapter.GetAllSms();
    }
    @Override
    public int getCount(){
        if(smsList==null)
            return 0;
        else
            return smsList.length;
    }
    @Override
    public Object getItem(int position){
        if(smsList==null)
            return 0;
        else
            return smsList[position];
    }
    @Override
    public long getItemId(int position){
        return position;
```

```
45     }
46
47     @Override
48     public View getView(int position, View convertView, ViewGroup parent){
49         ViewHolder holder;
50         if(convertView==null){
51             convertView=mInflater.inflate(R.layout.data_row, null);
52             holder=new ViewHolder();
53             holder.textRow01=(TextView)convertView.findViewById(R.id.data_row_01);
54             holder.textRow02=(TextView)convertView.findViewById(R.id.data_row_02);
55             convertView.setTag(holder);
56         }
57         else{
58             holder=(ViewHolder)convertView.getTag();
59         }
60
61         if(smsList!=null){
62             String row01Msg="("+position+")"+"发送者:"+smsList[position].Sender+","+smsList[position].ReceiveTime;
63             holder.textRow01.setText(row01Msg);
64             holder.textRow02.setText(smsList[position].ReturnResult);
65         }
66         return convertView;
67     }
68
69     private class ViewHolder{
70         TextView textRow01;
71         TextView textRow02;
72     }
73 }
```

继承 BaseAdapter 类要重载 4 个函数，包括 getCount()、getItem()、getItemId()和 getView()。LayoutInflater 是将 XML 文件中的布局映射为 View 对象的类，第 14 行代码进行了声明，第 51 行代码将 data_row.xml 文件映射为 View 对象。第 70 行和第 71 行代码的内容，需要对应 data_row.xml 文件中的界面元素。

3. SetupActivity

SetupActivity 主要用来保存和恢复用户设置的运行参数，第一次启动或恢复默认设置(在选项菜单中)后，界面上会显示系统的默认设置，包括城市 ID、更新频率、是否提供短信服务、是否记录短信服务数据信息和短信服务关键字。SetupActivity 的用户界面如图 12.6 所示。

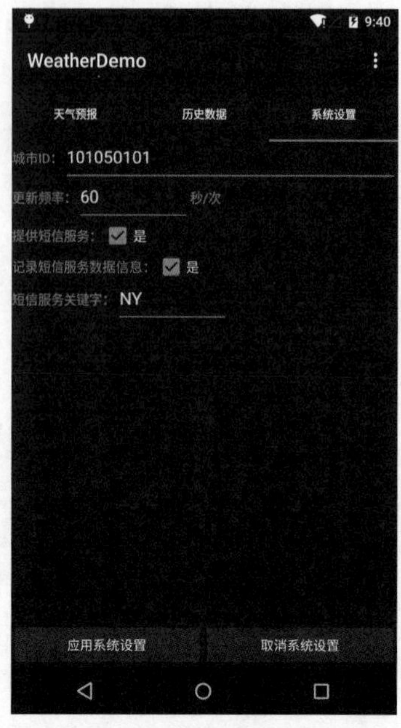

图 12.6　SetupActivity 的用户界面

SetupActivity.java 文件中，主要功能集中在 RestoreDefaultSetup()、UpdateUI()和 SaveConfig()三个函数上。RestoreDefaultSetup()用来恢复系统的默认配置；UpdateUI()会根据保存在 Config 类中的数据更新 SetupActivity 的界面控件，SaveConfig()根据界面配置更改 Config 类，然后调用数据库适配器的 DBAdapter.SaveConfig()函数，将 Config 类中的配置数据写入数据库。

```
private void RestoreDefaultSetup(){
    Config.LoadDefaultConfig();
    UpdateUI();
    dbAdapter.SaveConfig();
}

private void UpdateUI(){
    cityNameView.setText(Config.CityName);
    refreshSpeedView.setText(Config.RefreshSpeed);
    smsServiceView.setChecked(Config.ProvideSmsService.equals("true")?true:false);
    saveSmsInfoView.setChecked(Config.SaveSmsInfo.equals("true")?true:false);
    keyWorkView.setText(Config.KeyWord);
}

private void SaveConfig(){
    Config.CityName=cityNameView.getText().toString().trim();
```

```
    Config.RefreshSpeed=refreshSpeedView.getText().toString();
    if(smsServiceView.isChecked()){
        Config.ProvideSmsService="true";
    }else{
        Config.ProvideSmsService="false";
    }
    if(saveSmsInfoView.isChecked()){
        Config.SaveSmsInfo="true";
    }
    else{
        Config.SaveSmsInfo="false";
    }
    Config.KeyWord=keyWorkView.getText().toString().trim();
    dbAdapter.SaveConfig();
}
```

最后,为了所有定义的 Activity 和 ListActivity 生效,在 AndroidManifest.xml 文件中注册所有定义的组件。

```
<activity android:name=".WeatherDemo"
    android:label="@string/app_name">
    <intent-filter>
        <action android:name="android.intent.action.MAIN" />
        <category android:name="android.intent.category.LAUNCHER" />
    </intent-filter>
</activity>
<activity android:name=".WeatherActivity"/>
<activity android:name=".HistoryActivity"/>
<activity android:name=".SetupActivity"/>
```

习 题

综合示例使用的是 TabHost 和 TabActivity 实现的 Tab 导航栏,尝试使用操作栏和 Fragment 实现综合示例。

附录 A

Android 虚拟设备

Android 虚拟设备(AVD)能够通过 Android 命令行工具进行管理,包括 AVD 的创建、删除、移动和更新等。表 A.1 给出了 AVD 的管理命令及其参数说明。

表 A.1 AVD 的管理命令及其参数说明

命令	参数	说明	备注
android list targets		生成一个系统映像的 target 清单	
android list avds		显示所有已知的 AVD,内容包括 AVD 的名称、路径和外观等	
android create avd	-n <name>	AVD 名称	建立 AVD 的必备参数
	-t <targetID>	Android 系统映像 ID	使用 android list targets 命令获取 Android 系统映像的 ID 列表
	-c <path> 或 -c <size>[K|M]	SD 卡映像文件路径或 SD 卡映像的容量	示例 1:-c path/to/sdcard 示例 2:-c 1000M
	-f	强制建立 AVD	如果新建立 AVD 与已有 AVD 的名称相同,则 Android 工具将提示"AVD 已经存在",自动停止 AVD 的创建过程。使用该参数,Android 工具将自动删除已有同名 AVD,并建立新的 AVD
	-p <path>	保存 AVD 文件和目录的位置	
	-s <name> 或 -s<width>-<height>	指定 AVD 的外观,利用外观名称或长宽进行选择	示例 1:-s HVGA-L 示例 2:-s 320×240
	-a<snapshot>	在 AVD 中放置一个快照文件	
	-b<abi>	默认是自动选择 ABI,如果平台只有一个 ABI 系统映像	

续表

命　令	参　数	说　明	备　注
android delete avd	-n ＜name＞	AVD 名称	删除 AVD 的必备参数
android move avd	-n ＜name＞	AVD 名称	移动 AVD 的必备参数
	-p ＜path＞	移动后的 AVD 位置	
	-r ＜rname＞	AVD 的新名称	
android update avds	-update avd	修改 Android 虚拟设备，使其与文件夹下的新 SDK 匹配	
	-update project	修改 Android 工程（必须已经有一个 AndroidManifest.xml 文件）	
	-update test-project	为一个测试包修改 Android 工程（必须已经有一个 AndroidManifest.xml 文件）	
	-update lib-project	修改 Android 库工程（必须已经有一个 AndroidManifest.xml 文件）	
	-update adb	修改 adb 来支持 USB 设备	
	-update sdk	修改 sdk	
emulator		运行新创建的 AVD	示例：emulator -avd WVGA800 -scale 96dpi -dpi-device 160

使用标准的 Android 系统映像创建 AVD 时，Android 工具允许用户选择虚拟设备所支持的硬件列表，如表 A.2 所示。同时，用户也可以在 AVD 的 config.ini 文件中找到相关的硬件选择设置。

表 A.2　虚拟设备硬件列表

特　征	描　述	属　性
RAM 设备容量	物理 RAM 容量，单位为兆，默认值为 96MB	hw.ramSize
触摸屏	设备是否支持触摸屏，默认支持	hw.touchScreen
轨迹球	设备是否支持轨迹球，默认支持	hw.trackBall
QWERTY 键盘	设备是否支持 QWERTY 键盘，默认支持	hw.keyboard
DPad 键	设备是否支持 DPad 键，默认支持	hw.dPad
GSM 调制解调器	设备是否支持 GSM 调制解调器，默认支持	hw.gsmModem
摄像头	设备是否支持摄像头，默认不支持	hw.camera

续表

特　征	描　述	属　性
摄像头水平方向像素的最大值	默认值为640	hw.camera.maxHorizontalPixels
摄像头垂直方向像素的最大值	默认值为480	hw.camera.maxVerticalPixels
GPS	设备是否支持GPS,默认支持	hw.gps
电池	设备是否支持电池,默认支持	hw.battery
加速度计	设备是否支持加速度计设备,默认支持	hw.accelerometer
录音	设备是否支持录音,默认支持	hw.audioInput
声音回放	设备是否支持声音回放,默认支持	hw.audioOutput
SD卡	设备是否支持虚拟的SD卡,默认支持	hw.sdCard
缓存分区	是否在设备中使用缓存分区,默认使用	disk.cachePartition
缓存分区容量	默认值为66MB	disk.cachePartition.size
LCD密度	设置AVD屏幕使用的密度,默认值是160	hw.lcd.density

附录B

Android API

Android API 的包名称及其说明如表 B.1 所示。

表 B.1　Android API

包名称	说明
android	包含标准 Android 应用使用的资源类
android.accessibilityservice	当 AccessibilityEvent 事件被启动后,后台运行的 AccessibilityService 会接收回调函数,这些事件指的是在用户接口间的状态转换,如焦点变化,按钮被点击等
android.accounts	直接通过统计管理器访问管理的统计
android.animation	提供视图切换时显示动画效果的类
android.app	封装了全部 Android 应用模型的高级类
android.app.admin	提供系统级的设备管理功能,允许创建企业级安全的应用
android.app.backup	包含可以对应用进行备份和恢复的功能
android.appwidget	Android 允许应用程序发布嵌入其他应用程序中的视图。这些视图被称为窗口部件,由 AppWidget providers 发布。可以包含窗口部件的部件被称为 AppWidget host
android.bluetooth	管理蓝牙功能的类,例如扫描设备、连接设备,管理两个设备间的数据传输
android.content	包含用来在设备上访问和发布数据的类,它包含 3 个主要类别的 API
android.content.pm	包含用来访问应用程序软件包信息的类,其中包括它的行为、权限、服务、签名和供应商等信息
android.content.res	包含用来访问应用程序资源的类,如原始的有价值的文件、颜色、可绘区、多媒体或者包中的其他文件,还有影响应用程序如何表现的重要的设备配置信息(如位置、输入类型等)
android.database	包含用来探究通过内容提供商返回的数据的类
android.database.sqlite	包含 SQLite 数据库管理类,应用程序可以用它来管理自己的私有数据库
android.drm	提供管理 DRM 内容和确定 DRM 插件(代理)的功能的类

续表

包名称	说明
android.gesture	提供用于手势识别功能的类
android.graphics	提供低级别的图形工具，如画布、颜色过滤器、点和矩形，可以对屏幕绘图进行直接控制
android.graphics.drawable	提供管理只用来显示的多种视觉元素的类，如位图和斜率
android. graphics. drawable. shapes	包含用来绘制几何图形的类
android.hardware	提供对可能并不是每台 Android 设备都具有的硬件设备的支持
android.hardware.usb	提供对硬件设备中 USB 设备支持的类
android.inputmethodservice	写入方法的基础类
android.location	定义 Android 基于位置的和相关服务的类
android.media	提供管理语音和视频中的多种媒体接口的类
android.media.audiofx	提供管理音频效果的类
android.media.effect	管理多媒体效果的类
android.mtp	提供支持与直接连接的相机等设备进行交互的 API，使用 MTP（媒体传输协议）中的子集 PTP（图片传输协议），当设备连接、删除、管理、存储、传输文件和元数据时候，应用程序可以接收到通知
android.net	协助进行网络存取的类，包括标准 java.net.* 应用程序接口
android.net.http	支持 HTTP 协议的类
android.net.rtp	为 RTP（实时传输协议）提供的 API，允许应用程序管理点播或交互式数据流。提供 VoIP、通话、会议、音频流的程序，可以使用这些 API 来启动会话，传输或接收任何可用的网络数据流
android.net.sip	提供访问会话发起协议（SIP）的功能，如使用 SIP 来接听 VoIP 电话
android.net.wifi	提供管理设备上 WiFi 功能的类
android.net.wifi.p2p	提供管理设备上 WiFi 的点对点功能的类
android.nfc	提供访问近场通信（NFC）功能，允许应用程序在 NFC 标签中读取 NDEF 消息
android.nfc.tech	这些类提供对不同类型标签技术特征进行访问的类，一个标签可以同时支持多种技术
android.opengl	提供 OpenGL 功能
android.os	提供设备上的基本操作系统服务，消息路由和进程间通信
android.os.storage	提供设备上的基本操作系统的存储服务
android.preference	提供管理应用程序性能和执行 UI 参数选择的类
android.provider	提供方便的类用来访问 Android 提供的内容提供商
android.renderscript	提供一个底层、高性能的 3D 运行时框架，该框架提供构造 3D 场景的 API 函数

续表

包名称	说明
android.sax	使写入高效和鲁棒的 SAX 操作变得简单的框架
android.security	提供安全功能的类
android.service.textservice	拼写检查器服务的基础类
android.service.wallpaper	提供墙纸功能的类
android.speech	提供扩展语音识别服务的基础类
android.speech.tts	提供将文本转成不同语言音频输出的类
android.telephony	提供应用程序接口用来监测基本电话信息，如网络类型和连接状态，还有控制电话号码的功能
android.telephony.cdma	提供应用程序接口，用来使用 CDMA 特有的电话性能
android.telephony.gsm	提供应用程序接口，用来使用 GSM 特有的电话性能，如文本、数据、PDU SMS 消息
android.test	用来书写 Android 测试实例的框架
android.test.mock	提供存根或者多种 Android 框架基础模拟的功能类
android.test.suitebuilder	支持测试运行类的功能类
android.text	提供用来显示或追踪屏幕上文本和文本间距的类
android.text.format	提供文本内容格式化功能的类
android.text.method	提供用来监测或修改键盘输入的类
android.text.style	提供用来显示或改变视图实体中文本间距风格的类
android.text.util	把确定的文本转化为可点击的链接并创建 RFC 822 消息类型(SMTP)标记
android.util	提供一般的功能方法，如日期/时间控制、64 位编解码器、字符串和数字转换方法以及 XML 功能等
android.view	提供用来显示控制屏幕布局和用户交互的基本用户接口类
android.view.accessibility	用来呈现屏幕内容和变化的类，可以查询系统的全局可访问状态
android.view.animation	实现中间帧动画的类
android.view.inputmethod	用来进行视图和输入方法(如软键盘)交互的框架类
android.view.textservice	文本服务的类
android.webkit	提供浏览互联网的工具
android.widget	窗口部件包含应用程序屏幕上使用的 UI 元素
dalvik.bytecode	提供围绕 Dalvik 字节码的类
dalvik.system	提供 Dalvik VM 特有的功能和系统信息的类

附录C

ADB 命令

常用的 ADB 命令如表 C.1 所示。

表 C.1　ADB 命令

类　　别	命　　令	说　　明
参数	-d	指定 ADB 命令发往连接的 USB 设备(备注：如果连接两个或两个以上的 USB 设备，则返回错误提示)
	-e	指定 ADB 命令仅发往运行的 Android 模拟器(备注：如果有两个或两个以上的 Android 模拟器在运行，则返回错误提示)
	-s <serialNumber>	指定 ADB 命名链接的模拟器或设备，模拟器或设备通过“emulator-端口”的方式指定，例如 emulator-5556
通用命令	devices	显示所有链接的模拟器或设备列表
	help	显示 ADB 支持的命令列表
	version	显示 ADB 的版本号
调试命令	logcat[<option>] [<filter-specs>]	输出日志数据到屏幕
	bugreport	输出 dumpsys、dumpstate 和 logcat 数据到屏幕，用以报告错误
	jdwp	显示指定设备的 JDWP 进程列表
数据命令	install <path-to-apk>	将 Android 应用程序安装到模拟器或设备
	pull <remote> <local>	将模拟器或设备上的指定文件复制到开发主机
	push <local> <remote>	将开发主机上的指定文件复制到模拟器或设备
网络与端口命令	forward <local> <remote>	将本地端口的 Socket 链接的数据转发到指定的远程模拟器或设备端口
	ppp <tty> [parm]…	在 USB 上运行 PPP。<tty> 是操作 PPP 流的命令，示例：dev:/dev/omap_csmi_ttyl。[parm]为 0 个或更多 PPP/PPPD 选项，如默认路由、本地、notty 等

续表

类　别	命　令	说　明
脚本命令	get-serialno	显示 ADB 链接的模拟器或设备的序列号
	get-state	显示 ADB 链接的模拟器或设备的状态
	wait-for-device	阻止程序运行，等待设备就绪
服务器命令	start-server	检查 ADB 服务进程是否运行，如果未启动则启动之
	kill-server	终止 ADB 服务进程
Shell 命令	shell	针对目标模拟器或设备启动一个远程 Shell
	shell [<shellCommand>]	针对目标模拟器或设备启动一个 Shell，并直接执行 Shell 命令<shellCommand>

附录 D

AndroidManifest 文件

每个 Android 应用程序都有一个 AndroidManifest.xml 文件，用以在程序运行前向 Android 系统声明程序的相关信息。这些信息包括应用程序的命名空间、模块组成、宿主进程、许可、最低 SDK 版本、程序运行所需要连接的函数库等。

AndroidManifest.xml 文件主要由元素、属性和类声明等重要部分组成。在 AndroidManifest.xml 中，多数元素的出现次数没有限制，而且在同一层次的元素没有顺序要求，例如<activity>、<provider>和<service>元素可以按任何顺序排列，但<manifest>和<application>元素只能在 AndroidManifest.xml 中出现一次，而且必须出现一次。

AndroidManifest.xml 文件的元素与属性关系参考表 D.1，其通用结构如下。

```
<?xml version="1.0" encoding="utf-8"?>

<manifest>
    <uses-permission />
    <permission />
    <permission-tree />
    <permission-group />
    <instrumentation />
    <uses-sdk />
    <uses-configuration />
    <uses-feature />
    <supports-screens />
    <compatible-screens />
    <supports-gl-texture />

    <application>

        <activity>
            <intent-filter>
                <action />
                <category />
                <data />
```

```
            </intent-filter>
            <meta-data />
        </activity>
        <activity-alias>
            <intent-filter>...</intent-filter>
            <meta-data />
        </activity-alias>
        <service>
            <intent-filter>...</intent-filter>
            <meta-data/>
        </service>
        <receiver>
            <intent-filter>...</intent-filter>
            <meta-data />
        </receiver>
        <provider>
            <grant-uri-permission />
            <meta-data />
        </provider>
        <uses-library />
    </application>
</manifest>
```

通常情况下，元素的属性是用来描述如何解释元素内容，一般都是可以省略的。但在 AndroidManifest.xml 中，为了使元素具有意义，一些特定的属性是不能够省略的，例如<manifest>元素的<xmlns:android>属性和< package >属性。如果需要为同一个元素的属性指定多个值，则需要重复书写这个元素，书写方法如下。

```
<intent-filter ... >
    <action android:name="android.intent.action.EDIT" />
    <action android:name="android.intent.action.INSERT" />
    <action android:name="android.intent.action.DELETE" />
    ......
</intent-filter>
```

许多元素的定义需要声明类名，例如<activity>、<service>和<receiver>等元素。如果直接通过 android:name 属性声明类名，则声明的类名必须包含完成的包名称。但如果在<manifest>元素中使用了<package>属性，则可以在 android:name 属性声明类名时不包含完整的包名称。其区别可以参考下面的两段代码。

完整类名：

```
<manifest ...>
    <application ...>
        <service android:name="edu.hrbeu.ServiceDemo.MyService" ...>
            ...
        </service>
        ...
    </application>
</manifest>
```

简化类名：

```
<manifest package="edu.hrbeu.ServiceDemo " ...>
    <application ...>
        <service android:name=".MyService" ...>
            ...
        </service>
        ...
    </application>
</manifest>
```

表 D.1 AndroidManifest 中元素及其属性

元　素	父元素	子元素	可用属性	描　述
<action>	<intent-filter>		android:name	增加一个 action 到 Intent 过滤器，一个<intent-filter>元素必须包含一个或多个<action>参数
<activity>	<application>	<intent-filter> <meta-data>	android:allowTaskReparenting android:alwaysRetainTaskState android:clearTaskOnLaunch android:configChanges android:enabled android:excludeFromRecents android:exported android:finishOnTaskLaunch android:hardwareAccelerated android:icon android:label android:launchMode android:multiprocess android:name android:noHistory android:permission android:process android:screenOrientation android:stateNotNeeded android:taskAffinity android:theme android:uiOptions android:windowSoftInputMode	声明一个 Activity(或 Activity 子类)来实现部分程序的可视用户接口，每个 Activity 子类必须声明一个<activity>元素，否则 Activity 子类无法运行

续表

元　　素	父 元 素	子 元 素	可 用 属 性	描　　述
<activity-alias>	<application>	<intent-filter> <meta-data>	android:enabled android:exported android:icon android:label android:name android:permission android:targetActivity	<activity-alias>是 Activity 的别名,使用 android:targetActivity 属性进行命名
<application>	<manifest>	<activity> <activity-alias> <service> <receiver> <provider> <uses-library>	android:allowTaskReparenting android:backupAgent android:debuggable android:description android:enabled android:hasCode android:hardwareAccelerated android:icon android:killAfterRestore android:label android:logo android:manageSpaceActivity android:name android:permission android:persistent android:process android:restoreAnyVersion android:taskAffinity android:theme android:uiOptions	应用程序的声明,此元素包含子元素,声明了每个应用程序的组件和可以影响所有组件的属性
<category>	<intent-filter>		android:name	用以定义<intent-filter>元素的过滤参数

续表

元　　素	父 元 素	子 元 素	可 用 属 性	描　　述
<compatible-screens>	<manifest>		android:screenSize android:screenDensity	指定每个屏幕的配置和应用程序兼容
<data>	<intent-filter>		android:host android:mimeType android:path android:pathPattern android:pathPrefix android:port android:scheme	为 Intent 过滤器添加数据说明，可以是单独的数据类型或 URI，也可以是数据类型和 URI 的组合
<grant-uri-permission>	<provider>		android:path android:pathPattern android:pathPrefix	指定父内容提供者允许授予的数据子集权限
<instrumentation>	<manifest>		android:functionalTest android:handleProfiling android:icon android:label android:name android:targetPackage	声明 Instrumentation 类，用于监控应用程序与 Android 系统的交互
<intent-filter>	<activity> <activity-alias> <service> <receiver>	<action>（必有属性） <category> <data>	android:icon android:label android:priority	为 Activity、服务和广播消息接收器定义所需要接收的 Intent 类型，Intent 过滤器声明它的父组件的能力。大多数过滤器内容由子元素< action >、< category > 和<data>进行定义

续表

元　素	父元素	子元素	可用属性	描　述
<manifest>		<application>（必有属性） <instrumentation> <permission> <permission-group> <permission-tree> <uses-configuration> <uses-permission> <uses-sdk>	xmlns:android package android:sharedUserId android:sharedUserLabel android:versionCode android:versionName android:installLocation	AndroidManifest.xml 文件的根元素，它必须包含一个<application>元素，并指定 xmlns:Android 和包的属性
<meta-data>	<activity> <activity-alias> <service> <receiver>		android:name android:resource android:value	定义一个名称/值对，数据类型可以使用所有父元素所支持的数据类型。每个父元素可以定义多个<meta-data> 子元素
<path-permission>	<provider>		android:path android:pathPrefix android:pathPattern android:permission android:readPermission android:writePermission	定义路径和必需的权限给 content provider 内部的指定数据子集。该元素可以指定多次来提供多条路径
<permission>	<manifest>		android:description android:icon android:label android:name android:permissionGroup android:protectionLevel	声明一个安全许可，用来限制对本应用程序或其他应用程序特定组件和特性的访问
<permission-group>	<manifest>		android:description android:icon android:label android:name	为一组相关的许可定义一个逻辑分组名，每个独立的许可通过<permission>元素中 permission-Group 属性加入许可组

续表

元　素	父元素	子元素	可用属性	描　述
<permission-tree>	<manifest>		android:icon android:label android:name	声明许可树的前缀名称，应用程序能够通过 PackageManager.addPermission()动态地向许可树中添加新的许可
<provider>	<application>	<meta-data> <grant-uri-permission> <path-permission>	android:authorities android:enabled android:exported android:grantUriPermissions android:icon android:initOrder android:label android:multiprocess android:name android:permission android:process android:readPermission android:syncable android:writePermission	声明内容提供者，每个内容提供者子类必须声明一个<provider>元素，否则 Android 系统无法找到内容提供者
<receiver>	<application>	<intent-filer> <meta-data>	android:enabled android:exported android:icon android:label android:name android:permission android:process	声明广播消息接收器，每个广播消息接收器子类必须声明一个<receiver>元素。广播消息接收者能够接收 Android 系统或其他应用程序发出的广播消息

续表

元　素	父元素	子元素	可用属性	描　述
<service>	<application>	<intent-filer> <meta-data>	android:enabled android:exported android:icon android:label android:name android:permission android:process	声明一个作为应用程序的组件的Service或Service子类。与Activities不同，Services没有可视的用户接口。Services用来实现长期运行的后台操作或可以由其他应用程序调用一个功能丰富的通信API
<supports-gl-texture>	<manifest>		android:name	声明应用程序支持的单个GL纹理压缩格式
<supports-screens>	<manifest>		android:resizeable android:smallScreens android:normalScreens android:largeScreens android:xlargeScreens android:anyDensity android:requiresSmallestWidthDp android:compatibleWidthLimitDp android:largestWidthLimitDp	指定应用程序支持的屏幕尺寸，并启用屏幕兼容模式来实现比应用程序支持的更大屏幕尺寸。总是在应用中使用这个元素来指定应用程序支持的屏幕尺寸
<uses-configuration>	<manifest>		android:reqFiveWayNav android:reqHardKeyboard android:reqKeyboardType android:reqNavigation android:reqTouchScreen	声明应用程序运行需要的硬件和软件条件
<uses-feature>	<manifest>		android:name android:required android:glEsVersion	声明应用程序使用的一个单独的硬件或软件特征

续表

元　素	父元素	子元素	可用属性	描　述
<uses-library>	<application>		android:name android:required	声明应用程序必须链接的共享函数库，<uses-library>元素通知Android系统链接用户指定的函数库
<uses-permission>	<manifest>		android:name	声明应用程序正确运行所需要的许可
<uses-sdk>	<manifest>		android:minSdkVersion android:targetSdkVersion android:maxSdkVersion	声明应用程序对不同版本 Android 平台的兼容性

图书资源支持

感谢您一直以来对清华版图书的支持和爱护。为了配合本书的使用，本书提供配套的资源，有需求的读者请扫描下方的“书圈”微信公众号二维码，在图书专区下载，也可以拨打电话或发送电子邮件咨询。

如果您在使用本书的过程中遇到了什么问题，或者有相关图书出版计划，也请您发邮件告诉我们，以便我们更好地为您服务。

我们的联系方式：

地　　址：北京市海淀区双清路学研大厦 A 座 714

邮　　编：100084

电　　话：010-83470236　010-83470237

客服邮箱：2301891038@qq.com

QQ：2301891038（请写明您的单位和姓名）

资源下载：关注公众号“书圈”下载配套资源。

资源下载、样书申请

书圈

获取最新书目

观看课程直播